本书得到上海市世界史高峰学科建设项目及上海市"晨光计划"项目资助

以色列科研体系的演变

THE EVOLUTION OF ISRAEL'S SCIENTIFIC RESEARCH SYSTEM

李晔梦　著

社会科学文献出版社
SOCIAL SCIENCES ACADEMIC PRESS (CHINA)

目　录

前　言

2015 年 10 月中国共产党第十八届中央委员会第五次全体会议上明确提出了"创新、协调、绿色、开放、共享"的发展理念，将"创新"放在第一位，强调"坚持创新发展，必须把创新摆在国家发展全局的核心位置……让创新贯穿党和国家一切工作，让创新在全社会蔚然成风。必须把发展基点放在创新上，形成促进创新的体制架构，塑造更多依靠创新驱动、更多发挥先发优势的引领型发展"。2016 年 9 月举办的 G20 杭州峰会将主题确定为"构建创新、活力、联动、包容的世界经济"。不难看出，在创新已成为世界潮流的今天，中国已把创新发展提升至国家战略的高度，并全方位推进。

中国与以色列的科技合作自 1993 年签订《中以科技合作协定》起已发展了近 30 年，成果丰硕。2017 年 3 月，两国达成"创新全面伙伴关系"，标志着科技文化合作进入新的阶段。以色列虽然国土狭小、资源贫乏、宏观经济环境欠佳，但科技发达、技术进步、创新生态系统完善，因而被称为"创业的国度""创新型国家"。人口仅有全球总人口 0.2%（的犹太人），却出了 162 位诺贝尔奖获得者，占诺贝尔奖总数的 20%；科技对 GDP 的贡献率高达 90% 以上；每 1 万名雇员中有 140 位科技人员或工程师；平均每 1844 个以色列人中就有一个人是创业者；以色列企业在纳斯达克上市的数目，超过欧洲所有公司的总和。[①]　除此之外，以色列吸引了数十亿美元的风

---

① 〔以〕顾克文、〔以〕丹尼尔·罗雅区、〔中〕王辉耀：《以色列谷：科技之盾炼就创新的国度》，肖晓梦译，机械工业出版社，2015，推荐序一。

险投资，人均风险投资额长期雄踞世界第一。其科技活力、创新能力和高科技行业发展态势得到国际社会的一致认可。

以色列前总理佩雷斯说过："我们唯一能够自由支配的资本就是人……基布兹成了孵化器，农民成了科学家。高科技在以色列萌发于农业……以色列所孕育的创造力与我们的国土面积不成比例……国防安全方面的创造力为民用工业的发展奠定了基础……以色列唯一的选择从来就是创造性地追求质量。"[①] 回顾以色列的发展之路，科技立国战略发挥了重要的作用，要想解读以色列这一创新经济体的基因密码，就必须对其科研体系进行追本溯源的研究，并以此为切入点，梳理以色列科学技术史的演变历程，分析科技发展对经济社会的卓越贡献。

以色列作为举世瞩目的高科技创新型国家，历来受到学术界的高度关注，国外学者围绕以色列的科技政策、科研制度、研发体系、教育制度、高科技产业发展和创新等方面发表了一系列成果，主要概括如下。

1. 关于以色列科研体系及国家科技政策

1970 年联合国教科文组织课题组发布了题为《以色列的国家科学政策和研究机构》[②] 的调研报告，主持人是时任以色列国家物理实验室主任兹维·泰伯（Zvi Tabor）教授。报告分为六个部分：科学机构的发展、科学政策的组织结构、科学和技术研究的筹资、学院和科学人员的培训、科学政策的主要目的、政治结构与基本的社会经济数据。该报告的最大贡献在于考察了建国后 20 年间以色列社会在科技、教育方面的主要表现，国家的科研布局及主要研究机构的组成情况等。2016 年，联合国教科文组织又发布了后续性研究报告《描绘以色列的研究与创新》。[③] 这份长达 346 页的研究报告以 1970 年的报告为基础，全面采集与更新了以色列国家经济发展、科学研

---

① 〔美〕丹·赛诺、〔以〕索尔·辛格：《创业的国度：以色列经济奇迹的启示》，王跃红、韩君宜译，中信出版社，2010，序言。

② Zvi Tabor, "National Science Policy and Organization or Research in Israel," *Science Policy Studies and Documents*, Vol. 19, 1970.

③ Eran Leck, Guillermo A. Lemarchand and April Tash, eds., *Mapping Research and Innovation in the State of Israel*, Paris: UNESCO Publishing, 2016.

究和创新的数据，多视角描述了以色列科研体系的构成及其运作程序，充分肯定了以色列科技研发的效率与作用，也指出了其存在的制约性因素。联合国、世界经济论坛、洛桑国际管理发展学院等机构每年发布的《数字竞争力排名》《全球竞争力报告》《洛桑国际管理发展学院世界数字竞争力排名》等[①]也对以色列科技发展的方方面面进行了评估。普莉希拉·奥芬豪尔的《以色列的技术部门》[②]分四个部分对以色列科技发展进行了整体评估。第一部分总结了早期以色列高科技集群"起飞"和持续繁荣的因素；第二部分分析了以色列以研发为基础的创新经济的关键指标；第三部分强调政府决策对以色列崛起发挥了至关重要的作用；第四部分展示了以色列科技研发的成就和趋势。作者指出 21 世纪初期以色列的信息通信行业之所以能够持久繁荣，源于以色列高科技集群的弹性和多元化。

除此之外，其他相关的研究成果还有吉利德·福尔图娜编的研究报告《创新 2012：积极的产业政策助推科学技术及以色列独特的创新文化》、卡尔文·戈德沙依德的著作《以色列的社会变迁：人口、族群与发展》、保罗·里夫林的著作《以色列经济》、阿里·巴雷利的论文《制定国家政策的失败：以色列科学委员会，1948～1959》等。[③]

2. 关于首席科学家制度

首席科学家制度是以色列政府贯彻科技政策，建立国家研发体系的重要举措。首席科学家办公室统筹资源、引领科技导向、助推创新驱动战略，体

① Pedro Conceição et al. , eds. , *Digital Competitiveness Ranking*, New York: United Nations Development Programme; Klaus Schwab et al. , eds. , *The Global Competitiveness Report*, Geneva: World Economic Forum; Arturo Bris et al. , eds. , *IMD World Digital Competitiveness Ranking*, Lausanne: IMD World Competitiveness Center.

② Priscilla Offenhauer, *Israel's Technology Sector*, Washington, DC: Library of Congress, Standard Form 298 (Rev, 8 – 98), 2008.

③ Gilead Fortuna, ed. , *Innovation 2012: An Active Industrial Policy for Leveraging Science and Technology and Israel's Unique Culture of Innovation*, US-Israel Science and Technology Foundation, 2012; Calvin Goldscheider, *Israel's Changing Society: Population, Ethnicity, and Development*, London: Routledge, 2019; Paul Rivlin, *The Israeli Economy*, Boulder: Westview Press, 1992; Ari Barell, "The Failure to Formulate a National Science Policy: Israel's Scientific Council, 1948 – 1959," *Journal of Israeli History: Politics, Society, Culture*, Vol. 33, No. 1, 2014, pp. 85 – 107.

现了以色列发展模式的独特性。学者们围绕首席科学家制度的研究产出了丰富的成果。摩西·佳士曼和埃胡德·扎斯科维奇在《以色列工业研发资助的经济影响》① 一文中论述了经济与产业部首席科学家办公室如何根据法律政策，通过研发基金、国际协议与合作监督来支持以色列的工业研发，聚焦首席科学家办公室对经济发展和科技研发的巨大贡献。曼纽尔·特拉伊滕伯格在其论文《以色列的研发政策：综述和重新评估》② 中指出，以色列之所以成为科技研发成果最多产的创新经济体之一，得益于首席科学家制度发挥的重要作用，尤其是对企业的资金和技术投入至关重要；同时作者也对首席科学家办公室的资助项目进行了批判性研究，认为其在研发领域认定、项目预算和分配方案等方面存在问题，应当更多地考虑市场因素而淡化计划经济的色彩。埃雷兹·科恩、约瑟夫·加贝和丹尼尔·谢夫曼的《首席科学家办公室与高科技研发的资金筹措，2000~2010》③ 一文梳理了首席科学家办公室的产生背景和发展过程，指出其通过支持高风险、高回报的研发项目，成为以色列经济和科技研发事业的增长引擎。其他如拉恩·阿拉德的会议报告《以色列的创新景观和首席科学家办公室的作用》、维克托·麦克亨尼的论文《以色列应用研究的后顾之忧》等④也都对这一主题进行了不同程度的探讨。

3. 关于高科技产业及其创新发展问题

自20世纪80年代起，以计算机及软件技术为引领的高科技产业开始在全球范围内兴起，以色列因推行金融自由化与企业私有化的改革而释放了经济活力，加上高科技移民的批量涌入，迎来了新的发展机遇。阿维·费根巴姆的《1990

① Moshe Justman and Ehud Zuscovitch, "The Economic Impact of Subsidized Industrial R&D in Israel," *R&D Management*, Vol. 32, No. 3, 2003, pp. 191 – 199.

② Manuel Trajtenberg, "R&D Policy in Israel: An Overview and Reassessment," *Innovation Policy in the Knowledge-based Economy*, 2001, pp. 409 – 454.

③ Erez Cohen, Joseph Gabbay and Daniel Schiffman, "The Office of the Chief Scientist and the Financing of High Tech Research & Development, 2000 – 2010," *Israel Affairs*, Vol. 12, Issue 2, 2012, pp. 286 – 306.

④ Ran Arad, "The Israeli Innovation Landscape and the Role of the OCS," EEN Spain Annual Conference, June 26, 2015; Victor K. McElheny, "Israel Worries about Its Applied Research," *Science, New Series*, Vol. 147, No. 3662, 1965, pp. 1123 – 1130.

年代以色列高科技产业的腾飞：战略管理研究的视角》① 一书通过大量的案例研究，对以色列高科技产业的发展条件、基础设施、政策等方面进行了战略分析，比较系统地探讨了全球化、私有化和跨国企业的进入，以色列高科技产业的基础设施，初创企业的新起源，竞争性战略领导和新工业的发展五个方面的问题，认为它们是决定以色列发展模式和发展前景的核心要素。

经济全球化进程给新兴经济体带来了更多的谋求共同发展的替代选择，学界普遍认为国际经济力量的增长与产业的升级发展会削弱传统产业的地位，政府在经济中的主导地位也将趋于弱化。但丹·布莱兹尼茨（Dan Breznitz）提出了不同观点，在他撰写的《创新和国家（地区）：以色列、台湾和爱尔兰的政治选择及策略》② 一书中，对以色列信息通信产业兴起的背景、政策、产业增长模式和劳动力分工等问题进行了深入分析，认为以色列对研发的极度重视、政府角色的合理定位（资金投入者及跨国企业合作的促进者）促成了通信产业的强势发展。作者同时也指出了以色列通信行业发展的"一骑绝尘"对其他领域的带动力不足，甚至会对传统工业发展产生一定的负面作用。阿里·拉维和罗伯特·劳伦斯·库恩的《以色列的工业研究与发展：模式与前兆》③ 一书，通过对以色列20世纪80年代以来工业研发体系中的高科技产业现状、民用企业的集群化发展等问题进行研究，强调政府在工业发展中的积极作用，即用资本密集型的出口导向型战略替代传统劳动密集型工业，引导各行业向高技术附加值方向发展，并聚焦在经济转型过程中科研所起到的动力作用。作者同时指出以色列在研发方面的良好声誉并不能掩饰其人才外流和不良道德（如商业间谍）情况的日益严重，而且政府的战略对中低技术产业的支持还远远不够。阿希什·阿罗拉和阿方索·甘巴德主编的《从输家到猛虎：软件

---

① Avi Fiegenbaum, *The Take-off of Israeli High-Tech Entrepreneurship during the 1990s: A Strategic Management Research Perspective*, London: Emerald Group Publishing Limited, 2007.

② Dan Breznitz, *Innovation and the State: Political Choice and Strategies for Growth in Israel, Taiwan, and Ireland*, New Haven and London: Yale University Press, 2007.

③ Arie Lavie and Robert Lawrence Kuhn, *Industrial Research & Development in Israel: Patterns and Portents*, Westport: Praeger, 1988.

产业在巴西、中国、印度、爱尔兰和以色列的崛起》[①] 一书通过横向比较，研究了巴西、中国、印度和以色列的软件产业迅速发展并成为全球标杆的过程，探讨了高科技行业如何实现集合式的增长，并思考这种增长方式是否代表了一种新的经济增长模式。作者还分析了人力资本、公司能力、商业和管理模式以及行业结构在经济增长中的作用，跨国公司和全球化的技术劳动力流动对企业能力形成的影响等问题。莫里斯·托伊贝尔的《以色列创新体系：状况、绩效及突出的问题》一文收录在理查德·R.尼尔森编著的《国家（地区）创新体系：比较分析》[②] 一书中。该书是一本研究国家（地区）创新体系的专业书籍，涉及15个国家和地区，对比了各国支撑技术创新的体制与机制、政策与模式的相似性与差异性，讨论了这些差异性发挥作用的路径与方式。莫里斯·托伊贝尔认为，以色列的科学技术体系在20世纪五六十年代的增长源于研发投入在GDP中的高占比、实力强劲的大学体系、国防与政府资助在研发中所占据的主导地位等。这种趋势在20世纪七八十年代出现了转折点，无论是经济增长还是科技创新方面，以色列都有所衰退，虽然高科技产业不断诞生，但国民经济却停滞不前。在莫里斯·托伊贝尔看来，以色列缺乏新兴技术的基础设施，没能建立起新的经济合作网络模式，政府也没能够制定出具有前瞻性的经济发展战略。莫里斯·特维鲍在《面向以色列的研发战略》[③] 一文中对首席科学家办公室制度所起的作用提出了不同的观点，认为以色列创新体系的整个构成和各组成部分之间的联系越来越复杂，缺乏有效互动，政府的战略政策和作用也在不断弱化。首席科学家办公室应当在政策上更多向中、低技术含量的产业倾斜，

---

① Ashish Arora and Alfonso Gambardella, eds., *From Underdogs to Tigers: The Rise and Growth of the Software Industry in Brazil, China, India, Ireland, and Israel*, Oxford: Oxford University Press, 2005.

② 〔以〕莫里斯·托伊贝尔：《以色列创新体系：状况、绩效及突出的问题》，载〔美〕理查德·R.尼尔森编著《国家（地区）创新体系：比较分析》，曾国屏、刘小玲、王程韡、李红林等译，知识产权出版社，2012，第598~632页。

③ Morris Teubal, "Towards an R&D Strategy for Israel Draft," *The Economic Quarterly*, Vol. 46, No. 2, 1999, pp. 359 – 383.

扶持其在未来产业经济中扮演重要角色。作者强调创新系统中相关信息的交流越来越重要（例如各种业务部门的"需要"、项目评估、行业的趋势、市场行情等），因此以色列要以强化信息沟通为导向改进创新体系。其他如莫里斯·特维鲍的《科学政策的中立：以色列尖端工业技术的提升》、拉里·洛克伍德的《以色列的军工产业扩张》、乌兹·德汉和博阿斯·葛拉尼的《流着奶、蜜和创意的土地：什么使以色列成为创业和创新的温床？》等①论文也都提出了很有见地的观点和看法。

4. 关于高等教育及人才问题

人才是 21 世纪最稀缺的资源，而教育是培养人才最重要的途径。以色列完善的科研体系和发达的高科技行业在很大程度上得益于高等教育的完善与高技术移民的到来。以色列首席科学家办公室在建国 60 周年之际出版的《以色列的知识资本》② 一书从金融资本、市场资本、流程资本、人力资本等几个维度描绘了以色列的创新生态，并将上述几个影响科技研发的重要因素归结为促进以色列发展的知识资本。丹尼尔·费尔森斯坦的论文《以色列区域生产力和创新的影响因素：部分典型个案》③ 把知识区分成两个特别机制——存量机制与流动机制，考察了人力资本与实质资本在特定区域内生产力及创新中所扮演的角色，作者认为人力资本存量对区域发展与区域创新水平有很大的影响力。丹·赛诺和索尔·辛格的《创业的国度：以色列经济奇迹的启示》④ 一书从"袖珍之国的能量""播种创新文化""起点""国家

①　Morris Teubal, "Neutrality in Science Policy: The Promotion of Sophisticated Industrial Technology in Israel," *Minerva*, Vol. 21, No. 2/3, 1983, pp. 172 – 197; Larry Lockwood, "Israel's Expanding Arms Industry," *Journal of Palestine Studies*, Vol. 1, No. 4, Summer, 1972, pp. 73 – 91; Uzi DeHaan and Boaz Golany, "The Land of Milk, Honey and Ideas: What Makes Israel a Hotbed for Entrepreneurship and Innovation," in John Sibley Butler and David V. Gibson, eds., *Global Perspectives on Technology Transfer and Commercialization: Building Innovative Ecosystems*, Northampton: Edward Elgar Publishing, 2011.

②　OCS, *The Intellectual Capital of the Israel*, Jerusalem: OCS, 2007.

③　Daniel Felsenstein, "Factors Affecting Regional Productivity and Innovation in Israel: Some Empirical Evidence," *Regional Studies*, Vol. 49, No. 9, 2013, pp. 1 – 12.

④　〔美〕丹·赛诺、〔以〕索尔·辛格：《创业的国度：以色列经济奇迹的启示》，王跃红、韩君宜译。

的动机"四个方面阐述了影响以色列创新创业精神的核心要素，把以色列智力资本崛起的原因归纳为文化传统、历史传承、学术氛围及国防军经历等，并提出不稳定的地缘政治环境和政策基础是创新精神在整个以色列社会延伸的最大障碍。阿姆农·弗伦克尔、什洛莫·迈特尔和伊拉娜·德巴尔的《创新的基石：从以色列理工学院到创新之国》① 一书运用了大量的访谈和实例，分为"以色列理工人的 DNA""从石头到半导体""理工学院的创新构成了创业国度的基石""高官，不止是工程师""以色列理工学院的价值，今日和明日"五个章节，分析了以色列理工学院毕业生是如何经过学校的教育具备了科研精神，继而成为国家的创新先锋，并在国家社会形成了引人注目的创造群体。

此外，相关的成果还有纳玛·特施纳的论文《以色列的学术外流信息和吸引学术人才回归以色列的行动》，海达·米丹和托马斯·甘培尔的论文《以色列的特殊教育》，约瑟夫·本－大卫的论文《以色列的大学：发展、多样化和管理的困境》，尼灿·达维多维奇、丹·索恩和亚科夫·伊兰的论文《崩溃的垄断特权：从学院到大学》，诺拉·莱温的著作《苏联犹太人：1917 年至今》，拉里萨·罗曼尼克的著作《三大洲的俄罗斯犹太人：身份认同、融合和冲突》，埃里克·古尔德和奥马尔·玛维的论文《以色列的人才流失》等。②

---

① 〔以〕阿姆农·弗伦克尔、〔以〕什洛莫·迈特尔、〔以〕伊拉娜·德巴尔：《创新的基石：从以色列理工学院到创新之国》，庄士超译，机械工业出版社，2017。

② Naama Teschner, "Information about Israeli Academics Abroad and Activities to Absorb Academics Returning to Israel," The Knesset Research and Information Center, January 30, 2014, pp. 1 – 10; Hedda Meadan and Thomas Gumpel, "Special Education in Israel," *Teaching Exceptional Children*, Vol. 34, No. 5, 2002, pp. 16 – 20; Joseph Ben-David, "Universities in Israel: Dilemmas of Growth, Diversification and Administration," *Studies in Higher Education*, Vol. 11, No. 2, 1986, pp. 105 – 130; Nitza Davidovitch, Dan Soen and Yaacov Iran, "Collapse of Monoply Privilege: From College to University," *Research in Comparative and International Education*, Vol. 3, No. 4, 2008, pp. 366 – 377; Nora Levin, *The Jews in the Soviet Union: Since 1917 to the Present*, New York: New York University Press, 1990; Larissa Remennick, *Russian Jews on Three Continents: Identity, Integration and Conflict*, New Brunswick: Transaction Publisher, 2007; Eric D. Gould and Omer Moav, "Israel's Brain Drain," *Israel Economic Reviews*, Vol. 5, No. 1, 2007, pp. 1 – 22.

5. 关于犹太复国主义的科学理念及科技文化

诺亚·埃弗龙在《犹太复国主义和科学愿望》[①] 一文中追述了早期犹太复国主义者对科学的认识与推崇，认为科学与技术契合了犹太复国主义运动的民族目标、国家理想及意识形态概念，科学技术也是犹太人在巴勒斯坦立足的基本保障。作者还分析了以色列宗教、社会和教育等领域对待科学技术的态度，认为科学技术已经融入了犹太复国主义者的生活，形成了浓厚的科学文化氛围。德里克·J. 本斯拉的《犹太复国主义和技术专家治国：巴勒斯坦犹太人定居点工程，1870～1918》[②] 一书研究了 1870～1918 年伊休夫的定居点建设、制药业和农业的技术改进等，以及犹太人与阿拉伯人之间的纷争；探讨了国际犹太复国主义组织对巴勒斯坦的技术援助。安妮塔·夏皮拉在《犹太复国主义劳工运动与希伯来大学》[③] 一文中研究了劳工犹太复国主义内部就希伯来大学建立问题产生的意见分歧，主要集中在对科学理想与现实主义、体力劳动与知识追求等方面的不同认识。顾克文、丹尼尔·罗雅区和王辉耀联合撰写的《以色列谷：科技之盾炼就创新的国度》[④] 一书从背景与特征、世界集群模式、人力资本之盾、企业精神、信息传播、技术孵化器、风险资本、绿色科技、生命科学等方面探讨了以色列如何在不利的地缘政治环境中保持技术的先进性，认为教育、研究、创新、技术转移、军队、智力、网络和企业文化是以色列成功的关键因素。作者最后指出阿拉伯国家对以色列产品的抵制、以色列对美国的依赖、以色列社会的贫困化、少数民族的状况和选举制度改革是以色列面临的主要问题。莱昂内尔·弗里德费尔

①　Noah Efron, "Zionism and the Eros of Science and Technology," *Zygon*, Vol. 46, No. 2, 2011, pp. 413 – 428.

②　Derek J. Penslar, *Zionism and Technocracy*, *The Engineering of Jewish Settlement in Palestine*, *1870 – 1918*, Bloomington: Indiana University Press, 1991.

③　Anita Shapira, "The Zionist Labor Movement and the Hebrew University," *Judaism: A Quarterly Journal of Jewish Life and Thought*, Vol. 45, Issue 2, 1996, p. 183.

④　〔以〕顾克文、〔以〕丹尼尔·罗雅区、〔中〕王辉耀：《以色列谷：科技之盾炼就创新的国度》，肖晓梦译。

德和马飞聂撰写的《以色列与中国：从丝绸之路到创新高速》①一书聚焦于以色列的创新技术能力及全球科技中心的地位，探讨了以色列与亚洲各国尤其是与中国的战略合作关系及科技投资互动，并展望了未来五十年以色列与亚洲的关系。在书中第二篇，作者概述了以色列高科技产业的创立与发展历程，指出以色列创新生态系统的成功秘诀是政府和公共支持、技术人力资源重复和技术基础设施完备。海伦·戴维斯和道格拉斯·戴维斯撰写的《世界中的以色列：创新改变生活》②一书概述了以色列的高科技产业和先进技术，列举了以色列在医疗、信息通信、生命科学、电子等领域的高科技产品，指出这些科研成就给世界带来了巨大变化，强调科技文化对人类生活的塑造与改变。此外，迪玛·亚当斯基的著作《军事创新文化：影响俄罗斯、美国和以色列军事革命的文化因素》③等也对创新文化内涵、创新社会氛围等相关的问题有所论及。

国内学术界近年来对以色列科技的发展状况给予了较多关注，出版了一系列相关研究成果。如王泽华、路娜编著的《以色列科技概论与云以科技合作透视》④概括了以色列科技发展的总体情况，列举了以色列的主要科技成果，描述了中国（云南）与以色列科技合作现状，并从基本思路、合作领域、主要任务和重点举措四个方面研究了中国（云南）与以色列科技合作的未来走向。张明龙、张琼妮的《新兴四国创新信息》⑤归纳了瑞典、韩国、新加坡和以色列的创新信息。作者在以色列篇中指出，建立高效的创新活动运行机制，完善法规，夯实育人基础，通过发展高等教育提升国家创新实力，是以色列创新成功的主要原因。该书还用大量篇幅详细列举了以色列

---

① 〔以〕莱昂内尔·弗里德费尔德、〔以〕马飞聂：《以色列与中国：从丝绸之路到创新高速》，彭德智译，人民出版社，2016。

② Helen Davids and Douglas Davids, *Israel in the World: Changing Lives through Innovation*, London: Weidenfeld & Nicolson, 2004.

③ Dima Adamsky, *The Culture of Military Innovation: The Impact of Cultural Factors on the Revolution in Military Affairs in Russia, the US, and Israel*, California: Stanford University Press, 2010.

④ 王泽华、路娜编著《以色列科技概论与云以科技合作透视》，中国社会出版社，2016。

⑤ 张明龙、张琼妮：《新兴四国创新信息》，知识产权出版社，2012。

在电子信息、纳米、光学、先进制造、新材料、能源、生命科学等领域的创新信息和创新成就。张倩红主编的"以色列蓝皮书"①系列每年出版一本，内容包括总报告、分报告、专题篇、中以关系篇等，对当年以色列的热点问题、重大事件及基本国情进行剖析，运用定量与定性相结合的方法，从宏观和微观的角度对当年以色列的经济概况、社会动态、安全形势、政治走向、外交关系等方面进行比较深入的探讨，对全面认识当今以色列社会具有很大的参考价值，一些年度报告设有"创新篇"，对以色列创新领域进行集中探讨，有助于加强中以在创新领域的交流与合作。王仁维、吴敏竹主编的《从硅谷到张江：探访全球科技创新中心》②中有"以色列：中小微创新型企业为何层出不穷"一章，专门研究了在全球创新的大背景下以色列初创企业是如何蓬勃发展的。虞卫东的《当代以色列社会与文化》③一书中的第6章"教育与科技"，从教育概述、教育体制、大学和研究机构、教育特点、21世纪的以色列教育、以人为本的职业培训、科学技术七个方面研究了以色列的科教事业，尤其强调了教育对科技的极大推进作用。其他一些学术著作中对以色列科技创新等主题也有所论及，如张倩红的《以色列史》，雷钰、黄民兴的《以色列》，赵伟明的《以色列经济》，肖宪的《中东国家通史：以色列卷》，覃志豪的《以色列的农业发展》，陈腾华的《为了一个民族的中兴：以色列教育概览》，陈宇学的《创新驱动发展战略》，刘向华的《希伯来大学》，高维和的《全球科技创新中心：现状、经验与挑战》等。④

---

① 张倩红主编的"以色列蓝皮书"系列由社会科学文献出版社出版，每年一本，截至2020年年底已出版6本。

② 王仁维、吴敏竹主编《从硅谷到张江：探访全球科技创新中心》，上海辞书出版社，2016。

③ 虞卫东：《当代以色列社会与文化》，上海外语教育出版社，2006。

④ 张倩红：《以色列史》，人民出版社，2014；雷钰、黄民兴：《以色列》，社会科学文献出版社，2015；赵伟明：《以色列经济》，上海外语教育出版社，1998；肖宪：《中东国家通史：以色列卷》，商务印书馆，2001；覃志豪：《以色列的农业发展》，中国农业科技出版社，1996；陈腾华：《为了一个民族的中兴：以色列教育概览》，华东师范大学出版社，2005；陈宇学：《创新驱动发展战略》，新华出版社，2014；刘向华：《希伯来大学》，湖南教育出版社，1994；高维和：《全球科技创新中心：现状、经验与挑战》，上海人民出版社，2015。

以色列科研体系的演变

论文方面，潘光、陈鹏的《以色列的创新成功之路》① 从文化、政府、政策、教育、人才、国际合作六个方面分析了以色列创新成功的原因，即"创新成功的深厚历史文化底蕴""源于国家安全发展需求的强劲创新动力""培养主动创新能力的教育方式""支持创新的法制体系和政府的'后台服务器'作用""优化创新的人力资源配置：研究所、院校和企业的合作培养""推动积极活跃的国际创新合作"。张倩红、刘洪洁的《国家创新体系：以色列经验及其对中国的启示》② 认为以色列的创新竞争优势主要表现在企业与市场、人才与教育、创新产出与专利认证、政府体制与基础环境四方面。完善的国家创新体系是塑造以色列创新竞争力的源泉，政府、企业、高校的分工与协作是以色列国家创新体系的主要特征。

其他相关的研究论文有杨波的《以色列科技创新发展的经验与启示》，刘波的《创新以色列：全球化时代下的逆境突围》，张充杨的《面向21世纪的以色列科技发展战略》，艾仁贵的《以色列的高技术移民政策：演进、内容与效应》，潘光、刘锦前的《以色列农业发展的成功之路》，王世春的《浅析以色列大学技术转移模式》，刘燕华、王文涛的《以色列创新人才教育的启示》，邓妙嫦、刘艺卓的《以色列农业生产和贸易发展研究》，宋喜斌的《以色列节水农业对中国发展生态农业的启示》，朱艳菊的《以色列农业技术推广体系的分析和借鉴》，田川的《以色列软件产业发展经验及启示》，等等。③ 这些论

---

① 潘光、陈鹏：《以色列的创新成功之路》，《光明日报》2015年11月26日，第11版。

② 张倩红、刘洪洁：《国家创新体系：以色列经验及其对中国的启示》，《西亚非洲》2017年第3期。

③ 杨波：《以色列科技创新发展的经验与启示》，《上海经济》2015年第Z1期；刘波：《创新以色列：全球化时代下的逆境突围》，《21世纪经济报道》2006年2月8日，第7版；张充杨：《面向21世纪的以色列科技发展战略》，《全球科技经济瞭望》1997年第10期；艾仁贵：《以色列的高技术移民政策：演进、内容与效应》，《西亚非洲》2017年第3期；潘光、刘锦前：《以色列农业发展的成功之路》，《求是》2004年第24期；王世春：《浅析以色列大学技术转移模式》，《江苏科技信息》2015年第10期；刘燕华、王文涛：《以色列创新人才教育的启示》，《创新人才教育》2014年第2期；邓妙嫦、刘艺卓：《以色列农业生产和贸易发展研究》，《世界农业》2015年第10期；宋喜斌：《以色列节水农业对中国发展生态农业的启示》，《世界农业》2014年第5期；朱艳菊：《以色列农业技术推广体系的分析和借鉴》，《世界农业》2015年第2期；田川：《以色列软件产业发展经验及启示》，《全球科技经济瞭望》2002年第11期。

文从不同的方面探讨了以色列科技创新发展的若干问题，提出了新颖的观点与看法。

综上所述，近年来，以色列研究越来越成为中国学术界的热点，尤其是以色列的科技创新引发了中国学者的广泛关注，学术界主要聚焦于以色列的创新能力、资金来源渠道以及犹太文化对创新思维的孕育等方面，但大部分成果囿于篇幅仅局限于知识介绍、现状梳理，研究的系统性、深入性明显不足，具体来说表现在以下几个方面。

第一，学术界关于以色列科技事业和科研体系的研究缺乏整体性、系统性。学者们虽然关注了研发投入与人力资本问题，但对于该体系的形成与演进、内在要素的培植与运转模式等方面还停留于表象，缺乏深入探究；另外，相关研究虽然肯定了科研对以色列经济的推动作用，但对于科研体系、技术进步、经济增长与国家创新之间的递进关系还缺少透彻的分析，同时也忽略了以色列科研体系所存在的一系列制约性因素。

第二，学术界关于以色列的政治、经济、文化有比较深入的研究，但对于以色列科学技术史的探讨还比较薄弱，如对犹太复国主义者如何秉持科技创新理念来实现民族理想、以色列历届政府如何发挥引导与调控作用以适时变革科技政策、以色列如何以科技进步为立足点实现国家转型发展等诸多关键性问题尚缺乏深入的探究与挖掘。

第三，国内学者的研究成果虽广泛涉及以色列的教育、科技、文化、创新等相关主题，但大部分为知识介绍性成果，局限于浅显描述某种现象，缺乏学理层面的深入分析与系统研究。

不可否认，以上研究现状确实给本书的研究留下了很大的空间。

本书第一章从宏观的角度追溯了 19 世纪末犹太复国主义运动兴起、大批犹太人移民巴勒斯坦的历史，追述了赫茨尔、魏兹曼、本 – 古里安等犹太复国主义领导人对科学的认知与推崇，描述了伊休夫教育、科研机构的建立和科学研究的初步开展。第二至第四章，以时间为主线，重点探讨了以色列科研体系的初创、成熟、完善三个历史阶段。在每个历史阶段又重点分析了三个层面的问题：一是以色列政府的科技政策、国家的相关立法及科技研发的政策布局；二是科研体系的建构及运作、研发活动的实施及影响研发效率的因素；三是科学事业布局的变化、主要科技成就及其对经济的影响。第五章，在前几章的基础上对以色列科研体系的整体特征进行归纳，分析了以色列政府对于科研体系的主导与风险分担作用，描述了以色列的知识产权保障体系以及研发成果的孵化与转化。第六章，综合评价了以色列的科研体系，充分肯定其对经济社会发展、国家建构的积极作用，也分析了其不足与制约性因素。

以色列的科研体系是科技活动的重要组成部分，也是以色列社会经济发展的表象之一。因此，对以色列科研体系进行系统分析与研究，归纳"以色列模式"的主要内涵及其特征，分析以色列科技研发、技术进步与经济发展之间的连接与互动关系，就显得非常必要。科技发展史是以色列历史发展的重要篇章，可以说半个多世纪以来其发展历程也是犹太复国主义者科学理想的实现过程。本书探讨了在以色列民族国家建构的大背景下，国家行为与科技发展之间的互动关系。一方面，国家需求、政策保障促发了科技进步，而后者又为国家发展、社会变革积蓄了动力。笔者认为，以色列科技史的研究对于深化以色列经济、以色列历史、以色列社会文化的研究都具有重要的价值与意义。另一方面，以色列的科研体系虽然根植于自身的文化土壤，但其发展模式对于中国及其他发展中国家具有重要的参考价值。学习、借鉴以色列经验，有助于实现我国的创新驱动发展战略，全面营造科技发展的氛围，形成鼓励创新的社会文化风尚。

第一章　犹太复国主义者的科学理想（19世纪末至1948年）

犹太人有根深蒂固的崇尚智慧和重视教育的传统，因此世界各地的犹太人保持了较高的知识水准。1800多年的"大流散"（Diaspora）经历造就了犹太人对周围环境和新事物的敏锐反应与快速接受能力。近代以来，在启蒙理性的影响之下，科学事业在欧洲大陆兴起，欧洲社会的犹太知识分子积极投身于科学研究及科学运动，科学的理念与精神深深扎根于犹太世界。犹太复国主义（Zionism）多数派别以科学为复国之利器，以教育为立足之根本，他们理想中的民族家园不仅是"流奶与蜜之地"，也是科学与艺术的圣地。即使在物质条件极其贫乏的条件下，犹太人仍在巴勒斯坦建立了从幼儿园、初级学校到中级学校的基础教育体系，实现了适龄儿童教育的全覆盖，并在此基础上积极兴办高等教育。对犹太民族而言，以色列理工学院（Israel Institute of Technology）与耶路撒冷希伯来大学（Hebrew University of Jerusalem，简称希伯来大学）的建立是伊休夫（Yishuv）① 科教事业发展的

---

① 伊休夫是希伯来语的音译，原意为"定居"，后来引申为"犹太社团"，指以色列建国前巴勒斯坦的犹太社团。自罗马帝国于公元135年镇压了最后一次犹太人起义以来，巴勒斯坦虽一直有零星犹太人居住，但到1881年巴勒斯坦犹太人只有2.4万多，不到巴勒斯坦总人口的10%。1882年起，在犹太复国主义的影响下，伴随着数次移民潮，大批犹太人进入巴勒斯坦，伊休夫得以迅速发展。

标志。魏兹曼科学研究院（The Weizmann Institute of Science）等科研机构的建立，开创了伊休夫科研工作的先河，犹太科学家们所从事的农业、气候、医疗、制药等各方面的研究为移民安置做出了巨大贡献，也为以色列国家的建立奠定了必不可少的科学与智力基础。无疑，在以色列建国前的几十年间，科学通过有效的方式服务于政治犹太复国主义的意识形态。① 以色列理工学院、希伯来大学和魏兹曼科学研究院时至今日依然是以色列最重要的科研与教学机构。

第一节　犹太复国主义者的科学理念

大流散时期，虽然散居在不同国家的犹太人大多忠诚于寄居国，他们遵守《塔木德》（Talmūdh）的教诲，努力做"外邦人的光"，但回归故土、恢复民族家园的渴望在犹太社会中始终存在。在反犹主义浪潮的影响之下，19世纪末犹太复国主义在欧洲大地风起云涌。早期的犹太复国先驱赛维·希尔施·卡里舍尔（Zevi Hirsch Kalischer）、列奥·平斯克（Leon Pinsker）等倾向于从思想和精神上唤醒犹太人回归民族传统的意识，而西奥多·赫茨尔（Theodor Herzel）关注的则是建立民族国家的现实问题。犹太复国主义兴起之后形成了许多思想派别，如政治犹太复国主义、宗教犹太复国主义、文化犹太复国主义、劳工犹太复国主义、社会主义犹太复国主义、修正派犹太复国主义等，不同思想派别在如何建设民族家园的问题上虽然存在分歧，但对教育、科学与技术的尊崇基本上成为共识。可以说，追求科学精神、技术进步与文化塑造贯穿于以色列民族国家建构的整个历史过程之中。

犹太社会对科学理念的接纳与尊崇可以追溯到犹太教科学运动

---

① Noah Efron, "Zionism and the Eros of Science and Technology," *Zygon*, Vol. 46, No. 2, 2011, pp. 413 – 428.

（Scientific Study of Judaism）[①]。19 世纪中叶，利奥波德·聪茨（Leopold Zunz）、撒加利亚·弗兰克尔（Zacharias Frankel）等人认为传统犹太教已经走进了死胡同，若不顺势而变，最终必将葬身于解放运动及世俗主义大潮之中，只有科学的方法与科学的态度才能改变犹太传统穷途末路的境地。弗兰克尔强调建立一个犹太国家的理想是崇高的和富有生命力的，他认为在地球上某个珍藏着犹太人神圣记忆的地方建立民族家园是天经地义的，这说明数千年的压迫与苦难并没有使犹太人丧失勇气。然而要实现这一伟大使命，必须要改变犹太教的思维禁锢，让犹太社会接受现代科学的洗礼。在犹太教科学运动的影响下，越来越多的知识分子以现代科学为武器来挑战拉比权威，他们认为科学与宗教不必截然对立，宗教的伦理道德追求与科学的理性导向是可以调和的。在他们看来，传统社会中以拉比为精神制高点的哲学话语已不合时宜，而物理学家、生物学家、心理学家、考古学家及人类学家比拉比阶层更了解事物的本质与真实的世界，因而也更接近人的精神世界。

随着传统犹太哲学的衰亡，吸纳了科学思维的"新哲学"一定会应运而生。[②] 正如马库斯·埃伦普里斯（Marcus Ehrenpreis）所描述的那样。

我们已经把自己从病态、腐朽和垂死的传统束缚中解放出来！这种传统已然无法生存，但它仍不肯消亡；它束缚着我们的双手，蒙蔽了我们的双眼，迷惑了我们的心智，使我们的天空黯然失色，它把光明、美丽、温柔和快乐从我们的生活中驱逐出去，把我们年轻人变成了老人，

[①] 犹太教科学运动指的是强调对犹太历史、文献和宗教进行科学研究的运动。19 世纪 20 年代，一批受启蒙思想影响的柏林犹太知识分子发起犹太教科学运动，提倡用科学、实证的精神审视犹太教及其历史遗产，其兴起的标志为 1819 年在柏林成立的犹太文化与科学协会。在科学精神的推动下，犹太学者对传统犹太教及犹太文化体系开展批判性研究。犹太教科学运动有助于抵制犹太社团内部的两股极端势力——极端正统派和同化论者。一方面，犹太教科学思潮中所包含的自由探讨的精神缓和了极端正统派所坚持的极端主义传统；另一方面，在犹太教科学学派的努力下，犹太教博得了新的尊严，使那些曾对传统感到困惑的犹太人恢复了对犹太教的忠诚。

[②] Norbert M. Samuelson, *Jewish Faith and Modern Science：On the Death and Rebirth of Jewish Philosophy*, Laham：Rowman & Littlefield Publishers, 2008, Introduction.

把我们的老人变成阴影。我们已经将自己从律法和先知的拉比文化牢笼中解放出来。①

早期犹太复国主义思想家深受欧洲现代思想的影响与科学精神的熏陶，他们把科技进步与国家建设联系在一起。"社会主义犹太复国主义"（Zionist Socialism）之父摩西·赫斯（Moses Hess）1862 年在其影响深远的著作《罗马与耶路撒冷》（*Rome and Jerusalem*）一书中引用了欧内斯特·拉哈安妮（Ernest Laharanne）的名言："对犹太人的伟大召唤之一就是：成为沟通三大洲的桥梁，成为文明的传递者。将文明传递给那些仍然缺乏经验的民族并担任他们欧洲科学的老师，唯有如此，你们的民族才贡献良多。"② 赫斯认为犹太人必须意识到自己是一个独立民族，解决犹太问题的方案就是在巴勒斯坦建立一个社会主义性质的国家实体，这个国家标志着生产劳动获得尊重，犹太人的寄生状态得以彻底改善。

1895 年 1 月，赫茨尔把自己关在巴黎康朋街（Cambon）的旅馆里，克服持续失眠、高烧带来的痛苦，奋笔疾书《犹太国》（*The Jewish State*）。次年 2 月，这本书在维也纳出版，唤醒了"民族国家重建"这一古老的观念，从而在犹太世界引起了巨大反响。与其他人不同，赫茨尔对"民族国家重建"有了具体的计划和步骤，他强调"犹太国家的重建是以科学方法的运用为前提的，我们今天不能以古代的原始方式再出埃及"，"现代犹太人的移民必须按照科学原则来进行"。③ 犹太国家的目标之一将是"参与一切值得尊敬的活动，努力在艺术和科学领域取得进步，把我们行为的荣耀传递给最贫穷的人民，这就是我所理解的犹太传统"。我们"要把巴勒斯坦建设成犹太人的现实家园，同时也是犹太民族主要的精神、文化与科学中心"。④

---

① Noah Efron, "Zionism and the Eros of Science and Technology," *Zygon*, Vol. 46, No. 2, 2011, pp. 413 – 428.

② Noah Efron, "Zionism and the Eros of Science and Technology," *Zygon*, Vol. 46, No. 2, 2011, pp. 413 – 428.

③ Israel Information Center, *Fact about Israel（2003）*, Jerusalem：Ahva Press, 2003, p. 164.

④ Israel Information Center, *Fact about Israel（2003）*, p. 164.

赫茨尔指出：在犹太国家里，犹太人不再是"另类""陌生者"，而是国家的合法公民与建设者。犹太国家的设计简单，但操作起来复杂，将由两个机构——"犹太协会"（The Society of Jews）与"犹太公司"（The Jewish Company）来落实，前者负责政治与科学领域的筹备工作；后者将代理犹太人的商业利益，并组织新国家的商贸活动。[①]"民族之家"必须要做好制度上的谋划，"为雄心勃勃的年轻人安排就业，为所有的工程师、建筑师、技术人员、化学家、医师和律师们找到工作"。[②]"我们必须利用一切现有的，以及未来的宝贵的发明创造，依靠这种手段，我们才能以史无前例的方式，并以前所未有的成功的可能性，去占有一块土地，去建立一个国家。"[③] 尽管当时很多人并不认同赫茨尔关于犹太国家的具体构想，但《犹太国》对犹太人影响深远。

1897 年 8 月 29 日，在赫茨尔的号召下，第一届犹太复国主义者代表大会（The First Zionist Congress）在瑞士巴塞尔召开，标志着犹太人的建国计划更加接近现实。会议认为，犹太人在巴勒斯坦的立足肯定会面临许多困难，犹太实业要担当重任，教育文化、科学技术理应先行。在这样的背景下，会议还谈论了在巴勒斯坦地区建立大学的相关事宜。1899 年，赫茨尔访问了巴勒斯坦，在雷霍沃特（Rehovot）移民村受到了热情款待，在与拓荒者的交流过程中，赫茨尔强调了科学、技术与艺术的重要性。在赫茨尔看来，技术进步是德国以及其他欧美国家领先世界的根本因素，犹太民族国家的建立必然与技术发展和艺术进步相伴随。

《犹太国》出版后，赫茨尔一直想写一部小说，希望能以此宣传并进一步激发犹太民族的复国理想。1902 年 4 月赫茨尔完成了他的乌托邦小说《阿尔特纽兰》（Altneuland），也称《古老的新大陆》（Old-New Land）。在作品创作过程中，赫茨尔"痴迷于社会科学和技术科学，熟悉它们的发展并

---

① See Theodor Herzl, *The Jewish State：An Attempt at a Modern Solution of Jewish Question*，New York：Dover Publications Inc.，1945，p. 35.

② 〔奥地利〕西奥多·赫茨尔：《犹太国》，肖宪译，商务印书馆，1993，第 105 页。

③ 〔奥地利〕西奥多·赫茨尔：《犹太国》，第 105 页。

敏锐地意识到它们的社会和政治意义"。赫茨尔的设想是,"在充满激情和包容的现实家园(巴勒斯坦地区),科学研究和技术应用于发展和改善经济","从大学、技术学院、农学院和商学院毕业的人给这里带来了建设国家所需的各种技能"。在赫茨尔的想象中,圣城耶路撒冷也发生了翻天覆地的变化:"穆斯林、犹太教徒和基督徒的福利机构、医院、诊所临街而立,大广场的中央矗立着一座和平宫殿,来自世界各地的和平爱好者、科学家在此举办国际会议,耶路撒冷已成为人类精神的最高追求——信仰、爱与知识的家园。"① 赫茨尔憧憬了一种机械化与科技程度极高的犹太社会。

> 人们不得不在铁路交叉口停下来,因为火车要开了,火车很快出现并向南疾驰而去。游客们谈论火车头没有烟囱,有人告诉他们这条铁路和大多数巴勒斯坦铁路都是由电力运营的。这里到处都是蛮荒之地,保持着无人问津的原始状态,这正好便于开发、安装最新的技术设备、城市规划、修建铁路、挖运河、在土地上建立农业和工业。大量涌入的犹太定居者给这个国家带来了文明世界的经验。从大学、技术学院、农学院和商学院毕业的人给这里带来了建设国家所需的各种技能。身无分文的年轻知识分子、在反犹主义国家里得不到机会的人、陷入绝望的人、有无产阶级革命思想的人纷纷把最新的应用科学方法带入了这个国家,为巴勒斯坦地区造福。②

1904 年 7 月,44 岁的赫茨尔因突发肺炎英年早逝,他给犹太世界留下的不仅仅是犹太复国主义者代表大会和世界犹太复国主义组织(World Zionist Organization),"他还奏响了犹太民族复兴的主旋律,这一主旋律有益于建构与升华塑造希伯来民族英雄所必需的品质,他把犹太民族的精神渴

---

① Theodor Herzl, *Old-New Land*, New York: Bloch Publishing Co. , 1960, pp. 248 – 249.

② Noah Efron, "Zionism and the Eros of Science and Technology," *Zygon*, Vol. 46, No. 2, 2011, pp. 413 – 428.

望内化为具体的、真实的形态"①。赫茨尔的去世给犹太世界造成了巨大的伤痛，6000 多人云集在维也纳护送他的灵柩，斯蒂芬·茨威格（Stefan Zweig）将之称为"一个淳朴的、全民悲恸的、前所未有的葬礼"②。赫茨尔去世后，哈伊姆·魏兹曼（Chaim Weizmann）逐渐成长为犹太复国主义运动的领导人之一。

魏兹曼于 1874 年出生在俄国与波兰交界处的小镇，读完中学后留学德国，1899 年在弗莱堡大学（Universität Freiburg）获得博士学位。他在柏林期间深受《犹太国》一书的影响而成为犹太复国主义者。1904 年移居英国后，魏兹曼在曼彻斯特大学（University of Manchester）教授生物化学，因成功完成新炸药的研制工作而受到英国高层的器重，为 1917 年《贝尔福宣言》（Balfour Declaration）的发表立下了汗马功劳。魏兹曼在犹太国家建设路径的设想上与赫茨尔有较大的分歧，他认为犹太国家的建立不能仅仅依靠西方大国的支持与办公桌上的协议文本，还要依赖民族整体的共同努力，特别是世界犹太人的实际援助。作为一位科学家，魏兹曼对教育、科学有特别的见解，他认为科学精神应该成为民族家园的基本风貌，在这里犹太人可以自由地"追求人类所信奉的各种技能，探寻对所有信仰及所有民族都开放的知识"。他特别强调"大学对犹太民族的重要性不亚于圣殿——和圣殿一样，大学将成为犹太民族的精神中心；和圣殿不同，大学应该培育世俗民族主义者"③。魏兹曼关于科学的精妙论断后来被镌刻在雷霍沃特以色列国家剧场里。

我确信，科学将为这片土地带来和平与青年的新生，会成为创造新的物质和精神生活的源泉。在这里，我谈论科学是为了科学本身，也是为了应用科学。

---

① Gideon Shimoni, Rober S. Wistrich, *Theodor Herzl: Visionary of Jewish State*, Jerusalem: The Hebrew University Magnes Press, 1999, p. 217.

② 〔法〕萨洛蒙·马尔卡：《创造以色列历史的 70 天》，马秀珏译，社会科学文献出版社，2019，第 37 页。

③ Tom Segev, *One Palestine, Complete: Jews and Arabs under the British Mandate*, New York: Henry Holt & Company, 1999, p. 73.

1935～1948 年，大卫·本－古里安（David Ben-Gurion）出任伊休夫自治机构巴勒斯坦犹太代办处（Jewish Agency）主席职位，他反对魏兹曼所代表的"政治犹太复国主义"温和派，坚决主张迅速脱离英国建立犹太民族国家。尽管本－古里安和魏兹曼在"民族家园"的外交指向、建设理念上存在着一系列的差异，但对科学与教育的认同与关注是一致的。[①]

宗教犹太复国主义领袖卡里舍尔把犹太传统中的救赎思想与重塑民族性格结合起来，指出"如果我们用自己的双手耕作在圣地上，必然会得到上帝的祝福……犹太人的耕作也会成为弥赛亚降临的一种动力"[②]。在巴勒斯坦的早期定居者中，犹太复国主义者亚伦·大卫·戈登（Aaron David Gordon）具有很大的影响力。1904 年，这位 44 岁的俄罗斯知识分子移居巴勒斯坦，白天在加利利海（Galilee）附近的土地上辛勤劳作，晚上伏案写作，在他的笔下，"人""劳动""自然"成了最重要的概念，体力劳动，尤其是圣地上的耕作成了长期以来没有农耕经验的犹太人的社会追求。他认为长时间的流散生涯和经商已经改变了犹太人的本质，变成了轻视体力劳动的不正常的民族。他曾写道：

> 我们是由于缺乏劳动而被打败的，工作将使我们恢复健康，我们必须把工作置于一切希望的中心；我们的整个结构在劳动之上……与土地和手工劳动脱离了两千年之后，犹太人除非把他们的全部力量引导到劳动上——靠这种劳动一个民族才得以根植于他们的土地和他们的文化之中，他们才能成为一个生气勃勃的、自然的、从事劳动的民族。[③]

---

① 关于本－古里安对科学与教育的态度，可参见 Anita Shapira, *David Ben-Gurion: Father of Modern Israel*, New Haven and London: Yale University Press, 2014, Chapter 6。

② Arthur Hertzberg, *The Zionist Idea: A Historical Analysis and Reader*, New York: Macmillan Publishing Company, 1959, p.114.

③ 〔美〕劳伦斯·迈耶：《今日以色列》，钱乃复等译，新华出版社，1987，第 105 页。

在这样的氛围中，戈登本人及其追随者对发展科技感到忧虑，担心对科学的推崇会被那些"极端聪明的犹太人逃避工作的念想所利用"，并因此导致另外一种与体力劳动相悖的精神潮流。这种担忧在当时的巴勒斯坦绝不是个案。希伯来大学在筹建中就曾在犹太复国主义阵营中引起许多争议。当时，代表伊休夫主流群体（拓荒移民）的劳工犹太复国主义者围绕三个方面与代表知识分子阶层的"学院派"进行了辩论：一是"体力劳动与知识分子"；二是"国家责任与学术生涯"；三是"集体主义社会中的学术自由"。[①] 也正是在这样的语境下，教育科学与民族家园建构的关系被提上了议事日程。作为伊休夫的实际领导人，本－古里安一方面高度认同戈登的观点，认为农业劳动是塑造个人品质的最有效的手段，是青年人接受"再教育"的最好舞台，强调"劳动是将人和土地联系在一起的力量"，"劳动是创造民族文化的基础"，"劳动能够治愈民族的顽疾"；[②] 但另一方面，他在很大程度上修正了戈登以"劳动崇拜"来对抗"专家决定论"的观点[③]，赋予科学技术及智力劳动以民族使命，强调科学与民族国家建设之间的天然联系。他认为犹太人的民族家园必须建立在"心智洞开"、"科学先导"和技术进步的基础上。1937年本－古里安在一次会议上讲道：

> 科研学术机构必须要摆脱政治倾向的束缚，必须拒斥受政治倾向影响的科学……但（科研工作）缺乏政治倾向并不意味着其缺乏任何政治使命，或确切地讲应是国家使命。若没有如此使命之驱使，大学随即蜕化为一空壳。

---

① Anita Shapira, "The Zionist Labor Movement and the Hebrew University," *Judaism：A Quarterly Journal of Jewish Life and Thought*, Vol. 45, Issue 2, 1996, p. 183.

② 〔以〕丹尼尔·戈迪斯：《以色列：一个民族的重生》，王戎译，浙江人民出版社，2018，第58~59页。

③ 伊休夫早期的定居者尤其是以戈登为代表的劳工犹太复国主义思想家认为体力劳动者才是民族家园建设的主导者，而智力劳动者及技术人员要从属于体力劳动者。按照戈登的观点，建设民族家园的领导力量应该是劳工阶层以及在劳工运动中涌现的政治精英，而不是知识分子、技术专家。参见 Derek J. Peslar, *Israel in History：The Jewish State in Comparative Perspective*, New York：Routledge, 2007, p. 150.

科学（科研工作）必须以发现真理的愿望为指引，因为"关于自然与宇宙、人类与社会、过去与现在的真理认知是我们在从事所有活动时所必需的强有力工具"。但是，只有犹太社会独立，犹太人居住在归属自己的土地上，犹太民族的科研工作才能避免诡辩性的倾向。没有犹太民族家园的救赎就没有科学的救赎，然而，没有科学的救赎也就不会有犹太民族家园的救赎。[1]

伊休夫的发展史证明了科学思想的确立、技术理念的提升并不能一蹴而就，必须经历一个认识的过程，而这一过程也是民族国家建构必须经历的思想历程。正是在后来的长期实践过程中，这些早期的理想主义者、浪漫主义者、基布兹主义者越来越多地放弃了矛盾心态，积极拥抱科学、崇尚技术。对于本－古里安这样的政治家来说，对科学的认知在民族国家建构的不同阶段也不尽相同。独立战争让本－古里安切身感受到科学对于武装力量、军事实力的不可替代性，他认识到科学不仅仅是发展的需要，更是安全的需要。

科学是以色列对其国土更大、人口更多的邻国长期保证其质量优势的手段，教育与知识不再是奢侈品，而是为生存而斗争的主要工具。

总体上讲，我们的人力资源……道德和智力水平远胜过我们的邻居。这是我们主要的优势，又是我们唯一的优势……我们必须利用最先进的科学与技术来满足国防需求。[2]

犹太复国主义者对科学的推崇、对科技人才的尊重体现在许多方面，以色列政府在建国后不久即邀请爱因斯坦（Albert Einstoin）接任总统的事情

---

[1]　Anita Shapira, "The Zionist Labor Movement and the Hebrew University," *Judaism: A Quarterly Journal of Jewish Life and Thought*, Vol. 45, Issue 2, 1996, p. 183.

[2]　Noah Efron, "Zionism and the Eros of Science and Technology," *Zygon*, Vol. 46, No. 2, 2011, pp. 413 – 428.

就是一个很好的例子。1952 年 11 月，首任总统去世后，希伯来语报纸《晚报》（*Ma'ariv*）总编辑阿兹列尔·卡勒巴克（Azriel Carlebach）发起了一场公众运动，倡议以色列政府将总统职位授予爱因斯坦，本 - 古里安总理接受了这一提议。1952 年 11 月 17 日，以色列驻美大使阿巴·埃班（Abba Eban）代表以色列政府正式致函爱因斯坦，表达了希望爱因斯坦担任以色列总统的意愿。18 日爱因斯坦向以色列政府回函，真诚地婉拒了邀请。他虽然对这一提议深为感动，但其实在阿巴·埃班正式发出邀请之前就已经打定了主意。爱因斯坦在其回函中写道：

> 对于以色列国授予我这个职位我不胜感激，但又同时感到诚惶诚恐难以接受。我一生都在与客观物质打交道，因此在正确地处理人民的事务和发挥管理职能方面缺乏天生的禀赋和实际的经验。单凭这些原因，我就不能承担这个崇高职位的职责，即使我没有因为年事已高而日渐苍老。
>
> 想到那些悲惨往事，我不禁悲从中来，因为自从我完全意识到我们在世界民族之林中的危险境地，我与犹太人的关系便已经成为我最牢固的人际关系。①

11 月 21 日，爱因斯坦给卡勒巴克的回信中透露了更为真实的原因。

> 你可以想象要拒绝这一授予是多么的困难，因为它十分感人而且又是来自我们的人民。在收到你们的电报之前，我做出了回复，寄给了我们驻华盛顿的大使馆，我从犹太电报局获悉你们已经全文知晓了我的最初回复。我在回复中所说的内容明确表明了我的想法和感受。毫无疑问，我不能应对托付给我的职责，尽管这一职位主要带有象征意味。仅

---

① 〔以〕芭芭拉·沃尔夫、〔以〕泽夫·罗森克兰茨编《阿尔伯特·爱因斯坦：永远的瞬间幻觉》，北京依尼诺展览展示有限公司译，中国科学技术出版社，2010，第 158 页。

仅我的名字无法补偿这些不足。

而且，我也考虑到如果政府或议会采取一些和我的道德相冲突的决议，将会出现多么紧张的局势……道德冲突①会更严重，因为道德义务并不会因为这个职位没有实际影响力而有所消减。你把很大的精力投入到了这件事上，对此我表示极大的尊敬。你的行为表明了对我的信任，我无比感激。然而我相信如果我响应了这一光荣而又吸引人的号召，则是对这一重大的事情的伤害。②

邀请爱因斯坦担任总统职位虽然没有成行，但它昭示着"科学与技术将成为维持这一新生国家生存的核心竞争力"③。可见，在犹太复国主义思想家的建国理想中，科学与技术被看作未来民族国家的基本特征与发展动力，正如美国最高法院大法官兼犹太复国主义领袖路易斯·D. 布兰代斯（Louis D. Brandeis）1929年所总结的那样。

犹太先驱者已经证明，仍然有可能把巴勒斯坦变成一个流着奶与蜜之地，在智慧的努力和科学的帮助下，它像奇迹一样绽放……正是美国的犹太医生和科学家才使犹太国的观念成为可能。他们承诺给巴勒斯坦地区以健康，这并不困难，因为健康问题在很大程度上是由疟疾引起。值得高兴的是，科学使我们知道如何将它从土地上消除，使我们能够与

---

① 爱因斯坦所说的"道德冲突"是指他本人在以色列建国问题上的立场与犹太复国主义主流派的冲突。爱因斯坦主张在巴勒斯坦建立"双民族国家"（Bi-National Idea），反对巴以双方的极端民族主义情绪，认为"普鲁士式的民族主义"会葬送犹太人的虔诚。而这些主张在当时的犹太世界并非主流，也招致了很多非议。以色列建国也标志着"双民族国家"理念的失败。因此，爱因斯坦拒绝担任总统后，曾私下说"要是我当总统，三不五时我就得说些以色列人民不爱听的话"。可参见〔美〕弗雷德·杰罗姆《爱因斯坦档案》，席玉苹译，广西师范大学出版社，2011，第140页。

② 〔以〕芭芭拉·沃尔夫、〔以〕泽夫·罗森克兰茨编《阿尔伯特·爱因斯坦：永远的瞬间幻觉》，北京依尼诺展览展示有限公司译，第158页。

③ Uzi De Haan and Boaz Golany, "The Land of Milk, Honey and Ideas: What Makes Israel a Hotbed for Entrepreneurship and Innovation," in John Sibley Butler and David V. Gibson, eds., *Global Perspectives on Technology Transfer and Commercialization: Building Innovative Ecosystems*, p. 132.

这种在千年间业已摧毁了世界上许多国家的疾病作斗争。基于原则和实践，犹太人将通过科学技术占领这片土地。[1]

第二节　伊休夫教育事业的雏形

巴勒斯坦是一块屡遭战火的土地，自然资源匮乏，生存环境恶劣。伴随着几次"阿里亚"（Aliyah）[2]，巴勒斯坦地区的犹太人口数量和拥有的土地不断增加。早期的移民生活虽然充满了艰辛与苦难，但犹太人一早便开办起教育，在伊休夫建立了较为完备的教育系统。

奥斯曼帝国统治巴勒斯坦期间，实行的是"米利特"（Millet）[3] 制度，允许宗教团体在宗教信仰、文化和教育上享有自主权。在这种政策下，具有不同国家和思想派别背景的犹太移民分别建立起了各自的学校，例如阿什肯纳兹（Ashkenazi）犹太人建立的"阿古达·以色列派"（Agudat Israel）教育系统，宗教犹太复国主义者建立的"米兹拉希派"（Mizrahi）教育系统及其他犹太复国主义者建立的世俗学校系统。委任统治时期，英国沿用了之前的教育传统。第一次世界大战爆发后，由于学校经费来源中断，巴勒斯坦的希伯来学校大多交由犹太复国主义组织管理。由于犹太人内部各派力量的教育理念不同，最终衍生出了四大派别学校。其中有三派属于犹太复国主义阵营，分别是普通犹太复国主义者控制的"一般派别"学校、工党掌握的"工党派别"学校和宗教犹太复国主义者掌控的"米兹拉希派"

---

① Noah Efron, "Zionism and the Eros of Science and Technology," *Zygon*, Vol. 46, No. 2, 2011, pp. 413 – 428.

② "阿里亚"在希伯来语中的意思是"上升"和"攀登"，原指犹太人前往耶路撒冷朝圣，并借此得到精神上的"升华"。后来泛指犹太人移居巴勒斯坦的活动，意同英文中的 Immigration，即移民运动。

③ "米利特"在土耳其语中有宗教、宗教共同体和民族三个基本含义，自 19 世纪的坦志麦特改革（Tanzimat）后，"米利特"制度被奥斯曼帝国用于管理非穆斯林，各非穆斯林宗教团体具有一定的自治权。

学校。以色列正教党①主办的"阿古达·以色列派"学校，属于非犹太复国主义阵营。在上述四大派别学校中，"一般派别"学校和"工党派别"学校属于世俗性质的学校，而宗教犹太复国主义者掌控的"米兹拉希派"学校和犹太教极端正统派掌控的"阿古达·以色列派"学校属于宗教性质的学校。到 20 世纪初期，法国、英国、德国的犹太团体也都在巴勒斯坦援建了小学。来自德国的犹太互助团体希尔弗瑟维因（Hilfsverein）在犹太复国主义哲学家阿哈德·哈阿姆（Ahad Ha'am）的帮助下，得到俄罗斯犹太商人卡隆尼莫斯·泽埃夫·维索斯基（Kalonymous Zeev Wissotzky）捐助的 10 万卢布（当时约合 5 万美元）用于建设职业教育学校。后来美国商人雅各布·希夫（Jacob Schiff）也捐赠了 10 万美元用于改善巴勒斯坦地区的贫困环境。②

20 世纪 20 年代，巴勒斯坦的基础教育已经有了犹太和阿拉伯两个平行的学校体系，其中阿拉伯学校体系为英国托管当局从奥斯曼帝国统治者手中接管而来，学生多为该地区的穆斯林儿童，就学率约为 50%。犹太学校体系名义上也由托管当局监督，但实际上受犹太教育理事会（Jewish Board of Education）管制，日常运行的经费和人力都由犹太人自己负责。当时的巴勒斯坦地区动荡不安，犹太人自身生存尚面临许多困难，却成功地为几乎所有适龄孩童提供了全面的基础教育。1918 年该地区约有 40 个学校和幼儿园，到 1920 年超过了 100 个。这些学校从 1920 年开始转由犹太复国主义委员会管理，并负担超过 90% 的经费。但之后由于经费困难，教育预算逐年递减，到 1932 年这一比例下降至 42%。③后来，该委员会主要负责维持初级学校的运转，由当地一些机构和团体逐渐承担其他学校的经费支出。其中

---

① 以色列正教党是 1912 年在波兰卡托维茨成立的反犹太复国主义宗教政党，是一个世界性的犹太教正统派组织，在波兰、德国、匈牙利、立陶宛等国拥有自己的党员。正教党认为犹太人的救赎不是任何凡人所能完成的，只有弥赛亚降临之后才能实现。

② 〔以〕阿姆农·弗伦克尔、〔以〕什洛莫·迈特尔、〔以〕伊拉娜·德巴尔：《创新的基石：从以色列理工学院到创新之国》，庄士超译，第 30 页。

③ Israel Pocket Library，*Education and Science*，Jerusalem：Keter Publishing House Ltd.，1973，p. 7.

职业学校主要依靠"犹太工总"①或地区外的犹太国际性组织的资助，中级学校则依靠收取高额的学费维持。到1932年，犹太民族理事会接管教育体系。由于官方机构对学校的财政支持越来越少，民间犹太社团开始承担更多的教育经费支出。而学校的学费收入占比从1920年的10%提高到1944年的39.2%。②

伊休夫的犹太基础教育针对不同年龄阶段，主要分为幼儿园、初级学校、中级学校和职业技术学校等。幼儿园主要由妇女志愿组织负责筹措经费，接纳3~5岁的幼儿群体；初级学校通常接收6~14岁的学生，分为8个年级。其中希伯来语课程最为重要，大约占30%的教学时间，另外还有科学、历史、地理、艺术、体育等课程。为适应当时的社会环境，初级学校还会教授一些职业技能，如手工制造、园艺等。中级学校一般学制为12年，前8年和初级学校类似，后4年为更高层次的学习。与初级学校不同的是，中级学校通常需要家长交纳不菲的费用，因此很多学生选择在初级学校完成初级教育后再进入中级学校。中级学校虽然在财务上自负盈亏，但名义上还要接受犹太教育理事会的监督，并参与统一组织的期末考试。幼儿园和初级学校的教师主要由社团自己培养，社团开办教师培训学校，学制通常为5~6年。前3~4年与中级学校的高年级相似，后两年进行教学方法的培训和学习，而中级学校的教师大多接受过大学教育或同级培训。③

在伊休夫犹太基础教育发展的同时，伊休夫的高等教育也开始布局。早在1882年，德国拉比、数学教授兹维·赫尔曼·沙皮拉（Zvi Herman Shapira）首次提出在巴勒斯坦地区建立犹太大学的构想。他在希伯来语报纸《哈-梅里茨》（Ha-Melitz）上写道：

---

① "犹太工总"指的是"巴勒斯坦犹太工人总会"，希伯来语为Histadrut，1920年由劳工联盟、青年工人党和青年卫士等组织发起建立于海法，首批会员有87个，1959年起更名为"以色列工人总会"。

② Israel Pocket Library, *Education and Science*, p. 8.

③ Israel Pocket Library, *Education and Science*, pp. 10 – 11.

> 我们必须从一开始就小心翼翼地在我们祖先的土地上定居，在中心建立一个伟大的学习之家。在那里，智慧之光将为以色列的整个家庭带来智慧和道德。依我之见，在学习之家应当设立以下几个部门：（1）神学；（2）理论科学；（3）实用科学……理论科学部门教授自然科学、几何学、力学、天文学等。实用科学部门教授化学、植物学、地质学、建筑学和农业……①

第一届犹太复国主义者代表大会讨论并同意了沙皮拉的想法。会后，魏兹曼、马丁·布伯（Martin Buber）和伯特霍尔德·费雯尔（Berthold Feiwel）撰写了名为《犹太高等学校》（*A Jewish Higher School*）的小册子，讲述犹太人在俄国不被技术研究领域所接纳的事实，他们提出在巴勒斯坦建立一所犹太人的大学预科学校，作为技术和农业工作的职业培训学校。② 小册子中写道：

> 在一个可以使犹太青年完全献身于科学，也可以完全献身于他们的人民的地方……他们为民族服务，也是其生存和创造能力的荣耀证明。这一证明将为国家更大的成就提供力量和信心。（而在此之前）犹太青年不能在他们出生地学习某一职业，科学之门为他们而关闭……重要的犹太学者，因为他们的出身背景而被剥夺权利。③

1901 年，在瑞士巴塞尔召开的第五届犹太复国主义者代表大会做出了在奥斯曼帝国内创建一所犹太大学的决定。于是以色列理工学院的建设被提上日程。以色列理工学院由德国犹太人的以斯拉基金（Ezrah）出资筹建，

---

① Yadin Dudai, *Scientific Research in Israel*, Jerusalem: National Council for Research and Development, 1970, p. 7.

② 〔以〕阿姆农·弗伦克尔、〔以〕什洛莫·迈特尔、〔以〕伊拉娜·德巴尔：《创新的基石：从以色列理工学院到创新之国》，庄士超译，第 30 页。

③ Noah Efron, "Zionism and the Eros of Science and Technology," *Zygon*, Vol. 46, No. 2, 2011, pp. 413 – 428.

于 1912 年 4 月破土动工，1923 年末落成并对外招生，是以色列最早的大学。大学校址由本－古里安挑选，爱因斯坦为学校落成揭幕。早在学校刚刚开建之时，就出现了学校采用何种教学语言的"语言之争"（Language War）。学校经费的主要提供者是讲德语的犹太人，他们认为没有希伯来语的科学教科书，也没有能说希伯来语的合格教师，因此要求使用德语为教学语言，并且聘请德国犹太人担任教员。由于希伯来语的地位在当时还没有真正确立，"语言之争"实际上是一场激烈的政治争论。虽然当时有不少人认同使用德语的提议，认为希伯来语不适合现代的科学教学，但此举仍然招致了许多犹太复国主义者的激烈反对，他们认为犹太民族在圣地建立的大学如果不使用希伯来语，就失去了政治象征意义。双方相持不下，后来由于第一次世界大战结束后，德国和犹太复国主义者关系的此消彼长，最终希伯来语被确立为官方教学语言。[①] 首批招收的一个班有 16 名学生，主修土木工程和建筑专业。在第一次世界大战期间，该校吸纳了许多移民或逃难来的犹太裔科学家，实力大增，成为以色列早期科技研究和人才培养的重要基地。在 20 世纪 70 年代内盖夫本－古里安大学（Ben-Gurion University of the Negev，简称本－古里安大学）设立工程学院之前，以色列理工学院一直是以色列唯一可授予工程学位的高等教育机构。

在以色列理工学院建立之前，创办希伯来大学的提议已多次被提出。1880 年，俄国犹太人里昂·曼德斯塔姆（Leon Mandelstarmm）在其诗集的扉页上写道："把此书销售所得贡献给建在耶路撒冷的希伯来大学。"这一想法得到沙皮拉的热烈响应。沙皮拉还联合犹太学者查姆·马丁·巴博（Chum Martin Gbagbo）起草了创办希伯来大学的具体规划，但他没有来得及实现自己的理想便与世长辞了。此后，沙皮拉的学生们继承了他的想法，其中就包括魏兹曼。在 1913 年的犹太复国主义者代表大会上，与会者围绕着希伯来大学的建立进行了热烈的争论，最后终于达成共识，设立了希伯来

---

① 参见〔以〕阿姆农·弗伦克尔、〔以〕什洛莫·迈特尔、〔以〕伊拉娜·德巴尔《创新的基石：从以色列理工学院到创新之国》，庄士超译，第 30～31 页。

大学筹建委员会，选定了耶路撒冷的斯科普斯山（Mount Scopus，希伯来语意为瞭望山）作为大学的校址，购买地皮的资金由雷伯·古德伯格（Leib Goldberg）领导的俄国犹太复国主义基金筹措。① 1918 年，希伯来大学在斯科普斯山上举行奠基典礼，主持典礼的魏兹曼讲道："新生活的第一个胚芽将从战争的悲凉与痛苦中产生……这所大学将成为犹太精神文明的发展中心。"② 1921 年爱因斯坦的第一次美国之行就是受魏兹曼的邀请，在美国作巡回演说，为这所新大学筹集资金。1923 年，爱因斯坦一生唯一一次对巴勒斯坦的访问就是为该校作科学讲座。1925 年爱因斯坦在《新巴勒斯坦》（The New Palestine）上发表了《我们大学的使命》（The Mission of Our University）一文，明确指出科学工作的普遍性原则，警告狭隘的民族主义，为大学建立造势。③ 同年希伯来大学正式建成，4 月 1 日在斯科普斯山的一个圆形露天剧场举行了正式的开学典礼。许多名流从世界各地赶来参加这一盛事。身穿红色剑桥礼服、白发苍苍的贝尔福（Balfour）勋爵发表了热情洋溢的致辞："呈现在你们面前已不仅仅是一个伟大的远景……犹太民族将把举行庆典的这一天作为它远大前程的一个里程碑来纪念。"④ 赫伯特·路易斯·塞缪尔（Herbert Louis Samuel）则强调，这所新大学具有重要的政治象征与文化内涵，"是巴勒斯坦各民族消除分歧取得谅解的工具与手段，必将成为古典学与现代科学密切融合的摇篮"。"在这个智慧之家，将同时教授和学习最古老的文学和最现代的科学。"⑤ 这一天，魏兹曼也发表了饱含深情的演讲，很多人被他的话所感动、所激励。魏兹曼讲道：

---

① 参见刘向华《希伯来大学》，第 7~8 页。
② 张倩红：《以色列史》，第 153~154 页。
③ 〔以〕芭芭拉·沃尔夫、〔以〕泽夫·罗森克兰茨编《阿尔伯特·爱因斯坦：永远的瞬间幻觉》，北京依尼诺展览展示有限公司译，第 162 页。
④ Roy Macleod, "Balfour's Mission to Palestine: Science, Strategy, and the Inauguration of the Hebrew University in Jerusalem," *Minerva*, Vol. 46, No. 1, 2008, pp. 53 – 76.
⑤ Norman Bentwich, *The Hebrew University of Jerusalem*, London: Weidenfeld & Nicolson, 1961, pp. 24 – 25.

我们今天要揭幕的是一所希伯来大学。希伯来语将成为学校和学院的语言。大学不但是为了追求人类所信奉的不同形式的知识，而且是一个不分民族、信仰且向所有男女开放的自由的（学术）共同体。如果大学不是普遍性的，它就什么都不是。我希望在周围地区，政治纷争和分裂停止，所有的信仰和民族都能团结起来，共同寻找真理，恢复巴勒斯坦曾经享有的繁荣文明，并在思想和学习的世界中给予它一席之地。如果我们的大学不是所有民族的学习之家，尤其是巴勒斯坦所有人民的学习之家，她就不会忠于自己或犹太传统。大学要怀着这种精神，受这种信念鼓舞，如果我们的希望实现了，未来就充满了无限的可能性，这不但对巴勒斯坦的犹太人，而且对觉醒的东方和全人类都是如此。

……

通过其在共同知识积累过程中所贡献的独特价值来为自己赢得荣誉，建立声望。我们的一些研究所已经开始在一些科学分支领域进行高端研究，并为巴勒斯坦提供特别适合的土壤……这三个系将分别致力于化学、微生物学、犹太人和东方学研究。在这些庆祝活动结束之前，我们将为一个与爱因斯坦名字相关的物理和数学研究所奠基。①

魏兹曼在多种场合强调希伯来大学必须把科学研究放在第一位，以科研服务于犹太人建设民族国家的大业，以科研带动教学的发展。美国犹太人犹大·雷伯·马格内斯（Judah Leib Magnes）被任命为希伯来大学的首任校务长（校长空缺），他深刻地认识到这所大学是犹太人科学理想的呈现，也是耶路撒冷成为世界科学中心的肇始。马格内斯说道："我敢这样说，建立希伯来大学对于科学的重要性超过以色列和耶路撒冷的地理位置的重要性，表现在大学更深地掌握与了解以色列故土和耶路撒冷发展所需要的条件。犹太

① Noah Efron, "Zionism and the Eros of Science and Technology," *Zygon*, Vol. 46, No. 2, 2011, pp. 413 – 428.

人应当以此为满足，以以色列故土、耶路撒冷城能成为科学的中心为自豪，以耶路撒冷开始利用现代方式发挥其历史作用为骄傲。"① 希伯来大学的宗旨是建成具有国际声誉的高等学府，要为犹太国家的创建与发展发挥重要作用。作为以色列第一所综合性大学，学校的建设得到了世界各地犹太裔学者的大力支持，学校第一届董事会由 20 位著名犹太人组成，包括西格蒙德·弗洛伊德、马丁·布伯、爱因斯坦、阿哈德·哈阿姆等，由爱因斯坦担任第一届学术委员会主席。爱因斯坦以自己的名义为该校筹款，还向图书馆捐赠了数百本书及其闻名世界的广义相对论的原始手稿。②

希伯来大学创建之时，以本－古里安为代表的犹太复国主义思想家深度介入，各方人士围绕着大学理念、办学宗旨、人才培养目标展开了激烈的辩论，最终达成了三点共识：第一，满足以色列故土人们的需要，推动科学研究，培养科学、知识、专业人才；第二，通过对犹太教价值及犹太传统的研究，造福以色列人；第三，注重研究，为全人类的利益而传播与增加科学知识。③ 希伯来大学建校初期只有微生物学、化学、犹太人和东方学研究三个系，共有 33 名教员，141 名学生，后来又设立了巴勒斯坦自然史研究所和卫生学系。1931 年，该校第一批 13 名文学硕士被授予学位。1936 年该校开始授予博士学位。建校初期的希伯来大学办学条件非常艰苦，但是科学研究还是逐渐开展起来，其研究领域涉及植物群、动物群、以色列的地质地理及地方疾病防治等。到 20 世纪 30 年代中期，受欧洲反犹浪潮的影响，大批知识分子移民涌入，使得学校力量迅速壮大。整体来看，建国前的希伯来大学已在化学与犹太研究两个学科领域达到了国际水平。就化学而言，"德国人和在德国受训练的化学家与生物学家为当时和后来的以色列许多科学发展奠定了基础"④。这些科学家分为两个群

---

① 刘向华：《希伯来大学》，第 21 页。

② 〔以〕芭芭拉·沃尔夫、〔以〕泽夫·罗森克兰茨编《阿尔伯特·爱因斯坦：永远的瞬间幻觉》，北京依尼诺展览展示有限公司译，第 160 页。

③ 参见刘向华《希伯来大学》，第 14～15 页。

④ Ute Deichmann and Anthony S. Travis, "A German Influence on Science in Mandate Palestine and Israel: Chemistry and Biochemistry," *Israel Studies*, Vol. 9, No. 2, 2004, pp. 34 – 70.

体。一个群体由犹太复国主义者组成，代表人物是安多尔·福多尔（Andor Fodor）和马克思·弗兰克尔（Max Frankel），他们于20世纪20年代来到希伯来大学开展化学和生物化学研究，重点研究蛋白质和氨基酸。当他们到达中东时，化学学科的发展已经非常成熟，并且广泛应用于物理研究，与此同时，生物化学也迅速发展起来。另一个群体由部分犹太复国主义者和一些非犹太复国主义者构成，主要成员是从纳粹德国逃出来的科学家，以拉迪斯劳斯·法尔卡斯（Ladislaus Farkas）、恩斯特·戴维（Ernst David）以及菲利克斯·伯格曼（Felix Bergmann）为代表。化学作为一门学科在德国率先兴起并得以迅速发展，尤其是结构理论以及最复杂的有机化学合成最早都是在德国实验室中实现的。1890年以后，物理和化学的跨学科发展也取得了长足的进步，尤其是在电化学和气体反应的研究中，德国科学家取得了令世人赞叹的成就，处于国际领先水平。值得注意的现象是，负责上述科学活动的几位科学家要么是犹太人，要么是犹太后裔，如阿道夫·贝耶尔（Adolf Baeyer，德国诺贝尔奖得主）、奥托·瓦拉赫（Otto Wallach）、理查德·维尔斯坦特（Richard Willstatter）、弗里茨·哈伯（Fritz Haber）和保罗·欧立希（Paul Ehrlich，德国诺贝尔奖得主）。海因里希·卡罗（Heinrich Caro）是德国化学工业巨头巴斯夫公司的技术领袖。1860年前后德国化学家路德维格·蒙德（Ludwig Mond）和伊万·莱文斯坦（Ivan Levinstein）从德国移民英国，创办了英帝国化学工业公司。纳粹上台之后，对犹太人的驱逐与迫害不断升级，导致越来越多的犹太科学家移居巴勒斯坦，与化学相关的科学研究也得到了魏兹曼的大力扶持，因而取得了长足的发展。"正是这些科学家的出色工作使伊休夫的化学研究达到了国际水平。"[①]

值得提及的是，这一时期在民族主义思想的推动下，犹太学研究也取得了突破。1924年年底，希伯来大学犹太研究所（Institute of Jewish

①　See Ute Deichmann and Anthony S. Travis, "A German Influence on Science in Mandate Palestine and Israel: Chemistry and Biochemistry," *Israel Studies*, Vol. 9, No. 2, 2004, pp. 34 - 70.

Studies）成立，马格内斯①将其称为"一处神圣的场所""追求科学的平台"。该研究所提倡《托拉》（Torah）与科学并举，一方面要实现民族传统在故土的复兴，另一方面要恪守科学严谨的西方学术规范。当时以希伯来大学犹太研究所为中心，出现了一批受西方学术范式影响的著名犹太研究学者，他们创办《锡安》（Zion）杂志，形成了"耶路撒冷学派"（Jerusalem School）。这些学者基本上有着共同的特点，"出生于饱受反犹主义困扰的欧洲流散地，而后在犹太复国主义的号召下来到巴勒斯坦故土，他们充分感受到欧洲理想与巴勒斯坦现状之间的矛盾与张力：前者以推动科学客观的学术研究为目标，而后者迫切要求塑造一个新的犹太认同。在学术理性与民族情感的交锋中，最终后者占据了上风，这批学者对犹太史进行浪漫化的解读，将之划分为流散与故土的两极化状况，从而形成'巴勒斯坦中心'（Palestino-centric）史观"②。以色列建国后，这些学者在学术领域长期具有主导性话语权。到1947年，希伯来大学已经发展为集科研和教学于一体的综合性大学，成为巴勒斯坦地区犹太人进行科学研究的中心。

第三节　伊休夫科研事业的起步

为了应对巴勒斯坦地区的严酷环境，伊休夫的垦殖不得不依赖技术而存活。在世界犹太复国主义组织介入之前，早期的移民垦殖主要由犹太慈善家来推动。英国贵族、犹太慈善家摩西·蒙特费尔（Moses Montefiore）于1860年在耶路撒冷旧城外围建立了第一个犹太居住点，1875年和1880年另外两个犹太居住点也在旧城外建立。蒙特费尔曾7次访问巴勒斯坦，在耶路撒冷、雅法、采法特、太巴列等地购置土地，为犹太人建立定居点。到1882年，巴勒斯坦的犹太人口达到2.4万人，其中耶路撒冷大约有1.5万

---

① 马格内斯特别重视阿拉伯伊斯兰历史的研究，他认为犹太人与阿拉伯人生活在一起，巴勒斯坦是承载东西方世界的媒介，因此希伯来大学有责任研究伊斯兰思想的演进以及犹太教与伊斯兰教的相互影响。

② 张倩红、艾仁贵：《犹太史研究入门》，北京大学出版社，2017，第123页。

人（阿拉伯人口大约有30万人）。另一位被称为"巴勒斯坦犹太社团之父"的埃德蒙·德·罗斯柴尔德（Baron Edmond de Rothschild）男爵从1882年到1990年经办了7个农业定居点。慈善家在投入资金的同时，也特别支持各地的技术人员与工程师移居巴勒斯坦，当时形成了两个非常有影响的群体——来自德国、中欧（霍亨索伦王朝及哈布斯堡王朝统治区域）的工程技术群体与来自东欧的工程技术群体，这些人主要从事农业开发、工程勘测、沙漠探矿、水源发现、建筑设计、医疗卫生等技术类的工作。来自德国、中欧的工程技术人员普遍讲德语，深受犹太启蒙运动哈斯卡拉（Haskalah）的影响，认为科学、技术与文化是复兴圣地的主要手段。他们主张民族家园的建设不仅要发展实体经济，还要建设世界犹太人的精神家园与文化中心。而来自东欧的工程技术人员大多深受社会主义思想的影响，认为"犹太问题"是社会问题，以农业定居点为立足点推进民族经济的独立与公平的社会改革才是犹太民族之家的立身之道。尽管两个群体之间存在着观念上的分歧，但工程技术人员作为精英群体在巴勒斯坦的开发中起到了重要作用，为伊休夫的社会治理、基础设施建设以及科学服务立下了汗马功劳，也成为后来犹太复国主义组织与伊休夫之间联系的桥梁与纽带。①

　　伊休夫的资金主要有三大来源，即民族基金（由世界犹太复国主义组织提供）、国有基金（由各类公益组织提供）和私人资金。其中，由犹太移民带入的私人资金，即犹太人从德国、奥地利和捷克斯洛伐克所带来的资金，占比最大。1923～1927年，私人资金占资金总额的77.23%，1930～1937年占84%。② 特别是大萧条时期，世界经济下滑，巴勒斯坦却由于犹太移民的大规模进入而出现了经济繁荣。1929～1936年，有18.8万名犹太人移居巴勒斯坦，特别是1933～1935年，有2.5万名德国移民进入。在他们中间，有大量的专业人士：医生、律师、工程师和科学家。还有移民在工业、商业和金融方面受过良好教育并富有经验。他们对巴勒斯坦的经济发展

①　Derek J. Penslar, *Zionism and Technocracy：The Engineering of Jewish Settlement in Palestine, 1870 - 1918*, pp. 2 - 3.

②　Yair Aharoni, *The Israeli Economy：Dreams and Realities*, London：Routledge, 1991, p. 66.

起到了重要作用。[①] 新移民中的许多专业人士推进了学术机构与科技事业的发展，特别是"德国犹太人带给巴勒斯坦的不仅是资金与专业技能，还有文化转变的种子"[②]。与此同时，英国托管当局对巴勒斯坦地区的基础设施进行了一定的投资，如1929~1933年修建了海法港，1932~1934年修建了基尔库克－海法（Kirkuk－Hai）石油管道，1934年在特拉维夫修建了机场[③]，等等。这些工程的实施也促进了科教事业的发展，越来越多的科技人才移民巴勒斯坦，当地农校、技术培训中心及其他教育机构也发挥了人才支撑作用。

在移民与开发的过程中，科研机构的创办是伊休夫重要的科学实践活动，奠定了以色列的科研基础。它们的直接目标是服务于移民垦殖，涵盖农业、气候、土壤、水资源、动植物生命、灾害与疾病、地理以及地质等方方面面。这些科研机构和学校教育体系为未来国家的建立奠定了基础。

魏兹曼科学研究院的前身是1934年在雷霍沃特成立的丹尼尔·希夫研究所（Daniel Sieff Research Institute）[④]。该研究所以化学为核心，魏兹曼也在这里拥有自己的实验室。1949年丹尼尔·希夫研究所扩大并更名为魏兹曼科学研究院，其宗旨是：为以色列培养出新一代的自然科学家与数学家，把犹太人的科学梦想变为现实。身为著名化学家的魏兹曼一直期望建立一个世界级的科学研究中心，他认为这个中心的存在对犹太国家的长久存在至关重要。魏兹曼科学研究院只培养理科研究生，没有文科项目，也不培养本科生，是一所纯粹的科研机构。成立之初研究所只有10位研究有机化学和生物化学的科研人员。以色列建国后第二年，魏兹曼科学研究院已在9个领域内建立了60个实验室，涵盖化学、光学和电子学、细菌学和生物物理学、聚合物和同位

---

① 参见〔以〕哈伊姆·格瓦蒂《以色列移民与开发百年史（1880~1980年）》，何大明译，中国社会科学出版社，1996，第246~247页。

② 〔英〕诺亚·卢卡斯：《以色列现代史》，杜先菊、彭艳译，商务印书馆，1997，第119页。

③ 该机场于1948年改名为卢德（Lod）机场，1973年为纪念当年去世的总理本－古里安更名为本－古里安机场。

④ 该研究所为英国夫妇以色列·希夫（Israel Sieff）和丽贝卡（Rebecca）捐赠，为纪念其儿子丹尼尔·希夫而命名。

素研究以及应用数学等领域。魏兹曼科学研究院的建立极大地推动了以色列早期的生物和化学科研，如今该研究院已经跻身全球十大科研机构之列，拥有科研人员、各类学生 2500 多名。[①]

　　巴勒斯坦地区的医疗服务系统可以追溯到 19 世纪中期。1838 年，第一批来自英国的医生在耶路撒冷创办了为该地区穆斯林、基督徒和犹太人等所有居民提供医疗服务的诊所。此后为了满足伊休夫对医疗服务的需要，犹太慈善家陆续建立了多家为犹太人提供医疗服务的医院。1843 年，蒙蒂菲奥里向耶路撒冷派遣了第一批犹太医生并运送了药品。1854 年在耶路撒冷旧城建立了罗斯柴尔德医院。1857 年、1879 年以及 1902 年，耶路撒冷陆续又建立了三家宗教医院。[②] 1891 年，在犹太复国主义组织的主导下，服务于犹太人的雅法医院开始运营。1912 年，美国妇女犹太复国主义运动组织哈达萨（Hadassah）[③] 向耶路撒冷派遣了一个为孕妇和儿童提供健康服务的护士小组。1916 年哈达萨开办了第一家为妇女和婴儿提供健康监督和健康教育的妇幼诊所。[④] 1918 年 8 月，哈达萨派遣医疗代表团（44 名专家和 20 名护士）带着先进的医疗设备到达巴勒斯坦地区，采取美国的先进医疗模式，建立巴勒斯坦医疗组织。在以后的几年中，哈达萨在雅法、特拉维夫、采法特、海法等中心城市开办了医院。[⑤] 到 1948 年，该组织帮助巴勒斯坦犹太人建立了多所医院、护理学校、护理中心，还为耶路撒冷儿童进行例行的卫生检查，并发展社区卫生和预防保健服务，为伊休夫的

---

　　① 参见魏兹曼科学研究院官方网站，https：//www.weizmann.ac.il/pages/，访问日期：2020 年 1 月 15 日。

　　② Dani Filc, *Circles of Exclusion: The Politics of Health Care in Israel*, Ithaca: Cornell University Press, 2009, p. 19.

　　③ 哈达萨由著名的犹太复国主义活动家亨利埃塔·索尔德（Henrietta Szold）等人于 1912 年创建于纽约，该组织致力于通过医疗服务的途径实现犹太复国主义的理想。参见 Shifra Shvarts and Theodore M. Brown, "Kupat Holim, Dr. Isaac Max Rubinow and the American Zionist Medical Unit's Experiment to Establish Health Care Services in Palestine, 1918 – 1923," *Bulletin of the History of Medicine*, Vol. 72, No. 1, 1998, pp. 28 – 46。

　　④ Dani Filc, *Circles of Exclusion: The Politics of Health Care in Israel*, p. 21.

　　⑤ Shifra Shvarts, *Health and Zionism: The Israeli Health Care System, 1948 – 1960*, New York: University of Rochester Press, 2008, p. 29.

医疗事业做出了卓著贡献。① 哈达萨及其他的医疗机构还开展了多种形式的医学研究，与医学院校展开多方面的合作。此外，英国委任统治时期，托管当局也初步建立了为阿拉伯人和犹太人提供医疗服务的公共卫生部门。各种医疗机构围绕当地的流行疾病与医疗需求进行了卓有成效的临床研究与医药开发。

梯瓦制药工业有限公司（Teva Pharmaceutical Industries Ltd.）于 1901 年成立于耶路撒冷，最初是销售进口药品的小规模药品公司，创始人是哈依姆·所罗门（Chaim Salomon）和摩西·莱文（Moshe Levin）等。在 1930～1940 年，伴随着当地制药行业发展条件的逐渐成熟，该公司成立了新的制造工厂并迅速发展壮大，在第二次世界大战期间成为当地市场、邻近国家和英国在中东驻军唯一的药品供应商。②

农业一直是伊休夫的支柱产业，农业研究也成为伊休夫科研活动的重点。1870 年，法国世界犹太人联盟（Alliance Israélite Universelle）③ 在巴勒斯坦地区建立了第一所农业学校——米可维·以色列学校（Mikveh Israel School，意为"以色列的希望"），旨在向青年人传授新的农业技术，提供农业教育和农业培训等。学校成立后一直是伊休夫主要的农业研究中心，以色列各地的许多定居点、村庄和基布兹是由该校的毕业生创办的，以色列第一本关于农业技术的书是该校老师编撰的。后来该校发展为一所包括小学、中学在内的寄宿制学校，主要开展温室种植技术、计算机农业、奶牛基因遗传学、畜群健

---

① Shifra Shvarts and Theodore M. Brown, "Kupat Holim, Dr. Isaac Max Rubinow and the American Zionist Medical Unit's Experiment to Establish Health Care Services in Palestine, 1918 – 1923," *Bulletin of the History of Medicine*, Vol. 72, No. 1, 1998, pp. 28 – 46. 参见哈达萨医疗中心官方网站，http：// hadassahinternational. org/，访问日期：2020 年 1 月 18 日。

② 今天的梯瓦制药工业有限公司发展为全球著名的跨国制药企业，致力于非专利药品、专利品牌药品和活性药物成分的研究开发、生产和推广。该公司是全球排名前 20 位的制药公司，也是世界上最大的非专利药制药公司。参见梯瓦制药工业有限公司官方网站，http：//www. tevapharm. com/，访问日期：2021 年 1 月 22 日。

③ 世界犹太人联盟是 1860 年由法国政治家阿道夫·克雷米约（Adolphe Crémieux）创立的维护世界犹太人权利的组织，建立了提供法式教育的学校网络，旨在为全世界的犹太人争取平等权利，对抗反犹主义。

康、人工授精等领域的研究和教学工作。①

伊休夫还建立了很多不同类型的农业机构。早在 1908 年前后，出生于立陶宛的农学家伊扎克·威尔堪斯基（Yitzak Wilkansky）就在本舍门市（Ben Shemen）创办了实验农场。作为一位拉比的儿子，他赴德国学习农业科技，立志以农业进步来推进犹太人复国主义梦想的实现。威尔堪斯基强调农业开发不能照搬外来经验，必须从巴勒斯坦的实际情况出发。他带领农业工人开展土壤改良，推行庄稼轮作制，并通过杂交培育鸡、牛等动物良种。② 1910 年，犹太复国主义行动委员会授权艾伦·阿龙森（Aaron Aaronsohn）在阿斯里特（Athlit）建立农业研究站，研究小麦的品种，并在耕作方式、农具使用、粮食种子选取等方面进行试验；还引进了果树新品种，试验新的葡萄根株，研究柑橘，并为农民提供农业资讯。1922～1927 年，纳哈拉特耶胡达（Nahalat Yehuda）等地区还建立了多所妇女培训农场，向妇女学员传授农业经验。③

巴勒斯坦犹太代办处农业研究站（Agricultural Research Station of the Jewish Agency for Palestine）1921 年建于本舍门市，是英国响应魏兹曼的倡议在巴勒斯坦建立的第一个农业科学研究机构。它的成立标志着有组织地从旱作农业转向家畜养殖与灌溉相结合的混合农业模式的开始。④ 农业研究站主要研究植物学、动物学和地质学，并与当地的农业组织保持联系，对选择开垦区域的土壤、气候、植物和动物状况进行调查，提供基本的技术支持。这个研究站 1932 年被转移到雷霍沃特，1951 年被移交至以色列农业部（Ministry of Agriculture），1971 年成为以色列农业研究中心（Agricultural

---

① Ran Aaronsohn, *Rothschild and Early Jewish Colonization in Palestine*, Maryland：Rowman & Littlefield Publishers, 2000, pp. 134–145.

② 〔以〕哈伊姆·格瓦蒂：《以色列移民与开发百年史（1880～1980 年）》，何大明译，第 127～128 页。

③ 〔以〕哈伊姆·格瓦蒂：《以色列移民与开发百年史（1880～1980 年）》，何大明译，第 137～138 页。

④ 〔以〕莫里斯·托伊贝尔：《以色列创新体系：状况、绩效及突出的问题》，载〔美〕理查德·R. 尼尔森编著《国家（地区）创新体系：比较分析》，曾国屏、刘小玲、王程铧、李红林等译，第 601 页。

Research Organization，简称 ARO/Volcani Center)① 的一部分。

1927 年，犹太复国主义执委会又在雷霍沃特地区设立研究站，本舍门的实验农场也迁到这里，主要研究移民定居点所遇到的现实农业问题，如大田作物实验、混合灌溉模式、家禽改良、动植物育种等。早期，研究站缺乏专业研究人员，到 20 世纪 30 年代经历了两次移民潮之后，一批合格的农业专家、动植物专家、水利专家聚集到这里，使雷霍沃特的农业开发取得了显著的成效。后来成为以色列主流作家的伊扎尔（Yizhar）充满深情地写道：

> 肥沃的柑橘园中，一片片青翠绿得发蓝。金合欢围绕着篱墙散发着阵阵香气，金色的花朵点缀在金色的道路上。骆驼们驮运着沉重的柑橘箱，灌溉池如梦幻般荡漾，鲁莽的小伙子们在池中尽情畅游。这儿仿佛始终有一颗活跃的心脏在跳动，一下又一下，永不停息。在柑橘树荫下，清水日日夜夜不断地从沙土地的深处涌出。
>
> 在雷霍沃特诞生了伊休夫最先进的农业技术，德裔犹太科学家和农学家们，用他们的天赋和学识改变着这个殖民国家。1936 年的雷霍沃特是安详、冷静、和谐的，这里孕育着未来的种子，一个令人惊异的未来将展现在我们面前。②

上述农业研究机构的业务不断扩展，引领了整个伊休夫的农业研究与实践。这一时期，英国托管当局还关注了阿拉伯农业的发展需求，在阿克（Acre）设立了一个农业研究站，由英国人主持，但也有很多犹太人参与其中。阿克农业研究站与犹太人的农业研究站在粮食新品种推广、家禽改良等

---

① 目前该机构已成为以色列农业科技和创新中心，下设 6 个独立的研究中心，也是希伯来大学、特拉维夫大学、巴－伊兰大学、海法大学等以色列主要大学认可的研究中心。参见以色列农业部官方网站，https：//www.agri.gov.il/en/home/default.aspx，访问日期：2021 年 1 月 22 日。
② 〔以〕阿里·沙维特：《我的应许之地：以色列的荣耀与悲情》，简扬译，中信出版社，2016，第 63~64 页。

方面相互分享经验。到了 20 世纪 40 年代，"毫无务农经验与知识就开始创业的拓荒者，已经掌握了高度的专业技能，在研究人员和推广普及指导员的帮助下，他们迅速获得了耕作的知识，取得了惊人成果"。以色列在建国时，已经有了一个现代化的农业基础。"它能够利用世界科学的最新成就，一点儿也不逊色于有着世代务农经验的发达国家。"①

此外，一些研究人员开始考察研究巴勒斯坦地区的资源、物种及人文风貌。比如，早在 1908 年，以色列·阿哈隆尼（Israel Aharoni）就开始在巴勒斯坦地区进行动物学调查。在随后的 30 多年，阿哈隆尼长期穿越于沙漠与山水之间，致力于收集物种，编写当地的动物目录，"像亚当一样用希伯来语命名它们"，并发表科学报告，撰写关于巴勒斯坦地区的希伯来语野外指南，经过几代学人的努力，终于在 1943 年出版了《希伯来动物学家回忆录》（Memoirs of a Hebrew Zoologist）。该书问世后不断重印，引起了学术界的广泛关注。② 当时有一批像阿哈隆尼这样的犹太植物学家、动物学家、地理学家和地质学家散居在巴勒斯坦犹太移民区，他们参加垦殖活动，是普通的劳动者，但同时又经常深入野外，从事各种各样的学术考察与科研活动。他们的共同理想是"重新发现圣地，用科学点亮昏暗的旷野"，他们坚信科学技术会帮助犹太人成为巴勒斯坦地区的主人，犹太复国主义者会把西方的科学理念成功移植到东方。

伊休夫在十分艰苦的条件下所进行的科研事业保障了移民垦殖活动的进行，也为后来以色列的科学研究事业开了先河。大学、研究中心和农业研究站是犹太人在伊休夫从事科研活动的正式场所，它们的重要性与日俱增。但是，大多数犹太研究人员是在实验室和大学教室以外的地方体验科学的。农业顾问经常带着农业新技术、新种子和牲畜饲料前去拜访基布兹的农民。研究机构与拓荒者很快建立了密切的合作关系。与其他地区不同的是，巴勒斯坦农业人口的教育水平高，这就使得他们能有效地参与研究活动。许多拓荒

---

① 〔以〕哈伊姆·格瓦蒂：《以色列移民与开发百年史（1880～1980 年）》，何大明译，第 294 页。

② Noah Efron, "Zionism and the Eros of Science and Technology," *Zygon*, Vol. 46, No. 2, 2011, pp. 413 – 428.

者急于获得农业知识和先进经验，想尽快适应当地的环境。研究人员发现，拓荒者中间有许多人有兴趣参与在自己农场进行的实验工作。另外，拓荒者把每日生产活动中遇到的问题提出来，时常能给研究活动指明方向。① 在巴勒斯坦，人们热情洋溢地宣传和庆祝农业产量的增加，这是犹太人辛勤付出和科学力量的象征。在农场、乡镇、城市当中，科学医药和公共卫生在人们的生活中占据着更为重要的位置。②

不可否认的是，早期的犹太移民所建立的农业、工业、医疗、生物等研究机构以及他们所从事的科研工作大多是自发和分散的，缺乏统一的规划与布局，但这些研究机构仍然为"现代科学研究、技术发展、新一代科学家的培养奠定了功能化和建制化的基础"③，为建国做好了准备。1939 年纽约世博会召开，"巴勒斯坦－犹太馆"所呈现给世人的理念是：用现代智慧改造国家，以最先进的技术资源加上勇气、自力更生、信仰以及努力工作来实现复国梦想。该馆设计了六个展厅，分别是农业和移民展厅、城市规划和交通展厅、工业展厅、文教展厅、卫生展厅、劳动和新社会形态展厅。展览的主基调是体现新移民的技术水平与开拓精神，尤其是卫生展厅前的巨型蚊子模型招揽着八方游客，它象征着犹太医生在消灭疟疾方面所取得巨大成功。

需要指出的是，伊休夫的教育科技活动之所以能够开展，其驱动力主要来自三个方面：一是犹太传统对于教育、学术的一贯尊重；二是犹太复国主义意识形态中根深蒂固的科学理念；三是建设现代民族国家的强大信念。伊休夫科学研究的开展，得到了英国的支持，1942 年英国托管当局建立了"科学与工业研究董事会"（The Board of Science and Industrial Research，简

---

① 〔以〕哈伊姆·格瓦蒂：《以色列移民与开发百年史（1880～1980 年）》，何大明译，第 215 页。

② Noah Efron, "Zionism and the Eros of Science and Technology," *Zygon*, Vol. 46, No. 2, 2011, pp. 413 – 428.

③ 〔以〕莫里斯·托伊贝尔：《以色列创新体系：状况、绩效及突出的问题》，载〔美〕理查德·R. 尼尔森编著《国家（地区）创新体系：比较分析》，曾国屏、刘小玲、王程铧、李红林等译，第 598 页。

称 BSIR），其职责是协调和推动与农业垦殖、工业、贸易、医疗、建筑等相关联的研究与开发。但也不可否认，伊休夫的科研事业带有浓厚的民族色彩，因而也被赋予了特别的政治含义，教育机构的建立、技术研发活动的开展无不触动着阿拉伯人敏感的神经。

第二章 以色列科研体系的初创
(1948～1968 年)

本－古里安是以色列科教兴国战略的缔造者，如前文所述，他在建国前已经充分认识到科学技术对于犹太民族的重要性。建国后，作为开国元勋与第一代领导人，本－古里安坚信只有掌握了先进的科学技术，以色列才能克服地缘局限与资源障碍，在充满敌意的环境中得以生存。他在 1949 年 5 月希伯来大学医学院开学典礼上强调："剑和书手拉手来到这个世界，然而近来犹太民族国家的救赎将向这个世界证明：书比剑更具有力量。"[①] 他进一步指出，科学研究及其成果不仅是抽象的知识追求，而且是所有文明民族中的一个中心。1954～1955 年，由于马帕伊（Mapai）[②] 政府内部的严重分化，本－古里安曾一度隐退，由摩西·夏里特（Moshe Sharett）代任总理。1961年，本－古里安第二任期结束，列维·艾希科尔（Levi Eshkol）接任总理职务。尽管政坛有交替，但本－古里安政府所建构的政治框架与执政思想没有大的改变，科教兴国已成为全民共识，在这一理念之下，这个年轻的国度在

---

① Anita Shapira, "The Zionist Labor Movement and the Hebrew University," *Judaism: A Quarterly Journal of Jewish Life and Thought*, Vol. 45, Issue 2, 1996, p. 183.

② 马帕伊，即巴勒斯坦工人党（Workers Party of the Land of Israel），1930 年由本－古里安建立。从建国到 20 世纪 60 年代马帕伊一直是以色列第一大党。

百废待举、战火连绵的情况下，克服重重困难，全面推进科教事业，成立了国家科研管理机构——以色列科学委员会（Scientific Council of Israel，简称 SCI），组建了以色列科学与人文科学院（The Israel Academy of Sciences and Humanities，简称 IASH），完善了主要部委的科研管理部门，以政府为主导的科研体系开始建立。这一时期以色列科学家围绕农业科技、水资源及军工产业等领域开展了卓有成效的研发工作。伴随着《以色列义务教育法》《国家教育法》《高等教育委员会法》的相继颁布，以及巴－伊兰大学、特拉维夫大学和本－古里安大学的开办，以色列的国民教育体系也全面确立。

第一节　建国初期科研管理机构的设置

1948 年 5 月 14 日，在英国高级专员刚刚登上回国军舰并发出委任统治结束的信号之时，以色列建国仪式已在特拉维夫的艺术博物馆里拉开帷幕。在国歌《希望之歌》（Hatikvah）庄严铿锵的韵律中，本－古里安宣布了以色列国家的建立。第二天，埃及、外约旦、叙利亚、伊拉克和黎巴嫩 5 个阿拉伯国家立即发动战争，兵锋直指以色列，提出要把"犹太国家赶入地中海"，恶劣的地缘政治环境使得确保国防军拥有先进的武器装备及科学技术成为重中之重。本－古里安把"国家主义"（Statism）[①] 作为以色列政治治理的核心理念，具体体现为国家对军队的绝对控制、政府对经济的高度干预、国家对科教事业的有力支持、国家对民族文化特征的全方位

---

① "国家主义"是近代兴起的集国家主权、国家利益、国家安全及国民权益为一体的一种政治学说。关于以色列的"国家主义"，本－古里安使用了"Mamlakhtiut"一词，英语中的对应词语为"Statism"。本－古里安认为以色列国家权威必须高于政党权威，这是他一直坚持的政治理念，主张军队国家化、主权机构独立化、教育体制统一化及国家对于经济的全方位干预等。"国家主义"强调全体公民的国家认同感、社会责任感来自国民教育，而科学教育是国民教育的核心内容。本－古里安政府及之后的历届以色列政府，无论是工党执政还是"利库德"上台，都秉持了"国家主义"理念下重视教育、倡导科学的传统。有关"国家主义"的定义、具体内容及对以色列民族国家建构的影响可参见 Peter Y. Medding, *The Founding of Israeli Democracy 1948 - 1967*, Oxford: Oxford University Press, 1990, p. 7.

塑造。

建国之初，本 - 古里安在多种场合明确强调科学技术在国家建设中不可替代的作用。1949 年 3 月 8 日，他就新政府的施政纲领发表了著名的演说，特别强调了以色列赖以存在的三个关键性因素：一是流散世界各地的犹太人的帮助；二是利用科学技术的力量实现国家经济社会发展目标；三是将开拓创新的精神潮流与意志力融入年轻人的心智与生活态度。他讲道：

> 在我们这一代，可能人类所认知的最伟大的革命正在发生：包括人类对自然力量、原子力量的强有力的控制；人类对太空的征服、对宇宙奥秘的探测。我们可能没有与其他国家相提并论的国力、财富、规模或（物质）材料，但我们拥有不逊于它们的才智与道德优势。
>
> 想要成为世界上最先进的国家，我们必须进行科学研究，不管是基础科学还是应用科学都要达到新的高度。（发展科学）这并不是个体的事情，而是所有人民的权利，是创造者、土地建设者的权利，科学应当被用于在这块土地上创造经济和文化，用于促进农业、工业、建筑、教育和卫生事业的发展。
>
> 对科学的认识是充满痛苦、忧伤与勇气的犹太历史留给我们的独一无二的伟大遗产。我们应当做的就是全身心地保障国防、发展经济、教育子孙并吸纳移民，而科学至上的理念与技术的巨大优势是成就这一切的原则与基础。[1]

1949 年 2 月，以色列政府成立了隶属于总理办公室的国家科研管理机构——以色列科学委员会，负责统筹和指导以色列的科研体制建设，组织协

---

[1] David Ben-Gurion, "The Prime Minister's Announcement on the Composition of the Government and Its Policy," The Knesset Protocols, March 8, 1949, https://main. knesset. gov. il/Pages/default. aspx, accessed March 22, 2021.

调全国的科技发展。该委员会由 12 位顶尖科学家组成（后来又吸收了希伯来大学、以色列理工学院和魏兹曼科学研究院的高级管理人员），在总理秘书的领导下执行相关决策，并通过下设的咨询委员会来管理不同的科学和经济部门。[①] 该委员会先后创办了一些科研机构，如地质研究所（The Geological Institute），研究以色列的地质情况和地缘地貌；死海研究实验室（The Dead Sea Research Laboratory），研究死海中的各类资源；国家物理实验室（The National Physical Laboratory），主要致力于全国性的器械标准化研究，并提供计量服务，并在应用科学领域开展科研；纤维与森林产品研究所（The Institute of Fibres and Forest Products），主要研究纺织品和天然纤维的利用；还有与联合国教科文组织合作创立的内盖夫地区干旱研究所（The Negev Institute for Arid Zone Research）；等等。该委员会推动了建国初期以色列科学技术的宏观布局。

到 20 世纪 50 年代后期，以色列国力有了明显增长，随着政府不断推进科研布局，科技活动的规模也一直扩大，以色列科学委员会的单一职能已很难满足需求。为此，内阁于 1959 年 11 月 15 日做出决定：成立国家研究与发展委员会（National Council for Research and Development，NCRD，下文简称"研发委员会"）[②]，全面代替以色列科学委员会作为国家层面的科研组织机构，继续管理国家的科研工作。研发委员会由 25 名成员组成，其中包括政府高级官员、财政部和其他有关部门的公务员等。研发委员会主要行使以下各项职能。

    （1）建议政府重视并支持具有国家层面意义的科学研究与技术开发工作；

    （2）就定向科研的总体政策向政府提出建议；

    （3）就国家预算中用于定向研究和发展的总额向政府提出建议；

---

① Ari Barell, "The Failure to Formulate a National Science Policy: Israel's Scientific Council, 1948 – 1959," *Journal of Israeli History: Politics, Society, Culture*, Vol. 33, No. 1, 2014, pp. 85 – 107.

② 有关研发委员会的相关决议又于 1960 年 2 月 21 日和 1962 年 5 月 30 日两次修订。

（4）就政府及其机构掌握的研发资金的划拨和使用做出决定；

（5）密切监督和审查研究项目的实施情况；

（6）启动科学研究与技术开发项目的相关计划；

（7）在全局性政策框架内，统筹协调开展定向研究的机构和利用其服务的机构之间的关系；

（8）从组织、资金、科技人员、辅助服务四个方面，对实施全局性政策中可利用到的资源进行调查。①

研发委员会为国家的科研工作制定短期和长期的政策指导，并为政府投资国家重点发展领域和必要的科学基础设施建设提供建议，是政府高层与科学界之间建立的第一个对话框架机制。研发委员会比以色列科学委员会的职权范围更大，也更注重加强基础科学、战略研究和应用研究等各个领域之间的沟通协调，提高科研管理的科学性与有效性。研发委员会成立后建立了药理学研究所（The Pharmacological Institute）、工业研究中心（Industrial Research Centre，与联合国合作）、科学联络局（The Bureau of Scientific Liaison）、科技情报中心（The Centre for Scientific and Technological Information）、海洋学和湖泊学研究所（The Oceanographic and the Agency of Limnology）等科研机构。② 到1968年，研发委员会扩展至36人，主席由总理任命，任期3年。③ 研发委员会在各个领域向政府提供对国家科学政策的建议，基于自身对现有资源进行的调查分析，提供可用于实现的策略方针，并考察其可用性、资金、人员和辅助活动等。1960年，以色列政府在内阁层面确立了部长级科学技术委员会（The Ministerial Committee for Science and

---

① Eran Leck, Guillermo A. Lemarchand and April Tash, eds., *Mapping Research and Innovation in the State of Israel*, p. 129.

② Zvi Tabor, "National Science Policy and Organization or Research in Israel," *Science Policy Studies and Documents*, Vol. 19, UNESCO, 1970.

③ UNESCO, *World Directory of National Science Policy Making Bodies*, Vol. 2, *Asia and Oceania*, Paris: UNESCO, 1968, pp. 68 – 74.

Technology，简称 MCST）制度[①]，这是一种为满足跨学科技术研发需要而进行的跨部门授权模式。部长级科学技术委员会将教育和文化部（Ministry of Education and Culture）、卫生部（The Ministry of Health）、工业与商务部（The Ministry of Commerce and Industry）[②]、司法部（The Ministry of Justice）和不管部（The Minister without Portfolio）等部委联合在一起，直接向总理负责，由研发委员会的主席担任执行秘书。部长级科学技术委员会开展科学研究的主体是：高等院校、政府部门的研究机构和接受公共资助的组织。[③]

1961 年，以色列科学与人文科学院成立，该机构是文化、教育和科学事务的公共机构和独立的法人实体，就科学规划向政府提供咨询意见，长期资助和出版各类研究成果。该机构的目标和宗旨如下。

（1）招募居住在以色列的著名学者和科学家；

（2）推动自然科学和人文科学的科研工作；

（3）向政府提供具有全国性重要意义的研究和科学规划活动的建议；

（4）与国外平行机构保持联系；

（5）在国际机构和国际组织中代表以色列自然科学和人文科学界与国家机构协调；

（6）发表促进自然科学和人文科学发展的重要著作；

---

① 该制度于 20 世纪 60 年代末取消。

② 该部门成立于 1949 年，1949~1978 年名为工业与商务部（The Ministry of Commerce and Industry），1978 年更名为工业、贸易与旅游部（The Ministry of Industry，Trade and Tourism）。1981 年旅游部独立，该部门又改名为工业与贸易部（The Ministry of Industry and Trade），2003 年更名为工业、贸易与劳工部（The Ministry of Industry，Trade and Labor），2013 年更名为经济部（Ministry of Economy），2015 年更名为经济与产业部（The Ministry of Economy and Industry）。下文出现的上述名称均指代这一部门。

③ Eran Leck，Guillermo A. Lemarchand and April Tash，eds.，*Mapping Research and Innovation in the Sate of Israel*，p. 130.

（7）从事其他与上述目标有关的活动。①

以色列科学与人文科学院致力于展现以色列学术创造力的特殊品质，推动并极力保障以色列科学家在其领域的卓越性，为他们提供坚实的科研基础设施。在自然科学领域，该学院直接资助具有区域影响的研究，聚焦于以色列的植物群、动物群和地质学等学科。在人文科学方面，主要的研究项目涉及《希伯来圣经》和犹太法典的历史来源、犹太思想、希伯来诗歌和散文、犹太语言和犹太艺术等，其中大量研究是与国外的机构合作进行的。

该机构成员同时是国家科学院和人文学科预备委员会的成员，由政府决议（Cheshvan，5719/9）② 任命。成员为终身制③，其主席由学院向总理提名（必须是以色列居民），并由总理任命，任期3年（任期满后继续任职至下一任主席出现），副主席由学院内部选举。以色列科学与人文科学院下设人文科学部和自然科学部，研究院事务由理事会（The Council of the Academy）管理。理事会由主席、副主席、人文科学部主任、自然科学部主任和行政部长组成。以色列科学与人文科学院还管理许多基于财政拨款和私人捐赠的研究基金，如福尔克斯医学研究基金（Fulks Fund for Medical Research）、阿德勒空间研究基金（The Adler Fund for Space Research）、沃尔夫研究基金（The Research Grants of the Wolf Foundation）、爱因斯坦奖学金（The Einstein Fellowships Fund）等。

建国之初，以色列的地缘政治局势十分复杂，面临国家安全和人民

---

① 参见以色列科学与人文科学院官方网站，www. academy. ac. il/RichText/GeneralPage. aspx? nodeId = 825，访问日期：2021年2月13日。

② 以色列政府为确保科学与人文科学院的建立，专门在1961年颁布了《以色列科学与人文科学院法》（*Israel Academy of Sciences and Humanities Law*，5721 – 1961），规定了学院的结构、职责和目标，并于1975年和1986年两次就会员选举资格、选举方式、学院行使权利的具体模式等方面进行修订。参见以色列科学与人文科学院官方网站，www. academy. ac. il/RichText/GeneralPage. aspx? nodeId = 825，访问日期：2021年2月13日。

③ 满足下列条件之一可终止资格：（1）成员向委员会主席提交书面申请；（2）成员不再是以色列公民或不在以色列居住；（3）成员犯罪。

生存的双重威胁，以色列大力发展军工产业，以保持对阿拉伯国家的武器技术优势，而且其时刻面临战争危险，各种物资时常处于管控和紧缺状态。军事和农业的双重压力使新生的以色列步履维艰，虽然建立了以色列科学委员会，但国家的科教投入仍十分有限。1948～1959 年，以色列的科学技术发展更多的是依托民间和海外的投资，尽管条件艰苦，但还是取得了一定的成就。到 20 世纪 60 年代末期，以色列经济有了很大发展，国家实力大幅增强，多领域的大研发项目投入成为可能。到 1968 年，除了全国性的科学指导机构之外，以色列政府又在各部委之间建立了联合研究与发展委员会，还有许多其他的科研部门和分支机构，如教育部和文化部的高等教育委员会，农业部的科学专家委员会，工业与商务部的纤维和林产品研究所，住房部的建筑研究委员会，国防部的防卫研究所，等等（见图 2-1）。此外还有许多国际组织附属的科学社团和私营部门。至 20 世纪 60 年代末期，伴随着一系列科技政策的出台与相关部门的成立，以色列科技研发体系的管理架构已基本成型并粗具规模。

　　总而言之，从建国到 20 世纪 60 年代中后期，以色列科研体系的特征可以概括为：国家组织、统一调控、集中管理、全面布局。除了设置科研管理机构、布局研发领域之外，"以色列还没有完全形成全面的、清晰的国家层面的科学发展政策"①，但"科学已经被广泛认可为一种国家资源，这种资源能够引领建设更好的社会，增强经济独立性，促进新国家的发展，有助于在世界范围内战胜疾病与饥饿。以色列的科学与技术为实现这些目标做出了贡献"②。也正是由于科学技术在实现上述目标方面已经取得的巨大进展，以色列人更加认识到科学技术发展的巨大潜力与迫切的现实需求。

---

① Zvi Tabor, "National Science Policy and Organization or Research in Israel," *Science Policy Studies and Documents*, Vol. 19, 1970.

② Daniel Shimshoni, "Israel Scientific Policy," *Minerva*, Vol. 3, No. 4, 1965, pp. 441–456.

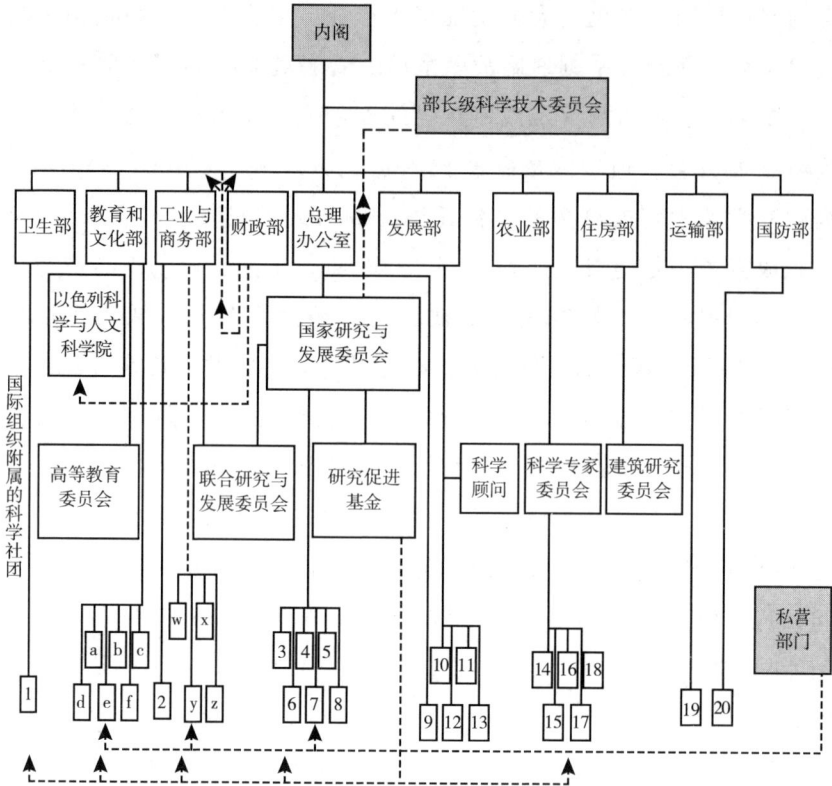

图 2 - 1 以色列科研部门构造结构（公共部门，1968 年）

说明：数字代表政府研究机构：1. 政府医院研究所（Government Hospitals Research）；2. 纤维和林产品研究所（Fibres and Forest Products Institutes）；3. 发酵研究所（Fermentation Institute）4. 药理研究所（Pharmacological Institute）；5. 国家物理实验室（National Physical Laboratory）；6. 干旱地区研究所（Arid Zone Research Institute）；7. 生物研究站（Biological Research Station）；8. 海洋和湖泊管理局（Oceanographic and Limnological Agency）；9. 原子能委员会（Atomic Energy Commission）；10. 以色列采矿实验室（Israel Mining Laboratories）；11. 以色列海水淡化有限公司（Israel Water Desalination Ltd.）；12. 石油研究与地球物理学研究所（Institute for Petroleum Research and Geophysics）；13. 地质研究所（Geological Institute）；14. 腐蚀研究所（Erosion Institute）；15. 渔业研究所 Fisheries Research Institutes）；16. 兽医研究所（Fisheries Research Institutes）；17. 以色列农业研究中心（The Agricultural Research Organization）；18. 气象服务（Meteorological Service）；19. 以色列水计划（Water Planning for Israel）；20. 防卫研究所（Defence Research Institutes）。

字母代表高等教育研究机构、工业研究机构：a. 希伯来大学；b. 以色列理工学院；c. 魏兹曼科学研究院；d. 巴－伊兰大学；e. 特拉维夫大学；f. 本－古里安大学；w. 工业研究中心（Industrial Research Centre）；x. 油漆研究协会（Paint Research Association）；y. 橡胶研究协会（Rubber Research Association）；z. 陶瓷研究所（Ceramics Institute）。

资料来源：Zvi Tabor，"National Science Policy and Organization or Research in Israel," *Science Policy Studies and Documents*，Vol. 19，1970。

第二节　民用领域的科研布局

1948～1968 年是以色列科研体系的初创期，以色列政府首先在农业、工业等领域开始布局，致力于建构以政府、大学、企业为主干的科研体系，并以贯彻科教立国战略、用科技进步促进社会经济全面发展为目标。具体分工是：国家级科研机构主要负责一系列攻关型、尖端型、大型研究项目；高等院校从事基础科学研究，承担自然科学与技术领域的研究工作；大中型企业则设立专门的研究与开发机构，以解决行业难题为工作重点。这一时期，以色列科研体系的基础建设工作取得了明显的成效。

一　农业科技的科研活动

以色列发展农业的自然条件极为恶劣。以色列位于亚洲大陆的西部，西临地中海，南濒亚喀巴湾，其领土北邻黎巴嫩，东北接叙利亚，东邻约旦，西南与埃及交界。其地形狭长，国土大部分是沙漠和半沙漠地区，还有大量的峡谷和山地，仅有沿海的狭长地带和内陆的几个山谷适合农耕，耕地面积仅占国土总面积的 1/3。以色列属于地中海型气候，夏季漫长、炎热、少雨，冬季短暂、凉爽、雨量较多，但分布不均匀，人均可利用的淡水资源十分有限。以色列的矿产资源也十分稀少，仅有少量的碳酸钾、铜、磷酸盐等，石油、天然气等发展急需的常规能源储量少之又少。所以，建国之初以色列政府就制定了优先发展农业，并以农业为基础促进国民经济全面发展的路线，确立了以内向型、粗放型为主的农业发展策略，把高效集中和统筹安排农业资源作为恢复经济和发展的支柱。政府鼓励全民农耕，组织移民，开垦荒地，改造沼泽，兴建定居点，目标是实现粮食和农副产品自给自足。至 1952 年以色列耕地面积已增加至 33.5 万公顷，1953 年又增了 1.5 万公顷，此时比建国之初耕地面积扩大了近一倍，粮食产量也翻了一番。以色列政府于 1953 年开始推进国家输水工程（National Water Carrier of Israel，即北水南调工程①），于 1964 年建成投入使用。到 20 世纪 60 年代中期，本就不多的可利用土地和水资源已消耗殆尽。随着移民人口逐渐减少，农业劳动力短缺，国内市场对传统农作物的需求也趋于饱和。在这种情况下，调整农业政策成为当务之急。以色列政府随即将依靠科学技术发展高产、优质和高效现代化农业确立为国家农业的发展方针，同时更加重视农业教育和农业技术推广，逐步建立起了机构多、分工细、力量强的农业科研体系，参与指导农业生产和农产品出口的全过程。

为了将科研成果迅速转化为现实生产力，早在 1949 年以色列农业部就成立了由副部长挂帅的国家级农业技术推广中心——农业技术推广服务局（下文简称推广局），代表政府承担农业技术的推广职能。根据农业生产生活的实际需要，推广局设立了 14 个专门委员会，负责收集、分析和核算各种来源的农业科研成果，经过反复论证后，把确定具有实用价值的成果分享给基层推广服务中心，再由推广服务中心向农民普及。以色列根据不同区域的实际情况，在全国成立了 9 个区域推广服务中心，负责各个区域的推广工作与农业研究的相互衔接。区域推广服务中心在行政和业务上接受推广局的领导，重点解决区域的推广问题。每个区域中心有数十名专业工作人员，并根据地域的要求建立了一些专门委员会。推广局虽设在农业部，但绝大多数工作人员则分散在地方，他们不仅要解决农民在种田中遇到的技术难题，还要负责技术推广后的跟踪保障服务，并及时把效果和不足之处向上反馈。推广服务对农民是免费的，其 90% 的经费来自国家财政拨款，10% 由民间组织提供。除此以外，高等院校和民间团体也积极参与农业相关的科学研究，如耶路撒冷希伯来大学的农学院、以色列理工学院的农业工程

---

① 北水南调工程由以色列塔哈尔公司设计，麦克罗特公司负责建设和管理，将以色列东北部加利利湖的水引向中南部干旱地区发展灌溉农业，输水干线长 134 千米，年调水量数亿立方米，成为连接以色列全国大部分水利工程的网络，既改变了以色列水资源不均衡的状况，缓解了制约南部地区发展的主要限制因素，也改善了严酷的生态环境条件，带动了南部经济社会的发展。同时，该工程把大片荒漠变为绿洲，扩大了以色列的生存空间。可参见 http://research. haifa. ac. il/~eshkol/kantorb. html，访问日期：2021 年 1 月 22 日。

研究所等也承担了很多研究任务，用以解决现实问题。哈伊姆·格瓦蒂（Chaim Gvati）评论说："农业研究对农业发展的贡献，评价怎么高也不算过分。它负责引进大田作物、蔬菜和果树新品种，建立了更有效的施肥程序，改进了牲畜饲养方法，成为农业中各个部门进行革新与改良的主要推动者。"[①]

还有一个重要机构是以色列农业研究中心。该研究中心是农业部的重要研究和执行机构，主要研究方向有土壤、水和环境科学，植物保护，动物科学，植物科学，农业工程。以色列农业研究中心的研究人员致力于干旱条件下的农业生产、贫瘠土壤上的作物种植、缺水条件下的淡水鱼养殖、害虫防治、培育适合不利条件下生长的农作物和家畜新品种等，力求通过科学技术尽力克服恶劣的自然生态环境，实现农业增收。[②] 到20世纪70年代，以色列农业研究中心还与犹太代办处移民安置部合作在约旦河下游、内盖夫地区、以色列北部、加利利湖地区等地创办了7个农业科研组织，其研究人员多由农业研究中心直接派出。以色列农业研究中心的主要研究方向、主要研究内容及研究目标见表2－1。

表2－1　以色列农业研究中心的主要研究方向、主要研究内容及研究目标

主要研究方向	主要研究内容	研究目标
土壤、水和环境科学	·开展土壤、植物、大气等相关的基础和应用研究 ·致力于在不损害环境质量的前提下，提高农业生产力，并保护土壤和水	·实现灌溉、施肥、作物小气候控制的无害化管理 ·改良土壤和缓解土壤结构恶化 ·评估有机和无机污染物对土壤和地下水资源污染的风险

---

① 〔以〕哈伊姆·格瓦蒂：《以色列移民与开发百年史（1880～1980年）》，何大明译，第358页。

② 可参见以色列农业研究中心官方网站，http://www.agri.gov.il/en//pages/1023.aspx，访问日期：2018年2月5日。

续表

主要研究方向	主要研究内容	研究目标
植物保护	·识别和控制植物的病虫害 ·采用环保手段获取无病害的农产品	·检测和控制植物病原体和害虫 ·通过农业技术、生物学和综合管理方法控制植物病虫害和疾病 ·培育具有抗病毒能力的转基因植物 ·研究农业生产、食品和环境中农药残留和污染物的简单快速识别方法
动物科学	·运用遗传学、基因学、生理学、微生物学和营养技术等方法研究动物的养殖和生产	·通过科学技术手段提升鱼、家禽、牛和羊的产量 ·在保护环境的基础上提高产量
植物科学	·专注于植物生物学,研究农业、自然资源和环境之间的关系。包括田间和蔬菜研究、果树科学、观赏园艺学等	·引进并种植果树、蔬菜、田间作物、观赏作物和林木,为农民和消费者提供可扩大产量和提升品质的产品种类 ·开发和应用农业技术以提高作物产量和质量 ·发展适应气候变化、粮食安全和替代能源的农业方法 ·开发牧场、森林和开放景观的可持续管理系统
农业工程	·开发和引进新的概念、方法和系统	·开发收获和收获后管理系统 ·开发温室技术和环境控制系统 ·开发动物园技术 ·开发土壤灭虫和化学应用系统

资料来源：笔者根据以色列农业研究中心官方网站的资料整理，可参见 http：//www. agri. gov. il/en//units/institutes/default. aspx，访问日期：2021 年 1 月 2 日。

二 水资源、能源及海洋的开发与利用

1959 年，以色列政府颁布了《水法》（*Water Law*，5719 - 1959），从国家制度入手，严格控制水资源的调配，将水资源的保护与利用提升至国家战略的高度。该法律有上百条目，明文规定了国家对水资源享有所有权、开采权和管理权等，认定水资源为国有财产（甚至包括私人土地上的水资源和废水），由国家统一规划和使用，任何个人与单位不得擅自开采。[①] 以色列

---

① 《水法》颁布后又于 1965 年、1972 年和 1991 年进行了修订。

水资源的极度匮乏成为以色列农业和社会发展的一大阻碍，因此运用科学技术进行水资源的开发与利用成为以色列科研工作的重点。1962 年，生活在以色列的英国水务局退休员工西姆哈·布拉斯（Simcha Blass）从一颗繁茂树木旁滴水的水龙头中找到灵感，发现慢速平稳的水滴出乎意料地能够提高植物的产量。之后他和他的儿子一起改造和升级了滴灌系统并获得专利。1965 年布拉斯与哈兹里姆（Hatzerim）基布兹合作成立了耐特菲姆（Netafim）公司，1966 年推出了全球首款商用灌溉喷头。[①] 该技术利用塑料或橡胶管道将水通过管道上的孔口、滴头或喷头送到作物根部进行局部精准灌溉，水的利用率高达 95%，同时可以与施肥相结合，成倍提高肥料效果，适用于果树、蔬菜、经济作物以及温室大棚灌溉，与传统的漫灌和沟灌相比节约了 50%～70% 的水量。滴灌技术是以色列农业发展中具有开创意义的发明，至今仍是世界干旱和半干旱地区最有效的灌溉方式。之后，以色列科学家还进一步研发了远程遥控灌溉技术，这种技术不仅可提供农田所需温度、湿度、蒸发量、用水量、施肥量的信息，而且能及时对作物所需求的水、肥和农药进行遥控供应。

　　1955 年，以色列首次在内陆发现油田，本－古里安政府随即决定成立一个官方机构用以管理石油和天然气的勘探与生产。1957 年，以色列地球物理学研究所成立（Geophysical Institute of Israel），运用多种手段绘制地区、探测石油、天然气等资源，还进行地震相关的研究工作。1964～1996 年，该研究所更名为石油研究和地球物理学研究所，后来又恢复原名。以色列还成立了死海－阿拉瓦科学中心（The Dead Sea-Arava Science Center），目前该中心在可持续发展的背景下开展对死海和阿拉瓦河谷的应用研究，以促进上述地区的科学发展。该中心下设南阿拉瓦分部、阿拉瓦中央分部、死海分部和拉蒙分部，并设有微生物学和生物化学皮肤实验室、植物研究实验室、可再生能源实验室等多个科研部门（见表 2－2）。

---

　　① 耐特菲姆公司现在是以色列的灌溉设备制造商，该公司生产滴头、喷头和微型发射器等，还生产和销售各种作物管理软件，包括监测和控制系统、加药系统和作物管理软件等。耐特菲姆在全球滴灌市场占有超过 30% 的份额，2015 年的收入超过 8.22 亿美元。参见耐特菲姆公司官方网站，http：//www.netafimusa.com/，访问日期：2021 年 3 月 15 日。

表 2 - 2　死海 - 阿拉瓦科学中心主要组织架构和研究内容

组织架构	主要研究内容
南阿拉瓦分部	·气候变化、基础设施、地质和水(地下水、洪水、海水)
阿拉瓦中央分部	·研究和推动阻止死海水位进一步下降和恢复约旦河水量的方法,建设包括"红海死海管道"(Red Sea-Dead Sea Conduit)在内的设施,并评估其对定居点、农业、水和环境的影响 ·可持续管理死海、阿拉瓦和约旦河跨界基础设施 ·研究阿拉瓦河谷和死海周边植物和动物物种的多样性
死海分部	·关注当地环境质量、自然资源和生态(空气质量,废物回收利用,可再生能源等) ·研究极端干旱气候下的生物技术、农业和可持续农业(植物,藻类,微生物)、生态,考古和旅游
拉蒙分部	·研究医学范畴下死海的气候、矿物和产生的环境影响 ·提升地区内的环保教育程度和科学素养
微生物学和生物化学皮肤实验室	·研究皮肤组织生长和皮肤微生物的创新方法
植物研究实验室	·研究沙漠植物、香料及其作为药物的用途
斑马鱼模型实验室	·用于疾病研究
线虫类研究实验室	·扫描物质的模型
可再生能源实验室	·研究开发氢燃料
藻类的可再生能源实验室	·进行藻类植物的研究
高温分解能源实验室	·进行能源分解研究
太阳能光伏电池能源实验室	·研究太阳能光伏电池

资料来源:笔者根据死海 - 阿拉瓦科学中心官方网站的资料整理,可参见 http://www.adssc.org/en/about,访问日期:2020 年 11 月 2 日。

1967 年,以色列海洋和湖泊研究所成立,该研究所隶属于国家基础设施、能源与水资源部(Ministry of National Infrastructures, Energy and Water Resources)下辖的地球科学研究局(Earth Sciences Research Administration),是非营利性的国家研究机构,致力于以色列海洋、沿海和淡水资源的可持续利用及保护研究。下设国家海洋研究所、加利利海湖沼学实验室和国家海洋生物养殖中心(见图 2 - 2),在海洋学、湖沼学、海洋化学、海洋地质学、海水养殖和海洋生物等技术领域开展科学研究,监测和评估以色列邻近海域和内陆水体，同时侧重于开发食品和生物化学品的创新技术。① 除此以外，以色列还建有干旱地区研究所、生物研究站、以色列海水淡化有限公司、渔业研究所等机构。

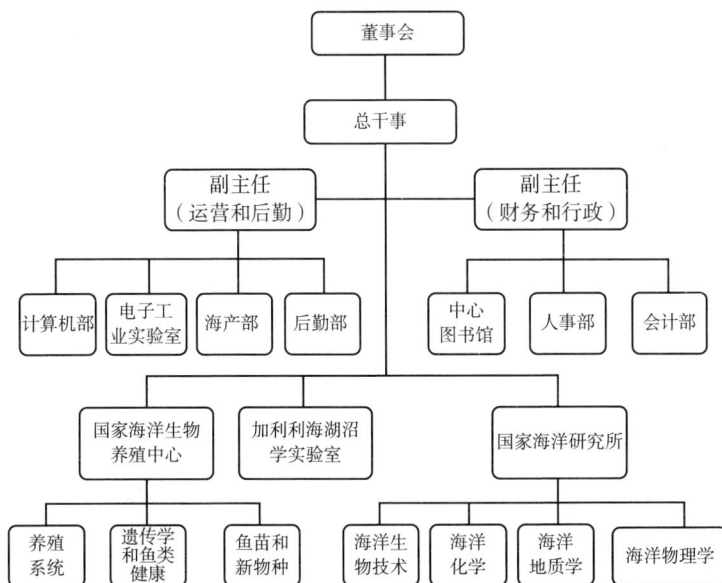

图 2－2　以色列海洋和湖泊研究所组织结构

资料来源：以色列海洋和湖泊研究所官方网站，http：//www. ocean. org. il/Eng/
CompanyProfile/OrganizationStructure. asp，访问日期：2020 年 7 月 25 日。

三　其他领域的科研活动

在这一时期，除了农业和水资源方面的科研工作，以色列在其他各个领域均有研发成果出现。1954～1955 年，魏兹曼科学研究院的约翰·冯·诺依曼（John Von Neumann）制造了 WEIZAC，这是世界上第一台大型内储程序计算机，该计算机一直运行到 1963 年 12 月，奠定了以色列蓬勃发展的计算机

---

① 可参见以色列海洋和湖泊研究所官方网站，http：//www. ocean. org. il/Eng/CompanyProfile/
ProfileIOLR. asp，访问日期：2020 年 12 月 22 日。

行业的基础。魏兹曼科学研究院下属的费因贝里研究生院（Feinberg Graduate School）是以色列第一所教授计算机科学的学术机构。魏兹曼科学研究院还在以色列首先开展癌症相关研究，创建了第一个核物理部门并建起了粒子加速器。

以色列理工学院一直是以色列开展科学研究的重镇。1954年，该学院成立了航天工程系，在航空航天相关学科开展研究和人才培养活动，建立了空气动力学实验室、航空航天结构实验室、燃烧和火箭推进实验室、涡轮和喷气发动机实验室以及飞行控制实验室等。1968年生物医学工程系成立，该系融合了医学和生物工程学，其研究项目极大地推动了医疗辅助设备的升级改造。此外，以色列理工学院还建立了应用数学和冶金实验室等。

与国际组织合作也是以色列开展科技研发的重要方式之一。以色列与联合国教科文组织早在20世纪50年代末就开始合作，通过联合国教科文组织的技术援助，以色列实施了多项有关科学技术的合作计划。如1955年10月至1959年11月，联合国教科文组织派遣专家在海法向以色列技术人员开展矿物工程和矿物教育课程。[1] 60年代，技术援助延伸到希伯来大学及其他研究机构，援助领域包括物理、工程、应用数学、冶金等，取得了显著成效。此外，以色列在1960年还启动了干细胞的相关研究。[2]

第三节　军工领域的科研布局

1948年以色列独立战争爆发之时，许多大屠杀幸存者刚刚到达以色列就被派往前线，他们中的许多人甚至没来得及学会一句希伯来语就已

---

[1] G. Dessau, *Some Comments on Mineral Engineering and Mineral Education in Israel*, UNESCO Technical Assistance Programme, Paris: UNESCO Publishing, 1959.

[2] Netta Ahituv, "Stem Cell Tourism Prepares for Take-off," *Haaretz*, December 27, 2012, https://www.haaretz.com/.premium-stem-cell-tourism-preparing-for-take-off-1.5283004, accessed April 25, 2021.

经战死沙场。① 以色列独立战争结束后，本－古里安清晰地认识到下一场
战争的到来只是时间问题。他思考以色列的未来并形成防御理念，于
1953 年提出了"国家武装部队防御方针"（The Doctrine of Defense and
State Armed Forces），确立了以色列的基本国防原则，其核心观点至今仍
是以色列国防战略的基础，即以色列与阿拉伯世界相比，现在和将来都
在数量上处于绝对劣势，所以必须发展出强大的质量型军事优势。② 因此
国防考虑始终具有至高无上的重要性与优先性，然而不管是"质量优势"
还是急迫需求的"安全感"都需要先进的军事科学技术作为支撑。以色列
在军工领域的研发和生产主要依托于几个国有大型军工企业，包括拉斐尔先
进防卫系统有限公司（Rafael Advanced Defense Systems Ltd.）、以色列军事
工业公司（Israel Military Industries，简称 IMI）、以色列飞机工业公司
（Israel Aircraft Industries，简称 IAI）等，此外还有若干私人或民间企业。上
述三大军工企业作为最早的军事科研和生产机构，对以色列的国家建立和领
土安全发挥了重要作用。

　　早在 1945 年，犹太复国主义的领导人已经意识到一旦英国结束委任统
治并离开巴勒斯坦，阿拉伯人就会发起进攻。当时的哈加纳③指挥官就在英
军密集的雷霍沃特火车站附近的小山中建造了秘密弹药厂。工厂所在的地面
区域伪装成由一群犹太青年新移民所建立的新基布兹，地面覆盖以厚重的混
凝土隔层。其中一个入口处修建了面包房，用 10 吨重的大型石炉挡住入口，
炉底与轨道相连作为通道；另一个入口修建了洗衣房，通过洗衣机的声音来
掩饰制造子弹的噪音。整个建筑由当年修建希伯来大学的承包商修筑，生产
线由第一次世界大战时期的设备组装而成，制造弹壳所需的铜被装在标记为

---

① 〔以〕雅科夫·卡茨、〔以〕阿米尔·鲍伯特：《独霸中东：以色列的军事强国密码》，王戎
译，浙江人民出版社，2019，前言第 9 页。

② Yuval Steinitz, "The Growing Threat to Isreal's Qualitative Military Edge," *Jerusalem Issue Brief*,
Vol. 3, No. 10, December 11, 2003, https://www.jcpa.org/brief/brief3 - 10. htm, accessed April
19, 2021.

③ 哈加纳（Haganah，意为"防卫"），是英国委任统治巴勒斯坦时期活跃在当地的犹太人准
军事组织，成立于 1933 年。该组织后来发展为以色列国防军。

口红盒的板条箱中。弹药厂从建立一直运营到以色列建国。以色列独立战争结束后工厂被并入以色列第一家军工企业——以色列军事工业公司，[①] 由国防部直接管理。

以色列军事工业公司主要负责研发、生产和制造冲锋枪、突击步枪、重武器、飞机和火箭系统，此外还研发装甲车辆和综合安全系统，是国防军武器弹药的主要制造商和供应商。该公司的首要业务是研发世界先进的武器、战术系统、发动机和引擎等国防设备，装备国防军；其次还研发用于出口的弹药和武器系统。该公司拥有 9 个生产部门，每个生产部门都有附属的工厂，其研发的小型武器深受欢迎，1954 年研发的"乌兹"（Uzi）冲锋枪一直服役至今，创下了全球现代冲锋枪的销量纪录。该公司还为以色列的公民提供军事训练。[②]

以色列建国前夕，犹太人只有约 50 万人，其中许多是大屠杀幸存者。就武器装备来说，当时仅有 1 万支步枪和 3800 支手枪，没有反坦克武器，也没有大炮。1948 年 2 月 2 日，本－古里安秘密召集 20 多名化学和物理学专业的学生组成了一个小组，开展武器和弹药的研究和制造工作。随后越来越多的年轻科学家加入了这个小组，并于 1948 年 3 月 17 日在以色列国防军成立了科学军团（Science Crops），由什洛莫·古尔（Shlomo Gur）[③] 领导，旨在依托其统领下的军事研发工作形成并维持针对阿拉伯国家的技术性优势。1952 年，科学军团更名为研究和设计指挥部（Research and Design Directorate）。同年本－古里安将其分为两个机构：科学军团和规划研究部（Division for Research and Planning）。前者进行纯粹的理论科学研究，后者负责武器的研究开发。

---

① 参见〔以〕雅科夫·卡茨、〔以〕阿米尔·鲍伯特《独霸中东：以色列的军事强国密码》，王戎译，第一章。

② 以色列军事工业公司目前是全球公认的优秀防务系统公司，制造各种精确弹药、具有机动性和安全性的战场保护系统、装甲、火炮、空对地武器和先进坦克等。参见以色列军事工业公司官方网站，http://www.imisystems.com/，访问日期：2020 年 12 月 25 日。

③ 什洛莫·古尔是塔勒阿麦勒（Tel Amal）基布兹的创始人之一，在 1936～1939 年巴勒斯坦阿拉伯起义期间创建和管理了 57 个定居点。以色列建国后，他曾担任以色列军事研究部门的第一任主任。

1954 年，本－古里安将研究规划部更名为拉斐尔（Rafael），隶属以色列国防部，主管研发高科技防卫技术，1958 年再次重组。到 20 世纪 90 年代初，拉斐尔因为亏损过大改组为公司运营，下设 3 个独立的运营部门。2002 年，该公司正式成为具有国有企业性质的有限公司。2007 年又更名为拉斐尔先进防卫系统有限公司①。拉斐尔先进防卫系统有限公司是国防部下属独立的经济实体，是以色列最大的从事武器和国防军作战平台研发的企业，负责研究和测试作战武器系统和帮助以色列国防军识别并定义其武器系统需求，为国防军需求提供快速解决方案，包括总装、测试、模拟、工程故障排除等。拉斐尔先进防卫系统有限公司的员工超过一半是技术人员和工程师，其知名产品包括"蜻蜓"（Shafrir）空对空导弹、火炮电脑、坦克乘员保护装置和夜视设备等。

　　20 世纪 50 年代，美国、英国和法国为保证中东地区的态势平衡，共同签署宣言停止向中东任何国家大规模出售军事武器，以色列只能通过走私等方式获得军火。1953 年，在时任国防部官员西蒙·佩雷斯（Shimon Peres）的运作和倡议之下，以色列最早的空军工业公司——以色列航空航天工业公司②得以成立，聘请了美国的航空专家阿尔·施维默

---

　　①　如今的拉斐尔先进防卫系统有限公司为以色列国防军、国防机构以及全球的客户开发和制造先进的防务系统，为有技术需求的客户提供多种创新解决方案。该公司下设空中优势系统部门（Air Superiority Systems Division）、陆地和海域系统部门（Land and Naval Systems Division）、领地防卫和技术部门（Manor and Technologies Division）、研发和工程部门（R&D and Engineering Division）、军械和国家基础设施部门（Ordnance and National Infrastructure Division）等。该公司充当了以色列技术创新、民众创业的"孵化器"，多数服役于拉斐尔的国防军士兵在服役期结束后自主创业，范围涉及电子技术、通信设备和航空技术等领域，促使了诸如埃尔比特（Elbit）、埃尔森（Elscint）和赛天使（Scitex）等著名企业的诞生。

　　②　以色列航空航天工业公司在海陆空、网络和国土安全等方面拥有先进的经验和技术，是以色列最大的飞机制造商和出口商。该公司有飞机维修部（下设 Shaham、Masham、Matam、Mashab 四个附属工厂，主要业务是飞机维护、检修与升级）、电子部（下设 Mabat、Tamam、Malam 三个附属工厂和子公司埃尔塔电子工业有限公司（ELTA Electronics Industries Ltd.），主要业务是研发空间系统和技术、精密仪器、集成化系统和航空电子系统）、飞机部（下设 Teshen、Lahav、Kabam、Malkam、Mattan、Malat 六个附属工厂，主要业务是战斗机、民用飞机和无人机的制造、装配与升级）和技术部（下设 Ramta、Shahal、Matta 三个附属工厂和 Golan 公司，主要业务是研发液压系统、民用飞机及公务机座位）4 个部门。

(Al Schwimmer)① 担任公司的创始人和首席总裁。公司员工很快就超过了1000 名。其前身是贝德克航空公司（Bedek Aviation Company），初期作为政府的航空研究所，主要负责以色列空军和以色列航空公司飞机的维护，拥有 70 名员工。1955 年，该公司成为以色列民用航空局和美国联邦航空局认可的授权维修站。1959 年其业务从单纯的飞机服务转向先进陆海运输系统的设计与制造，同年成功制造出第一架飞机（法国设计的 V 型双引擎喷气式教练机），该机型被用作以色列空军的主要教练机，并在"六日战争"中被用作近距离支援机。到 20 世纪 60 年代中期，该公司员工数量达到 1 万名，成为以色列雇员最多的单位，该公司已经可以在法国图纸的基础上自主研发生产出战斗机。② 1964 年，该公司研发了第一种"加百利"（Gabriel）反舰导弹，至今仍在许多国家的海军中服役。1969 年研发的"阿拉瓦"（Arava）是第一架完全在以色列设计、生产和制造的飞机，该机型在 1988 年年底前生产了 100 多架。1967 年，该公司成立了全资子公司埃尔塔电子工业有限公司，该子公司后来发展为以色列主要的电子防务公司。此外该公司在 20 世纪 60 年代还研发了多种用途的飞机、舰艇等武器装备。③

从 1955 开始，中东局势因埃及从苏联获得数亿美元的"米格"战斗机、轰炸机、坦克等高精尖军火而再度紧张起来。寻求美、英两国支持的以色列虽然未能如愿，但以色列利用法国政府更迭频繁的混乱期，成功与法国建立了军火联系。1956 年 7 月 26 日，时任埃及总统迦玛尔·阿卜杜尔·纳赛尔（Gamal Abdel Nasser）发表声明将苏伊士运河所有权收归国有，引发

---

① 阿尔·施维默作为美国的飞机工程师，曾在环球航空公司工作，在第二次世界大战爆发后加入美国空军，执行过 200 多次飞越大西洋的飞行任务。他与佩雷斯在以色列独立战争期间建立了良好关系，之后长期帮助以色列从美国走私美军淘汰下来的战机，并牵线联系美国的犹太裔老兵，为建国初期以色列的飞机工业做出了贡献。详情可参见〔以〕雅科夫·卡茨、〔以〕阿米尔·鲍伯特《独霸中东：以色列的军事强国密码》，王戎译，第一章。

② 〔以〕雅科夫·卡茨、〔以〕阿米尔·鲍伯特：《独霸中东：以色列的军事强国密码》，王戎译，第 41 页。

③ 可参见以色列航空航天工业公司官方网站，https：//www.iai.co.il/，访问日期：2021 年 2 月 15 日。

了英、法的强烈反弹，两国拉拢美国于同年8月2日发表联合声明，认为运河"始终具有国际性质"，理应受到"国际管理"。英、法等国于9月23日将运河问题提交联合国讨论，但被安理会否决。英、法的"国际共管"企图宣告失败后，两国随即策动以色列制定联合入侵埃及的计划。[①] 1956年10月29日，英、法、以三国联军对埃及发起全线进攻，与埃及军队在西奈半岛展开激战。11月6日，三国迫于巨大的国际和国内压力被迫停火，并陆续撤出占领领土，史称"苏伊士运河战争"或"第二次中东战争"。这次战争虽然使以色列遭到国际社会尤其是阿拉伯世界的强烈谴责，但大大深化了以色列与法国的同盟关系，之后法国成为以色列最主要的盟友，以色列从法国得到了大量的军事和经济援助。法国帮助以色列建立起最初的飞机等军事工业，使以色列的军事科研事业也得以快速发展。两国的"蜜月"关系持续到1967年戛然而止，这一变故进一步让以色列政府认识到仅仅依靠外部援助终究不是长久之计。

苏伊士运河战争之后，以色列和阿拉伯国家关系持续紧张，双方不断扩军备战，不同规模和形式的巴勒斯坦武装组织纷纷建立，其中最主要的是巴勒斯坦解放组织[②]。虽说1964年北水南调工程的建成大大缓解了以色列工业、农业用水和居民生活用水的压力，但也引起了阿拉伯国家的担忧。因此阿拉伯国家举行联合会议，制定了截流约旦河的计划，以期控制以色列的水资源，以色列随即出动飞机与坦克摧毁了叙利亚用于截流约旦河的重型机械，加之叙利亚支持巴勒斯坦游击队对以色列的骚扰，两国矛盾不断升级。叙利亚与埃及签订有军事防御条约，而纳赛尔又是阿拉伯世界的领袖，以色列与叙、埃为首的阿拉伯世界陈兵边境，战事一触即发。

1967年5月23日，纳赛尔关闭了蒂朗海峡，不允许以色列船只和携带

---

① 实际上自1955年埃及从苏联进口大批新式武器而实力大增后，以总参谋长摩西·达扬（Moshe Dayan）为首的以色列高层也开始担心埃及的威胁，主张先发制人，但一直未得到本－古里安总理的同意。纳赛尔收回苏伊士运河的声明促使以色列下定决心对埃及实施军事打击，这一点与英、法不谋而合。

② 巴勒斯坦解放组织（Palestine Liberation Organization）成立于1964年，起初的宗旨是通过武装斗争获得"巴勒斯坦解放"。目前该组织被100多个国家承认为巴勒斯坦"唯一合法代表"。

战略物资的外国船只通过亚喀巴湾,① 此举引发了以色列的强烈反弹,以色列随即迅速制定了对埃及的作战计划,同时派员赴美、英、法等国寻求外交途径解决危机。外交努力失败后,面对以色列国内高涨的开战呼声,② 1967年6月5日凌晨,以色列空军对埃及发起突然袭击,用不到一天的时间摧毁了埃及几乎所有的空中力量,之后又派遣地面部队进攻西奈沙漠。同时以色列多线作战,在约旦河西岸、耶路撒冷和戈兰高地与约旦和叙利亚军队交火。6月11日,以、埃、叙、约全线停火,短短六天的战争使阿拉伯国家尤其是埃及军事实力大损,以色列获得了数万平方公里的土地,史称“六日战争”。

上述几次战争一方面在客观上加速了以色列国内移民的融合,推动了以色列经济的发展,另一方面刺激了以色列对武器和军事技术的需求。恶劣的地缘政治局势和与阿拉伯国家的军备竞赛更加坚定了以色列对安全问题的重视,催生了以色列军工产业。1948～1968年,以色列政府将国防作为国家发展的重点,投入大量资金和人员,军工产业发展十分迅速。除此之外,全民兵役制度、美国为首的西方国家的技术援助、数量庞大的科技移民和以色列大学培养的工程师和高级技术人才都极大地推动了军工产业的发展。“六日战争”之后,以色列更加意识到实现技术和武器自主研发的重要性,开始进一步加大投入,推动军工产业进入快速发展时期。大至飞机坦克,小至手枪,都是以色列国防研发的目标,以色列逐渐建立起完善的军事工业系统。

以色列还十分重视核能的研究和开发。1948年8月,在时任总统魏兹曼的领导下,以色列在特拉维夫以南建立了隶属于国防部的核能机构索立克(Soreq)核研究中心。1955年,以色列原子能协会主席恩斯特·大卫·伯格曼(Ernst David Bergmann)向内阁提交了希望加强核能研究的秘密报告,

---

① 蒂朗海峡和亚喀巴湾是以色列南部通往红海与印度洋的通道,是关乎以色列国家生存的主要门户。

② 以色列独立战争和苏伊士运河战争的胜利使得以色列人一反以往压抑忍耐的心态,许多人形成了膨胀的民族主义心态,呼吁对埃及开战。

以色列将建设属于自己的核设施提上日程，之后又在希伯来大学和海法大学建立了相关的核物理研究所，由以色列原子能委员会负责协调各核能科研机构之间的工作。以色列从建国后就秘密与美国进行接洽，期望得到美国的核技术支持，美国答应给以色列提供用于和平目的的核援助。以色列计划升级美国允诺提供的核反应堆，以生产少量的钚。1955年4月，第一次国际原子能会议在日内瓦召开，恩斯特·大卫·伯格曼在会上向美国艾森豪威尔总统的原子能特使莫尔黑德·帕特森（Morehead Patterson）表示希望美国能够为以色列提供更先进的核反应堆，以试探美国的反应，但未能得到明确答复。1955年5月以色列驻美大使阿巴·埃班与莫尔黑德·帕特森正式签署了《和平利用原子能双边合作协议》（*Bilateral Agreements for Cooperation in the Peaceful Uses of Atomic Energy*）。1956年4月，以色列派代表团前往美国讨论和谈判核反应堆交易事项，并寻求向美国购买10吨重水用于建设一座10兆瓦的天然铀反应堆，但谈判并不顺利。以色列政府认识到依靠美国支持而建设更高标准的核反应堆希望渺茫，转而寻求法国的帮助。[①] 其实，以色列同法国关于核技术的接洽也一直在进行，法国自20世纪50年代初期就允许以色列专家实地考察法国核设施和试验，1956年1月，两国签订了法国向以色列提供核反应堆的协议。20世纪50年代末期，法国帮助以色列在内盖夫沙漠中悄悄建立了迪莫纳（Dimona）核反应堆（包括一座重水研究反应堆和一个钚化学萃取厂），以色列核工业由此开始飞速发展。1950～1967年，以色列先后建立了4座核反应堆并拥有了制造原子弹的能力。

1948～1968年，以色列军工领域的科研布局稳步推进，为之后军工技术的突飞猛进和大量出口打下了坚实的基础。军事技术和高科技人才的"外溢"效应也极大地带动了以色列的民用研发，直接促成了以色列高科技行业和创新产业的发展。

---

① 关于以色列与美国有关核技术的谈判可参见 Avner Cohen, *Israel and Nomb*, New York：Columbia University Press, 1998, pp. 44 - 52。

第四节　国民教育体系的完善

教育是国家科学发展和技术进步的基础，随着以色列国的建立，从政府层面对教育进行立法和统筹成为可能。1949 年，以色列教育文化部成立，代表政府行使教育管理职能，其职责是：确立相对稳定的教育标准，培训和指导教师，推广教育计划与教学课程，改善教学条件，等等。由教育文化部部长兼任高等教育委员会主席，部长之下设副部长、总司长（与总司长同级还有一位宗教教育事务主任，管辖宗教教育事务），协助部长主持日常事务。教育文化部内部设立若干司局，分管不同业务。此后，以色列政府一方面大力推行义务教育，提高全民受教育程度；另一方面，对建国前建立的隶属于不同政党、团体及社会组织的教育机构进行统一管理。1949 年，以色列议会第一次集会期间成立了以色列议会教育、文化和体育委员会（The Knesset Committee on Education, Culture and Sport）。该委员会处理有关教育的所有事务，包括学校、幼儿园、私人教育、教材、教师等各领域的发展和投资，教育预算，以及对贫困学生的资助。同时，该委员会还负责推广希伯来语、阿拉伯语和意第绪语，管理各项与体育运动相关的事务。从建国开始，以色列政府就陆续颁布了一系列重要的教育立法，完善了国民教育体系。

以色列《义务教育法》（Compulsory Education Act，5709 - 1949）颁布于1949 年 9 月。《义务教育法》是以色列建国后的第一部立法，最初规定的义务教育年限为 6 年，后改为 9 年。该法规定国家教育机构的开办和运营由国家和地方政府共同负责，家长有权为子女选择任何一种法律认可的教育形式，包括非国家教育体系但国家认可的学校的教育。该法还具体规定了针对适龄人口不参加义务教育情况的处罚细则。[①]

《国家教育法》（State Education Law，5713 - 1952），颁布于 1953 年，提出教育的目的是让受教育者适应国家发展的需要，同时消除来自不同国家

---

① 可参见 Compulsory Education Law，5709 - 1949，https：//knesset. gov. il/review/ data/eng/ law/kns1_ education_ eng. pdf，访问日期：2021 年 5 月 20 日。

的犹太移民之间的文化差异，促进民族团结，形成新的国民文化。国家教育是指以教育部批准之课程设置为基础的教育。国家教育以以色列文化价值为基础，教育学生学习科学知识，热爱祖国，忠于国家和人民，参加农业与手工业实践，参加少年先锋组织的训练，使学生成为以自由、平等、忍耐、互助以及热爱人类为基础的社会建设者。《国家教育法》规定了国家教育的目标，1999年修订后的主要教育目标如下。

（1）教育学生热爱人类，热爱民族和国家，做以色列国的忠诚公民，尊敬父母、关爱家庭，尊重传统文化和语言。

（2）继承以色列国成立宣言所定的原则，继承犹太精神和民主国家的以色列国价值观，对人权、基本自由权、民主价值进行开发性研究，遵守法律，尊重文化和同胞见解，努力为人民与民族间的和平与容忍开展教育。

（3）教授以色列编年史以及关于以色列国的知识。

（4）教授以色列人托拉、犹太人民编年史、以色列遗产和犹太传统，传承大屠杀纪念，以及为尊重所有这些知识而开展教育。

（5）开发男女儿童的个性、创造力以及各种天性，鼓励他们为过上有质量、有意义的生活全力竞争。

（6）在知识和科学的各个领域，在人类各种形式和时代的创造活动领域建立男女儿童的知识并鼓励他们的身体实践和休闲活动。

（7）加强判断和批评感性，培养知识好奇性、独立思维和首创精神，发展对变化和革新的敏感性。

（8）给予每一个男女儿童平等机会，保证他们按照自己的方式发展并创造一个不同的和支持发展的氛围。

（9）在以色列社会生活中营造一种环境，即自觉承担责任并满怀献身精神和责任心完成之，互相帮助，贡献社区，自愿为以色列国的社会公正努力奋斗。

（10）了解以色列的阿拉伯人口以及其他少数族群的语言、文化、历史、遗产以及他们独特的传统。[①]

在以色列《义务教育法》与《国家教育法》的指导下，以色列的基础教育分为四种类型：公立学校（大多数儿童在此就读）、公立宗教学校（偏重教授犹太宗教、传统和习俗）、阿拉伯及德鲁兹（Druze）[②] 学校（阿拉伯语教学，偏重阿拉伯和德鲁兹历史、宗教和文化）、私立学校（由各宗教团体和国际组织赞助）。需要特别指出的是，建国以后以色列议会通过了一系列法律规范伊休夫时期的犹太宗教教育，并将其纳入以色列国民教育的范畴。以色列的国立教育系统包括从学前教育到高等教育的一整套非常完备的宗教教育体系，其中包含隶属于极端正统派的私立宗教学校系统。宗教学校的管理权掌握在宗教事务部，学校开设的课程主要包括研习《托拉》、《密释纳》（Mishnah）、《革马拉》（Gemara）、拉比文献、犹太律法以及犹太先知的作品。学校以培养学生宗教精神为主旨，现代世俗教育为辅助。高等宗教教育目标主要在宗教师范学院和巴－伊兰大学实施。巴－伊兰大学以融合宗教与科学为宗旨，弘扬犹太教正统派理念。

《高等教育委员会法》（Council for Higher Education Law，5718－1958），颁布于1958年，目的是规范和促进高等教育发展。该法规定高等教育委员会是一个负责全国高等教育的国家机构。委员会2/3的人员必须由教育文化部认可的教育机构协商推荐，在委员会里应有合理数量的各种类型的高等教育机构代表，除学术界人士之外，还要包括社区代表、一名学生代表。该机构的主要职能是发展科学研究、建立高等教育机构并向政府提供咨询建议，代表政府评估并批准成立高等教育机构，颁发新设高等教育机构的办学许可证，赋予法律认可的高等教育机构授予学术学位之权力，促

---

① 关于以色列《义务教育法》《国家教育法》《高等教育委员会法》及其他法律的相关内容参见 Israel Pocket Library, *Education and Science*, pp. 22－26；陈腾华《为了一个民族的中兴：以色列教育概览》，附录《四部基本的教育法律》。

② 德鲁兹是阿拉伯人的一支，主要分布在豪朗山区。他们没有自己独立的国家，主要生活在黎巴嫩、叙利亚等国，此外还有约10万人生活在以色列北部的加利利地区和被以色列占领的戈兰高地一带。德鲁兹人使用阿拉伯语，信伊斯兰教，属什叶派中伊斯马仪派的德鲁兹支派。

进高等教育机构之间的教学及科研合作，等等。该法还规定，依法设立的高等教育机构有处理本机构学术与行政事务的自由，并在适合本机构发展之预算范围内决定本机构的科研及教学项目，任命行政人员、教师，以及规定教学和科研方法等。教育部部长任高等教育委员会主任，委员会组成由教育部部长提名，经政府内阁确认后报请总统任命。同年，以色列议会依据此法建立了高等教育委员会作为国家负责高等教育、授予学术头衔的常设机构。[①] 1977 年以色列内阁又通过 666 号决议成立高等教育委员会规划与预算理事会（The Planning and Budgeting Committee，简称 PBC），作为高等教育委员会的下属机构，其职能如下。

(1) 根据国家和社会需求提出高等教育预算，同时致力于保护学术自由，促进研究与教育。

(2) 执行高等教育机构的常规预算支出。

(3) 向政府和高等教育委员会提供高等教育发展计划。

(4) 促进研究机构之间的合作，以有效利用公共资源，监控支出、预防赤字。

(5) 向高等教育委员会提供有关新机构、新项目的建议。[②]

高等教育委员会规划与预算理事会由不同学术领域的专家及工商部门的知名人士组成，是政府与高等教育机构之间关于财政拨款问题的"独立缓冲区"（Independent Buffer）。该理事会向政府和高等教育委员会提交预算提案，并按批准的数额拨款。该理事会还起着促进各机构间合作的作用，并设有专门的基金，对缴纳学费有困难的学生提供贷款和助学金。该理事会后来又增设两个机构：海外教育理事会（The Extension Committee）、区域性学院

---

① 可参见 *Council For Higher Education Law*，5719 - 1948，http：//www. knesset. gov. il/ review/ data/eng/law/kns3_ highereducation_ eng. pdf，访问日期：2021 年 5 月 20 日。

② 可参见以色列高等教育委员会官方网站，http：//che. org. il/en/the - planning - and - budgeting - committee/，访问日期：2021 年 2 月 15 日。

理事会（The Committee for Regional Colleges），前者负责国外大学在以色列的办学事宜，颁发办学许可证及监督办学质量；后者专门负责区域性学院的设置与评估。

《学校督导法》（*School Inspection Law*），颁布于1968年，目的是充分发挥教育管理部门的作用，促使学校改善办学条件，获得高水平的教育绩效。该法规定开办学校必须持有国家的办学许可证，并授权教育部对学校进行巡视、检查和督导。高等学校是培养高级专门人才和发展科学技术文化的重要基础。以色列建国后又创办了4所高等学校，包括巴－伊兰大学、特拉维夫大学、海法大学和本－古里安大学，与建国前创办的希伯来大学、以色列理工学院和魏兹曼科学研究院共同构成以色列的高等教育体系。①

《特殊教育法》（*Special Education Law*），颁布于1988年，目的是促进和发展残疾儿童的能力和潜力，纠正和改善他们的身体、心理和行为表现，向他们传授知识、技能，培养良好习惯，帮助他们适应和融入社会。该法规定为3～21岁的个人提供特殊教育，包括系统的教学和治疗（物理治疗、语言障碍矫正、职业治疗和其他可能需要的治疗）。②

《延长教学时间法》（*Long School Day and Enrichment Studies Law*），颁布于1997年，目的是在教育机构先前的教学时间的基础上增加教学时间，具体规定如下。

（1）周一至周四，每天至少学习8学时；

---

① 1962/1963学年，以色列在校大学生达20600人，占20～24岁适龄青年的28%，而同期的英国这一比例为15%，美国为35%（参见Joseph Solomon Bentwich, *Education in Israel*, Philadelphia: Jewish Publication Society, 1965, p. 143）。除7所大学之外，以色列后来还建立了开放大学、地区学院、专业学院、教师进修学院等不同类型的职业教育与成人教育机构。此外，军事院校是非普通国民教育系列的重要组成部分，包括陆军学校、步兵学校、伞兵学校、炮兵学校、海军学校、军械学校、勤务学校等。

② Hedda Meadan and Thomas Gumpel, "Special Education in Israel," *Teaching Exceptional Children*, Vol. 34, No. 5, 2002, pp. 16 – 20.

（2）周五最多学习4学时；

（3）教育部在获得批准后，可以在某些教育机构或学习课程规定
的学时的基础上增加学时，使每周总学时不少于41学时。[①]

这一时期，以色列的高等教育也进一步发展。受德国"洪堡模式"[②] 的
影响，提倡学习自由和教育自由，高度重视科研的重要性。早期，希伯来大
学和魏兹曼科学研究院没有开设本科教育，而后者甚至只培养理科研究生，
没有文科项目。直到1950年之后，希伯来大学才开始引进通识教育，开设
本科生课程。到1959年，以色列大学普遍接受本科学位制。[③] 4所新建大学
都不同程度地得到了政府财政的大力支持和教育行政部门主导下的师资
援助。[④]

巴–伊兰大学最初的构思源于宗教犹太复国主义运动领袖、美国米兹拉
希运动前主席梅厄·巴–伊兰（Meir Bar-Ilan），他虽然出生在传统的犹太
家庭并在幼年接受了犹太宗教学校的教育，但青年时代的德国游学经历使他
深受世俗教育的影响。他在美国从事米兹拉希运动期间，曾经提议创建一所
融合世俗学术与犹太宗教律法研究于一体的学府。1950年，时任美国米兹
拉希运动主席、美国耶希瓦大学（Yeshiva University）领导人之一的平克霍
斯·丘尔金（Pinkhos Churgin）继承了他的思想，提出要创建一所体现犹太
教学术价值观与现代科学思想的学府。1955年，巴–伊兰大学在拉马特甘

---

① "Education in Israel：Principal Laws Relating to Education," Jewish Virtual Library, http：//
www. jewishvirtuallibrary. org/principal – laws – relating – to – education – in – israel, accessed May 24,
2020.

② 1810年建立的柏林洪堡大学是第一所现代意义上的大学，学校创办人威廉·冯·洪堡
（Wilhelm Von Humboldt）提出了著名的"洪堡大学三原则"——"大学自治""学术自由""教学
与科研相统一"，即洪堡模式。该模式第一次打破传统的以教学为主的模式，将科研在大学中提升
至与教学相当的位置。

③ Joseph Ben-David, "Universities in Israel：Dilemmas of Growth, Diversification and
Administration," *Studies in Higher Education*, Vol. 11, No. 2, 1986, pp. 105 – 130.

④ Nitza Davidovitch, Dan Soen and Yaacov Iran, "Collapse of Monoply Privilege：From College to
University," *Research in Comparative and International Education*, Vol. 3, Issue 4, 2008, pp. 366 – 377.

（Ramat Gan）建立，宗旨是培养出忠于犹太传统、犹太复国主义意识形态并富有科学精神的人才，除了传授现代科学知识之外，还要传承犹太传统文化。平克霍斯·丘尔金之后出任学校第一任校长，学校的命名则是为了纪念梅厄·巴－伊兰。

创立伊始，巴－伊兰大学只有 8 间教室和 2 所实验室，教职员工 23 名，学校开设了犹太研究、自然科学和数学、社会科学、语言学和文学 4 个系，共有学生 90 名。1956 年，学校的第一栋教学楼建成，学校学生总数达到了 175 名。在当年爆发的第二次中东战争中，许多师生参与了前线的战斗。1959 年第一届本科生毕业，1961 年第一届硕士研究生毕业，1963 年第一届博士研究生毕业。1965 年，学校成立 10 周年，在校学生总数超过了 2000 名，教师总数超过 300 名，校园内建筑达到 22 栋。学校还在阿什科隆（Ashkelon）创建了教学点，以帮助周边地区居民获得更好的教育。1967年，该教学点推出了首个犹太律法解释计划（Responsa Project），并建成了当时世界上最大的希伯来文电子数据库，阿什科隆教学点发展成为巴－伊兰大学的分校。"六日战争"爆发后，学校师生积极为作战部队提供协助，参与了民防和医院的志愿者服务。1968 年，学校又在泽马克（Zemach）新建了教学点。巴－伊兰大学在药物化学和人类生物学领域开设学士学位课程，在教育学、法学、犯罪学、经济学工商管理专业、地理学和古典学领域开设硕士学位课程，在社会科学、音乐学、新闻通讯以及其他跨学科领域开设博士学位课程。学校还建起了一批学会，如社区服务学会、犹太教律法学会、意第绪语学会等。①

特拉维夫大学由特拉维夫法律与经济学校（Tel Aviv School of Law and Economics，创办于 1935 年）、自然科学学院②（The Institute of Natural Sciences，创办于 1931 年）和犹太学研究院（The Institute of Jewish Studies，创办于 1954 年）合并而成。1960 年，高等教育委员会赋予该校 6 个院系学

---

① 可参见巴－伊兰大学官方网站，https：//www.biu.ac.il/en，访问日期：2021 年 2 月 22 日。
② 自然科学学院原为英国委任统治时期建立的生物教育研究所（The Institute of Biological-Pedagogical），于 1953 年改为自然科学学院。

士学位授予权，7个院系硕士学位授予权。1963年，学校成立医学院。1964年学校对管理机构进行重组，重新界定了相关管理人员的职权范围，并改组了教授理事会。1964年年底，学校已有学生3174名。1969年，学校设立物理系并扩大了化学系和数学系的规模，在核研究和天文学领域逐渐发力。到20世纪70年代，学校又开设了工程学院和艺术学院，学校已有9个学院和超过12000名学生。目前特拉维大学是以色列规模最大、学科最全面的世界知名学府，有超过30000名学生。①

海法大学于1963年建于工业城市海法，是以色列北部最大的研究型大学。该校偏重文科，开设圣经研究、希伯来语文学和语言、犹太历史、法国文学和语言、英语文学和语言、阿拉伯文学和语言、地理、社会学和政治学等专业。目前海法大学有180名教师，其中50名是海法居民，全校设6个学院和59个系，有57个研究中心和研究所，主要研究领域包括公共卫生、安全研究、大屠杀研究、癌症研究、神经科学、生物信息学、海洋科学等，宗旨是在宽容和多元化氛围中培养学生的学术能力。②

本－古里安大学1967年建于以色列南部内盖夫沙漠边缘的贝尔谢巴（Beer Shaba），其前身是1957年本－古里安倡议创办的内盖夫研究院。早在建国之初，本－古里安就意识到尚未开发的内盖夫沙漠是国家的安全屏障，提出"以色列的未来在内盖夫沙漠"，并亲自发起了"向内盖夫进军"的沙漠开发运动。为了实现这一愿望，他把自己的家安在人迹罕至的沙漠地区斯德伯克（Sdeh Boker）基布兹。退出政坛后他在这里安度晚年。本－古里安大学的宗旨就是促进沙漠地区的科学研究与全面发展，并为以色列南部的居民提供服务。目前本－古里安大学有20000名学生和超过4000名教职员工，设有3个校区和7个学院。该学校的沙漠研究具备全球领先水平，设有阿尔伯特·卡茨沙漠研究国际学院（Albert Katz International School for

---

① 可参见特拉维夫大学官方网站，https：//english. tau. ac. il/tau_ history，访问日期：2021年3月21日。

② 可参见海法大学官方网站，https：//www. haifa. ac. il/about－the－university/? lang＝en&csrt＝8985162097437301144，访问日期：2021年2月22日。

Desert Studies）和雅各布·布劳斯坦沙漠研究所（Jacob Blaustein Institutes for Desert Research）。①

到 20 世纪 60 年代末，以色列高等教育体系已经建立起来，高校的科研布局各有特色。魏兹曼科学研究院是唯一真正意义上的研究型大学，以基础科学研究为主要方向，在生物、化学、物理、数学领域云集了一批国内外知名学者，其他 6 所大学均为教学研究型大学。希伯来大学在基础研究与应用研究方面齐头并举，生命科学、医学、农学、经济学、心理学为其优势学科；巴－伊兰大学的犹太研究、"以色列地"（Land of Israel）研究、犹太律法研究、教育学不仅在以色列国内形成优势，而且在犹太世界具有很大的影响力；以色列理工学院则是以色列最大的以研究开发为主的应用科学研究中心，围绕航天工程、材料科学、军事工业形成研究优势，为以色列国家的航天事业、军工产业奠定了基础；特拉维夫大学开办时以自然科学为主体，逐渐发展为综合性大学；海法大学在人文、管理、艺术、法律研究等方面很快形成规模，研究优势不断凸显；本－古里安大学在沙漠研究、应用生物科学研究、水科学技术研究、医学科技研究领域独领风骚。比较完善的高等教育体系为以色列培养了一批又一批的优秀人才，为国家的研发事业及科技进步奠定了必不可少的人才基础。

---

① 可参见本－古里安大学官方网站，https：//in. bgu. ac. il/en/Pages/about. aspx，访问日期：2021 年 3 月 22 日。

第三章 以色列科研体系的成熟
（1968 年至 20 世纪 90 年代末）

对以色列来说，科研工作首先要承载国家使命和战略意图，军工研究与国防建设为国家的首要任务，基础研究为基本导向。到 20 世纪 60 年代，经济形势和产业结构不断变化与调整，应用研究开始得到重视。伴随着国家研发投入的增加与科技研发活动的不断深化，科研管理集中于中央的模式暴露出许多弊端，主要表现在效率不足和科研活力得不到很好的释放，为此以色列政府确立了首席科学家制度，把研发自主权、管理权等下放到政府多个部门，各部委可根据自己的实际需要制定科研政策、设定研发目标、发布科研项目、验收评估成果。在两任总统扎勒曼·夏扎尔（Zalman Shazar）和伊弗雷姆·卡齐尔（Ephraim Katzir）的极力推动下，原来属政府直接资助的大多数研究机构转由首席科学家办公室（The Office of Chief Scientist）领导，如拥有 1200 名员工的以色列农业研究中心就变成了农业部的一个直属机构，管理权划归农业部首席科学家办公室。首席科学家制度的确立标志着以色列科研制度的重大改革，也成为以色列科研体系的一大特色。到 20 世纪 80 年代，以色列政府加大了对科技研发工作的法律规范支持，通过了《产业研发促进法》（*The Encouragement of Industrial Research and Development Law*, 5744 - 1984）。与此同时，随着高等教育的发展与技术移民的增加，以色列已经形成了比较明显的人力资本优势，拥有强大的科研工作队伍。在此背景下，政府机构、高校与科研院所以及企业的研发布局进一步拓展，各自形成特色，并在一定程度上迸发出合力效应。以色列科研体系的进一步完善调动了研发部门与科研工作者的积极性，与国际社会的合作也取得了新的成效，从而为 20 世纪 90 年代以后的科技腾飞与国家创新发展创造了必要的条件。[①]

第一节　首席科学家制度的确立

首席科学家制度作为一种国际流行的科技管理模式，不仅在许多公司和企业中广泛应用，一些国家在政府的部委中也设有首席科学家或首席科学顾问，如英国 1964 年开始设立政府首席科学顾问（Government Chief Scientific Adviser），为首相和内阁提供科学咨询;[②] 澳大利亚首席科学家由科学部部长任命，是总理科学、工程和创新理事会的执行官，职责是向联邦政府提出建议，以确保在科技方面的公共投资集中于国家重点领域。[③] 古巴、捷克、印度、爱尔兰、马来西亚、新西兰等国也任命了自己的首席科学顾问。[④] 中国从 1986 年启动的"863 计划"到 1997 年的"973"计划，也推行了首席科学家制度。通常情况下首席科学家的主要任务是为不同的政策决策者提供咨询和依据;或对项目负总责，具有确定研究思路和技术路线、选聘人员、分配科研经费、组织项目实施等职责。然而与其他国家不同的是，以色列独

---

① 整体上看，本章内容以 1968 年以色列首席科学家制度的确立为上限，下限截至 20 世纪 90 年代初期，以大批俄裔高技术移民进入，促进了以色列高科技产业的腾飞为标志。但部分内容的论述会延续至 21 世纪以后，后文不再提及。

② Henry Rex, "The GCSA at 50: Reflections on the Past, Present and Future of Scientific Advice," Center for Science and Policy of University of Cambridge, November 18, 2014, http://www.csap. cam. ac. uk/news/article – gcsa – 50 – reflections – past – present – and – future – scient/, accessed March 25, 2021.

③ 姚蕴:《澳大利亚联邦政府的科技管理体系》,《全球科技经济瞭望》2003 年第 12 期。

④ 李思敏、樊春良:《充分发挥政府首席科学顾问的作用，让科学更好地融入决策——"政府首席科学顾问 50 周年纪念:思考科学咨询的过去、现在与未来"会议述评》,《科技促进发展》2015 年第 3 期。

特的首席科学家制度并不局限于决策咨询和项目管理，还是国家层面的科研管理制度，首席科学家直接参与科研政策的制定和国家研发计划的推行。首席科学家制度的组织架构是首席科学家办公室，后者自设立之日起便一直是政府主导科技研发、实施科技兴国战略的重要执行部门。

"国家主义"的执政方略在本－古里安 1965 年结束政治生涯后被延续下来。在"国家主义"原则指导下，以色列政府直接控制了国家的自然、经济资源，包括土地、水源、矿产、电力、交通设施等，并在银行、邮电、军火、矿产冶炼、化学化工等重工业和基础部门确立国家干预政策；政府通过财政、金融、税收政策宏观调节农业，并把农业基础性建设纳入国家预算。[1] 到 20 世纪 60 年代中期，以色列政府对经济的干预达到顶峰。同时以色列社会逐渐度过建国初期的困难，人民生活水平不断改善，国家治理水平得以提升，经济社会发展对科学技术的需求越来越大，政府随即加强了对主要经济部门的研发投入。原有的科研管理部门"国家研究与发展委员会"职能比较宽泛，对于政府研发行为的导向性、针对性反应不敏感；同时政府机构中普遍存在的官僚习性在一定程度上干扰了政府的科研政策。因此，建立更灵活、更有效的科研管理机构的呼声越来越高。加之"六日战争"的爆发对武器装备的依赖导致了对军工企业的更大需求，特别是法国突如其来的武器禁运[2]加剧了以色列的安全危机。"六日战争"结束后，空前高涨的国民情绪极大地激发了科技人员自主研发的积极性，以色列政府决定对科技研发给予更多的支持。

---

① Yoram Ben-Porach, *Israeli Economy： Maturing through Crises*, Cambridge： Harvard University, 1986, p. 114.

② 法国自苏伊士运河战争后一直是以色列最重要的盟友，以色列对法国武器的依赖程度很深。1958 年黎巴嫩和约旦发生动乱，美国和英国为防止黎、约两国转向激进的阿拉伯阵营，积极介入局势，此举获得了以色列的支持和拥护。由于法国视美、英为自己在中东地区维持影响力的对手，因此对以色列亲近美、英两国心生芥蒂。1958 年，时任以色列总статус佩雷斯访法寻求达成联盟计划未果，加之法以两国在巴勒斯坦难民、法属阿尔及利亚和法国援以的核设施建设等问题上存在分歧，两国关系出现隔阂。另外，法国在这一时期开始推行较为务实的中东政策，不再热衷于与以色列的军事合作，开始寻求维持中东地区的态势平衡，同时对于以色列在"六日战争"之前几年对周边国家采取的较为激进的政策颇为不满。"六日战争"爆发后，法国积极介入局势，公开谴责以色列，支持阿拉伯国家收复被占领土，并对以色列实施武器禁运，法以关系降至冰点。

以色列科研体系的演变

在此背景下，1968 年以色列政府首次召集了以卡齐尔为首的委员会研究国家科技政策，提议为军工研发注入大量资金，并建议政府在工业与商务部设立首席科学家办公室，政府授权其全面实施工业研究资助计划。同年，政府做出全面筹建首席科学家办公室的决议。① 1969 年，以色列政府在内阁的 13 个部门中分别设立了首席科学家办公室。后来内阁增至 14 个部门，包括经济与产业部②，国防部，公安部，卫生部，环保部，交通部，通信部，教育部，科学技术部③，国家基础设施、能源与水资源部、农业与乡村发展部，建设与住房部，社会事务部，阿里亚与融合部④，首席科学家办公室的总部设在以色列经济与产业部。以色列经济与产业部历任首席科学家名录（1969～2016 年）及以色列各部委现任首席科学家名录见表 3 -1、表 3 -2。

表 3 -1　以色列经济与产业部历任首席科学家名录（1969～2016 年）

姓名	任期
以撒·雅各布（Yitzchak Yaakov）	1969～1977 年
阿里·拉维（Arie Lavie）	1977～1983 年
伊戈尔·埃利希（Yigal Erlich）	1984～1992 年
约书亚·莱特曼（Yehoshua Gleitman）	1993～1996 年
奥尔纳·贝里（Orna Berry）	1997～2000 年
卡迈尔·维尼亚（Carmel Vernia）	2000～2002 年
埃利·奥佩尔（Eli Opper）	2002～2010 年
阿维·哈森（Avi Hasson）	2011～2016 年
阿米·阿佩尔鲍姆（Ami Appelbaum）	2017 年至今

---

① Uzi De Haan and Boaz Golany, "The Land of Milk, Honey and Ideas: What Makes Israel a Hotbed for Entrepreneurship and Innovation," in John Sibley Butler and David V. Gibson, eds. , *Global Perspectives on Technology Transfer and Commercialization: Building Innovative Ecosystems*, p. 132.

② 该部门不同时期名称不同，在跨时期、不便介定名称的情况下，为叙述方便，采用现名经济与产业部。

③ 科学技术部（Ministry of Science and Technology）自成立后多次更改名称，曾用名有科学与发展部（Minister of Science and Development），科学与艺术部（Minister of Science and the Arts），科学部（Minister of Science），科学、文化与体育部（Minister of Science, Culture and Sport），科学技术与空间部（Minister of Science, Technology and Space）等，书中出现的上述名称都指代这一部门。

④ 阿里亚与融合部（Ministry of Aliyah and Integration）曾用名有移民部（Ministry of Immigration）、移民与吸收部（Ministry of Immigration and Absorption）等，本书中出现的上述名称均指代这一部门。

表 3 - 2 以色列各部委现任首席科学家名录

部委	姓名
经济与产业部	阿米·阿佩尔鲍姆（Ami Appelbaum）
国防部	摩西·戈尔德贝格（Moshe Goldberg）
公安部	埃迪特·哈基米（Idit Hakimi）
卫生部	艾维·以色列（Avi Yisraeli）
环保部	锡纳亚·内塔尼亚胡（Sinaia Netanyahu）
交通部	谢伊·索弗（Shay Sofer）
通信部	阿米尔·阿德勒（Amir Adler）
教育部	阿米·沃兰斯基（Ami Volansky）
科学技术部	亚历山大·布莱（Alexander Bligh）
国家基础设施、能源与水资源部	布拉查·哈拉夫（Bracha Halaf）
农业与乡村发展部	艾维·珀尔（Avi Pearl）
建设与住房部	本·克里格勒（Ben ZionKryger）
社会事务部	优素福·阿哈诺夫（Yosef Aharonov）
阿里亚与融合部	泽埃夫·哈宁（Zeev Hanin）

注：各部门名称不同时期有变动，为行文方便采用现名，一些引用的历史资料采用当时的名称。

资料来源：Israel Science and Technology Directory, http://www.science.co.il/gov/Chief - scientists.php，访问日期：2021 年 4 月 11 日。

首席科学家办公室自设立以来，一直作为以色列政府引导科技研发、贯彻国家战略的主要部门和核心机构，在行业发展、人才建设、政策制定、经费使用、资源分配等方面发挥了重要的作用。虽然从 1973 年第四次中东战争到 20 世纪 80 年代末，以色列的整体经济形势一直持续衰退，但其科学技术的发展始终势头不减。在这一时期，首席科学家办公室的资源配置、管理模式更为成熟、管理职能不断完善、机制也越来越健全。

20 世纪 90 年代是以色列经济的变革时期，高科技产业成为国际潮流，以色列的科学技术更是迎来井喷式发展。政府大力发展风险投资行业，积极推进金融体系的自由化和私有化改革，逐渐放宽金融管制，并大量向高科技产业投放资金。1993 年首席科学家办公室成立亚泽马（Yozma）国有风投公司标志着以色列的风投产业粗具规模，仅 1992 年一年以色列风投资金就激增至 1.62 亿美元[①]，1999 年为 10 亿美元，到 2001 年增长至 32 亿

---

① 〔以〕莱昂内尔·弗里德费尔德、〔以〕马飞聂：《以色列与中国：从丝绸之路到创新高速》，彭德智译，第 103 页。

美元。① 1993～2000 年，以色列的风投基金从 3 家增长到 100 家。② 苏联解体后导致数以百万计的东欧犹太人移民以色列，其中有大量的科学家、工程师等高科技人才。人口的激增导致社会就业饱和，再加上政治文化等原因导致新移民很难尽快融入以色列社会，很多人因找不到适合自己的工作，纷纷开始创业。但由于不熟悉市场和商业化的规律，创业者面临缺乏启动资金和商品推广途径等瓶颈问题。于是首席科学家办公室推出孵化器（Technology Incubator）计划，充分利用高科技移民的技术优势，为其提供合适的资金支持和技术环境。政府还审时度势地推行引智计划，邀请外国科学家赴以色列工作，并鼓励科研人员回归。同时，首席科学家办公室还积极推进国际合作，先后与加拿大、新加坡、韩国、美国等国家共同建立了双边、多边研发基金，如美国－以色列工业研究和开发基金会（The Israel-Unit State Binational Industrial Rrsearch and Development Foundat，简称 BIRD-F）、加拿大－以色列工业研发基金会（CIRDF）、韩国－以色列工业研发基金（Korea-Israel Industrial R&D Foundation，简称 KORIL-RDF）等。以色列还成为第一个参与欧盟研发框架计划（Framework Programmes for Research and Technological Development）的非欧洲国家，通过签署多边协议加入了全球最大的工业创新项目"尤里卡计划"（EUREKA for Industrial R&D Cooperation）、欧洲卫星导航和定位系统项目"伽利略计划"（The Galileo Project）、促进欧洲科研合作的欧洲智能电网（ERA-Net）和促进欧盟科研与创新的第八期框架计划"地平线 2020"（Horizon Europe 2020）等。③

    以色列各部委首席科学家办公室的最高负责人为首席科学家，该职位由各部部长提名并任命，聘期并无明确规定。政府在选择首席科学家时通常注重其权威性、与其他领域和研发实体之间的协调能力，因此候选人大多是各

---

① State of Israel Ministry of Industry and Trade Office of the Chief Scientist, *Encouragement for Industrial R&D In Israel Law*, http://www. donner－tech. com/israeli_ r_ d_ law. pdf, accessed July 4, 2018.

② 〔以〕顾克文、〔以〕丹尼尔·罗雅区、〔中〕王辉耀：《以色列谷：科技之盾炼就创新的国度》，肖晓梦译，第 104 页。

③ 〔以〕莱昂内尔·弗里德费尔德、〔以〕马飞聂：《以色列与中国：从丝绸之路到创新高速》，彭德智译，第 101 页。

领域的领军人物——声名卓著的大学教授、经验丰富的政府部门领导或大企业的负责人等。首席科学家之下通常设有副首席科学家、首席科学家秘书和联络办公室主任。每个部委的首席科学家办公室基于不同的行业需求，其组织和人员构成也略有不同。如经济与产业部首席科学家办公室下设由部长提名的首席科学家（任期 3～5 年，制定科技政策、规划和日常管理工作中可以独立行使权力，不受制于部长等上级领导）和 3 位副首席科学家，共有 30 个编制和 100 多位技术人员，分为数个小组负责不同的事务。①

随着以色列科研体系的不断发展，首席科学家办公室的分工也更加科学和细化，每个部委的首席科学家办公室制定本部门的政策方针，设置研发任务，公布资助项目，并对地方研究机构行使管理和监督权。同时还负责以色列政府拨发的研发专项资金分配标准的制定、批准立项和资金使用。首席科学家办公室还为新公司和新项目提供组建方案、企业策划、营销策略等方面的咨询。② 在服从国家整体战略的前提下，根据各领域实际情况，每个首席科学家办公室的具体职责有所不同。例如：经济与产业部首席科学家办公室负责政府经济产业研究政策实施，通过技术创新来确保经济繁荣，目的在于利用现有的技术和学科基础，推动以色列的经济发展，依托增加以色列境内高科技产品的生产出口，改善以色列的贸易平衡，最终提高以色列市场的经济效应和世界地位。环保部首席科学家办公室资助与以色列生态发展和环境相关的科研和企业活动；促进与国际环保研究机构和国际团体的联系，参与相关组织和计划；组织以色列环境保护科学领域的学习、培训和专业研讨会，并加强与学术界、工业界等领域和其他部委的联系；收集国家和国际组织的环境数据；等等。③ 移民安置部首席科学家办公室聚焦于移民就业和教育问题，同时通过孵化器帮助具有创新思想和创业意愿的移民获得适当的研发条件。国家基础设施、能源与水资源部首席科学家办公室致力于维护和发展实现政策所需的物力、人力与技术基础设施，同时专注于培训该行业专业

---

① 王泽华、路娜编著《以色列科技概论与云以科技合作透视》，第 21～22 页。
② 参见张倩红《以色列经济振兴之路》，河南大学出版社，2000，第 112 页。
③ 可参见以色列环保部官方网站，http://www.sviva.gov.il，访问日期：2021 年 1 月 11 日。

人才和鼓励先进产业，并在学术界和工业界持续投入研发资金。为避免各部委首席科学家办公室在日常工作中由于专业领域鸿沟和互相缺乏了解所造成的政策偏差、资金投入重叠或遗漏、资源分配不合理等现象，2000 年以色列又设立了首席科学家联席会议，由科技部部长担任主席，定期组织各部委首席科学家参加论坛，互相交流。

以色列首席科学家办公室在不同年代紧跟国际科技前沿与世界经济走向，围绕国家重大需求与阶段性发展战略，发布国家科研计划、配置研发资金、设定研发专项，以此来引导国家科研活动走向。例如 20 世纪七八十年代，医疗、微电子、生物科学技术、新能源、空间开发和海洋开发等高科技项目是首席科学家办公室主要鼓励的科研方向。90 年代初期，首席科学家办公室根据大量移民的实际情况，出台孵化器计划支持中小初创企业，同时顺应全球风投行业发展的趋势，逐渐放宽对国外企业投资准入资格的标准，鼓励国际合作。近年来在以色列实施国家创新驱动战略、形成创新经济体的过程中，首席科学家办公室陆续出台了一系列创新鼓励项目，包括竞争性研发项目、预种子与种子计划、预竞争与长期研发项目等（见表3 – 3），并不断追加资金投入，其中预竞争与长期研发项目中的磁铁计划（MAGNET）资金投入总额从 1991 年的 30 万美元增长至 2000 年的 700 万美元。① 2000 ~ 2014 年，首席科学家办公室所有支持项目的总预算有所降低，从 18. 15 亿新谢克尔降至 9. 61 亿新谢克尔（见图 3 – 1）。通信领域获得的资助从 2002 年的 40% 降低到 2012 年的 28%，但仍然是各部门中获得资助份额最多的；生命科学的资助份额从 18% 上升至 25%（见图 3 – 2）。2005 年，工业、贸易与劳工部首席科学家办公室出台了一项鼓励工业研发创新的特别项目（可与其他主体项目同时申请），凡具有技术创新和市场营销潜力的项目均可申请，可获得项目需求 50% 的资金支持（边缘地区可获得 60%），且资助金额没有上限。

---

① Manuel Trajtenberg, "R&D Policy in Israel: An Overview and Reassessment," *Innovation Policy in the Knowledge-based Economy*, 2001, pp. 409 – 454.

表 3 - 3 首席科学家办公室实施中的主要创新鼓励项目

项目大类	计划名称	主要内容
竞争性研发项目	研发支持基金	条件符合《产业研发促进法》的以色列企业均可申请,项目年度总预算约 15 亿谢克尔,资助获批企业研发预算的 20% ~50%
	网络安全产业升级基金	总预算 8000 万谢克尔,由首席科学家办公室和以色列国家网络局负责,旨在促进最新网络防伪技术的研发和网络安全中心的建立
	空间技术研发基金	由首席科学家办公室和科技部设立,获批立项的企业可获得长达 36 个月、总额不超过 2000 万谢克尔的资助
	人类特殊性需求技术研发基金	鼓励弥补人类在身体、心理、精神等方面残疾的应用型技术研发。其中非营利性组织可获 85% 的资助;营利性企业可获 65% 的资助,每一立项不超过 2 年和 60 万谢克尔的资助
预种子与种子计划	创新企业鼓励计划	旨在扶持个人创业者与初创企业。申请成功者获取预算 85% 的资助,最高资助金额为 25 万谢克尔
	技术孵化器	旨在为创业者提供最初的研发资助,依托孵化帮助初创企业达到自我筹集资金、自我运营的盈利状态
	青年企业家计划	为确保以色列在未来的高科技产业竞争中保持优势地位,培训计划模拟创业的各个阶段
预竞争与长期研发项目	磁铁计划[1]	1993 年发布,目的是发展以色列的工业基础设施和高科技研发活动,促进技术从学术界到产业界的转移。对企业[2]的项目进行 3 ~5 年的资助,成功立项者一般获取所需预算的 66%,但科研机构所获资金比例最多达 80%
	磁子计划	规模和资助力度较小,鼓励科研机构与企业形成一对一的合作关系,最终促成技术创新由科研机构转向工业生产企业的科技研发活动

资料来源: OCS, "R&D Incentive Programs: Entrepreneurship Innovation R&D Cooperation Technology," OCS, 2014, pp. 7 -25。

首席科学家办公室对项目的管理主要体现在审核申请和后续监督。首先, 首席科学家办公室经研究后公布各领域的优先研发目标, 然后接受申请者的申请。申请人通过在线系统向首席科学家办公室研究委员会提交一份严

---

[1] 磁铁计划（MAGNET, 希伯来语缩写）的资助者是 "磁铁联盟", 由工业公司和学术机构组成, 目的是共同开发通用的具有竞争力的技术。

[2] 该计划要求参与的企业仅限以色列建立的企业或外国公司在以色列的子公司。参见 Manuel Trajtenberg, "R&D Policy in Israel: An Overview and Reassessment," *Innovation Policy in the Knowledge-based Economy*, 2001, pp. 409 -454。

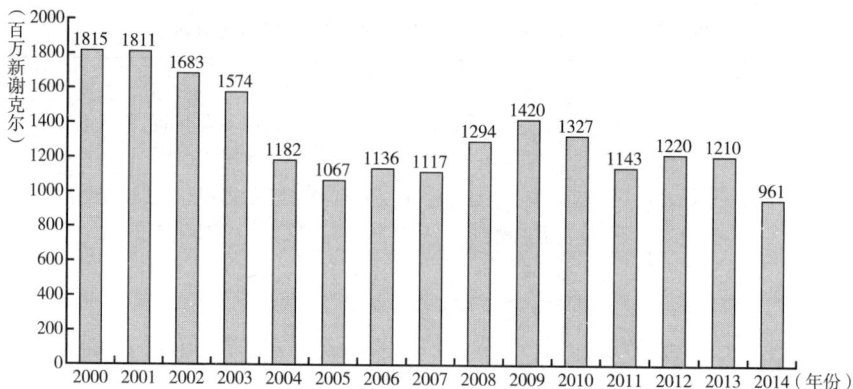

图 3-1 以色列首席科学家办公室所有支持项目的总预算（2000~2014 年）

资料来源：Eran Leck, Guillermo A. Lemarchand and April Tash, eds., *Mapping Research and Innovation in the State of Israel*, p. 42.

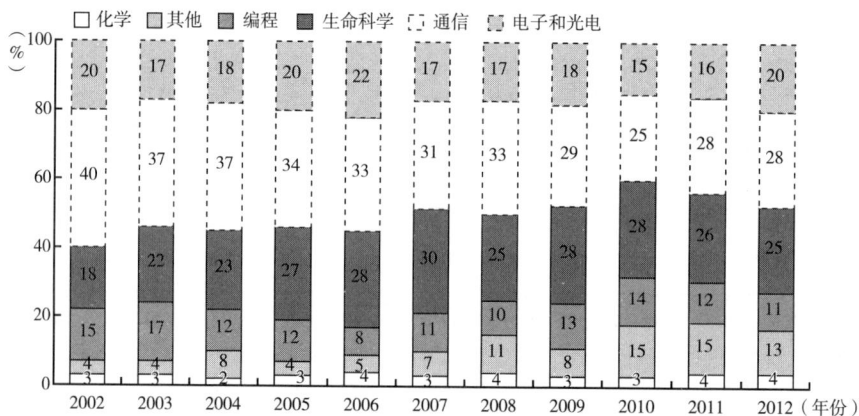

图 3-2 以色列首席科学家办公室资助领域的分布（2002~2012 年）

资料来源：Eran Leck, Guillermo A. Lemarchand and April Tash, eds., *Mapping Research and Innovation in the State of Israel*, p. 43.

格基于相关规定的详细计划，项目必须由申请者本人主持。研发委员会负责项目审核，由首席科学家担任主席，主要成员由专家学者、资深公务员、公众代表等 10 人组成，通常包括首席科学家、副首席科学家、3 位该领域专家、2 位公共代表、2 位财政部专家和法定代表人。一旦项目被批准，委员会还将讨论决定项目预算、支持年限等。之后与申请人签订协议并先行拨付部分资金，申请人需要通过提交后续更详细的技术和财政报告来得到其余资助，资助的金额要求重点投入研发和制造环节，通常占整个预算的 20% ~ 50%（其余部分要求私人资金或风险投资资金匹配），个别特殊项目可高达 66%。对项目的评价标准通常集中于技术层面和商业方面，前者主要包括创新度、创意、风险、技术资产等，后者则集中于潜力、市场、营销、客户、利润、制造、经济效益等。此外申请人所在公司的实力和国际合作也是重要的考察标准。[1]

项目批准后，首席科学家办公室将监管其研发、生产和销售等过程，企业需定期向首席科学家办公室提交报告。首席科学家办公室还要求企业做出的任何决策都报首席科学家办公室批准，尤其对项目变更、企业控股权的转移、与第三方的合作、生产基地的变换、债务重组和破产程序等，都有详细严格的要求。首席科学家办公室对不同企业和不同资助项目通常会有一些额外的鼓励或限制，以此来引导发展方向，规范企业研发行为和资金使用过程，起到保护知识产权，维护国家利益的作用。例如最开始规定，受助项目的专有技术和产品制造权不经允许不得向国外转让，到 20 世纪 90 年代后逐渐放宽限制。首席科学家办公室对企业获得的国外研发投资进行一定数额的匹配。首席科学家办公室还出台鼓励在非城市中心地区发展工业的长期政策，在这些地区开展工业研发能得到额外 10% 的政府补贴。[2]

以农业部首席科学家办公室为例，该部门有正式和兼职员工百余人，主要来自高校、科研机构和技术推广机构等。农业部首席科学家办公室是政府农业决策机构全国农业科技管理委员会的执行部门。该委员会专注于发现和弥合农业研究发展过程中的知识缺口，造福农民、公众和环境，其主要职责包括参与制定农业科技发展相关政策；发布农业科研项目索引和资助指南，

---

① Ran Arad, "The Israeli Innovation Landscape and the Role of the OCS," EEN Spain Annual Conference, June 26, 2015, http://www.vccafe.com/wp - content/uploads/2016/05/High - tech - sector - in - israel - role - of - OCS. pdf, accessed April 11, 2021.

② Manuel Trajtenberg, "R&D Policy in Israel: An Overview and Reassessment," *Innovation Policy in the Knowledge-based Economy*, 2001, pp. 409 - 454.

并监督和评估后续的落实情况；收集、分析和研究各类最新农业科技和农产品，并推广至基层。农业部首席科学家办公室每年将收到的申请筛选后向全国农业科技管理委员会报告审批。项目立项并获得首批资助后，由委员会根据首席科学家办公室提交的年度报告决定是否继续资助。除农业部直接资助的研究项目外，其他涉及农业的科研项目都归口于农业部首席科学家办公室进行统一管理。① 农业部首席科学家办公室目前的项目主要集中于市场和农村发展政策、食品安全和质量、灌溉和水资源管理、农业生物技术、养殖技术、有机农业、农业对气候变化威胁的应对措施、新产品研发等。农业部首席科学家办公室还与其他部门合作关注生态农业和林业、生物多样性和基因库、改善农业相关能源使用和生产、未来的农业的植物功能基因应用等。②

以色列经济与产业部前部长阿里耶·德利（Aryeh Deri）指出：首席科学家办公室的高效运作，包括其对以色列各行业的支持，为当地经济和维护以色列的技术在全球范围的领导地位做出了重大贡献。纵观其发展历程，首席科学家办公室不仅是国家科研政策的制定者、研发体系的顶层设计者，也是重大国家专项的具体参与者。在"国家主义"政策背景下，首席科学家制度在移民安置、发展公有制经济、扶持军工产业、服务农业发展等方面发挥了重要作用；在外向型经济发展阶段，首席科学家制度把鼓励出口企业作为支持重点，推进研发方面的国际合作，提升了以色列科技制度的开放度与国家化程度。20 世纪 90 年代以来，首席科学家制度在支持以色列高科技产业集群化发展、孵化新企业，落实国家创新战略方面立下了汗马功劳。其具体作用可主要归纳为以下几个方面。

第一，落实了国家有关科技发展的法律政策。以色列政府对投资和创新给予法律上的保证，在促进研发、规范商业转化行为、保护知识产权等方面颁布了数部法律，首席科学家办公室在不同时期都依据法律规定，调整相关

① 关于以色列农业科技管理体系的详细内容，可参见盛立强《首席科学家办公室在以色列农业科技管理体系中的地位与作用研究》，《世界农业》2013 年第 4 期。

② "Agricultural Research in Israel", The Office of the Chief Scientist Ministry of Agriculture and Rural Development, http://www.ppis.moag.gov.il/agri/English/, accessed October 11, 2019.

政策，主导研发导向，并全程参与项目实施过程，保证了科技政策的准确性、资金分配的合理性和法律落实的时效性。

第二，充分发挥了国家研发经费对经济的引导与杠杆作用。以色列政府一直通过首席科学家办公室来主导国家创新发展方向。以色列虽然具有极强的科技实力，但现代科技门类多样，涌入科技领域的资金数额巨大，包括政府的投入、私人或企业的风险投资等。为尽可能避免资金投入的混乱，减少不必要的浪费，以色列首席科学家办公室一直注重资金的合理调配，通过多渠道的信息反馈，及时调配资金。近年来，以色列首席科学家办公室着眼国际市场，以提高国家创新竞争力为目标，对创新型研发项目优先资助，并鼓励其最大化的市场效益与最高端的科研产出。虽然科技研发被广泛认为是公司发展和技术进步的主要催化剂，但研发的成功率谁也不能保证，很多企业很难承担研发失败的后果，因此私人部门的投资人对研发投资往往很谨慎。首席科学家办公室为先期研发阶段提供资助并分担风险，大大提高了私营企业的科研积极性，减少了投资的不确定性，在很大程度上确保了成果的产出。

第三，大力推进国家引智计划，囤积高层次人力资源。受市场狭小、国家安全形势不稳定等因素的影响，以色列一直面临人才外流的问题。1985 ～ 2010 年，以色有超过 2500 名博士和医学毕业生在国外定居时间超过一年。[1] 以色列人才主要的流向地是美国。根据 2008 年的一项统计，每 100 名以色列高等院校的科研人员中有 29 名选择前往美国，这一比例远高于其他国家。对此，以色列推行人才引进计划，聘请全球著名的犹太裔科学家赴以色列进行科研工作，吸引他们定居以色列，并承认其双重国籍。2010 年，国家人才引入计划（The Israel National Brain Gain Program）出台后，工业、贸易与劳工部首席科学家办公室在人才引进方面承担了大量的协调与推进工作，在国家落实人才战略方面发挥了重要作用。

第四，在科研院所与企业之间充当桥梁与媒介，提升了产学研的结合

---

① Naama Teschner, "Information about Israeli Academics Abroad and Activities to Absorb Academics Returning to Israel," *The Knesset Research and Information Center*, January 30, 2014, pp. 1 – 10, https：//m. knesset. gov. il/EN/activity/mmm/me03375. pdf, accessed March 25, 2021.

度。官、产、学的高度一体化是以色列科技发展的一大特色，高校和企业是创新的两大重要主体。首席科学家办公室鼓励企业与高校及科研院所建立密切联系，实现深度合作。此外，首席科学家办公室还引导以色列各大学成立相应的技术转移机构，专门负责科研成果的商业化运作。

综上所述，首席科学家制度的确立是以色列政府主导科技发展、建构国家科研体系的重要举措，也是以色列科技管理制度的重要组成部分。首席科学家办公室的运作模式极大地保障了国家科研投入的有效推进，成为以色列经济发展的助推器。以色列首席科学家办公室自成立起，就与国际同行大力合作，并通过建立基金和签订协议使双边和多边的研发伙伴关系更为密切。

第二节　国家立法与研发投入

早在 1959 年 8 月，以色列政府就颁布了《资本投资鼓励法》(*Encouragement of Capital Investments Law*, 5719 – 1959)，该法旨在增加以色列国内的资本投资体量，提升发展经济的主动性，鼓励国内和国外资本优先考虑在以色列欠发达地区的投资和研发活动。该法的目的是充分高效地利用现有企业的资源和潜力，提高国民经济的研发能力与生产能力；改善国家的收支平衡，减少进口并增加出口；吸收移民，并按计划在不同区域分配人口并增加就业来源。主要措施包括拨款计划和自动税收优惠计划，获准企业可获得 10% ~32% 的固定资产费用支持，并享受 7 ~15 年的公司税优惠。[①] 同年又依据此法成立了以色列投资中心 (Israel Investment Center，简称 IIC)，其主要职责是为符合标准的投资者颁发许可证，给予税收、资金等方面的扶持。[②]

1948 ~1973 年，战后世界科技革命的巨大动力与西方长达 20 年的经济繁荣期 (1953 ~1973 年) 给以色列经济的发展带来了有利的外部条件，再

---

① 可参见 *Encouragement of Capital Investments Law*, 5719 – 1959, https：//knesset. gov. il/review/ data/eng/law/kns3_ investments_ eng. pdf，访问日期：2021 年 5 月 20 日。

② 参见以色列经济与产业部官方网站，https：//www. gov. il/he/Departments/ministry_ of_ economy，访问日期：2021 年 4 月 18 日。

加上政府干预、需求增长、外贸格局打开等一系列因素的作用，以色列经济虽然历经战乱与波动，但保持了波浪式增长，20 世纪 50 年代的平均增长率为 11% 左右，20 世纪 60 年代保持在 9%。经济增长的同时，政府加大了对基础研究的投入。为了加强管理，1972 年政府设立了基础研究基金（The Branch for Basic Research），隶属于以色列科学与人文科学院，最初每年只有 40 万美元的预算。其经费的 96% 来自政府财政拨款，是国家基础研究资金的主要来源。到 1992 年，基础研究基金更名为"以色列科学基金"（Israel Science Foundation，简称 ISF），成为独立法人非营利组织，年度预算达到 5000 万美元。以色列科学基金由理事会负责总体规划，下设主管负责具体运营，设有财务部、行政管理部、社会科学部和人文科学部等 9 个部门（见图3－3）。其资助的项目类别中，个人研究基金（相当于面上基金）是其核心项目，也被认为是最成功的一类项目，其经费占总经费的 75%。该基金采用同行评议制度遴选资助项目，每份申请必须首先通过 6～8 位世界一流同行的通讯评议，然后由专家委员会做进一步评审。资助率为 35%～40%，实际的资助数额要视评委对其科学性和实际需要的评审情况而定。除了个人研究基金外，以色列还设立了研讨会基金、新教员基金、博士后奖学金等。[1]

1973 年第四次中东战争导致以色列国内经济形势急转直下，GDP 增长率跌至 3% 左右，通货膨胀居高不下，贸易逆差持续加大。同时战争瓦解了犹太人高度膨胀的自信心，海外犹太移民数量下降。为了摆脱经济危机，以色列政府积极推进出口导向型战略，极力发展高科技产业，鼓励原有工业部门升级改造。为适应经济转型与技术密集型产业的发展需求，1984 年以色列政府前瞻性地推出了第一部关于促进产业研发的法律——《产业研发促进法》，该法是以色列政府鼓励、规范企业创新的根本法，30 多年来根据经济形势发展不断被修订、完善，至今依然是产业研发最主要的法律依据，也标志着以色列科研体系进入成熟期。该法的内容共分为八章。

---

① 张英兰、张梅：《以色列科学基金（ISF）简介》，国家自然科学基金委员会网站，http://www.nsfc.gov.cn/publish/portal0/tab110/info18946.htm，访问日期：2020 年 5 月 25 日。

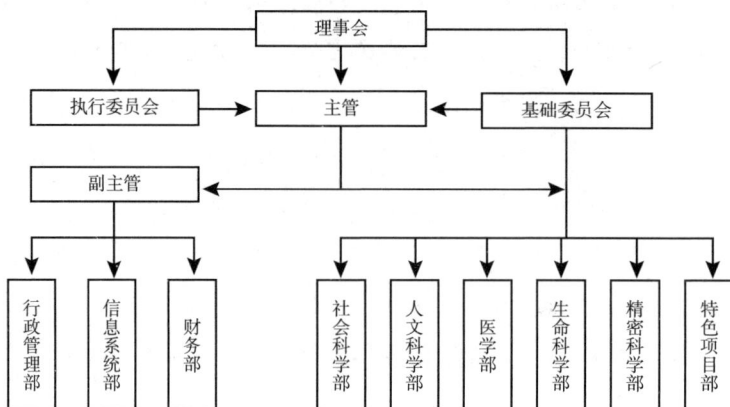

图 3 - 3　以色列科学基金组织结构

资料来源：以色列科学基金网站，http：//www.isf.org.il/#/organizational - structure，访问日期：2021 年 2 月 22 日。

第一章：总则。阐释了其法律目标、执行机构等。

第二章：相关概念。对法律条文中所涉及的计划、产品、研发等方面的概念进行了界定。

第三章：产业研发的组织机构。规定了机构的建立、管理、负责人、研究委员会组成等。

第四章：批准与上诉。规定了项目申报的计划要求、立项程序、计划变更、国内及国际技术转移等。

第五章：权益。规定了政府对企业的立项资助额度（可相当于研发总费用的 30% ~66%。30% 主要针对现有产品的改造升级；50% 主要针对新产品的开发与加工；66% 主要针对新兴企业的研发支持）。

第六章：创新技术基金。规定了研发支持基金的建立、使用及管理。

第七章：国际合作。对研发跨国合作的相关情况进行了规定。

第八章：一般规定。规定了项目的终止、撤销、经费返还等。[①]

---

① 可参见 *Encouragement of Industrial Research and Development Law*，5744 - 1984，https：//www.fakongjian.com/int_ doc/laws/20160601/0256/il086en201606 01025638.pdf。

《产业研发促进法》的立法目标主要有两个方面：一方面是通过发展本土以科学技术为基础、以出口为导向的产业来促进以色列的贸易发展，改善国际收支平衡状况；另一方面，利用以色列高水平的科学和技术劳动力，在境内开发高技术产品，减少同类货物的进口，也创造更多的就业机会。《产业研发促进法》的主要执行和监督部门是首席科学家办公室。《产业研发促进法》从法律层面完善了以色列国家层面的科研管理制度，其作用主要体现在以下几点。

第一，进一步明确了政府对于科研基金的科学和集中管理原则。《产业研发促进法》决定成立"科学研究委员会"（The Research Committee），其主席由首席科学家担任，负责实施委员会的决定，其主要职责是根据首席科学家办公室编制的预算方案，发布、批准研发项目，设置评审条件。科学研究委员会设主席、副主席，7 名成员分别来自工业与贸易部（2 人）、财政部（2 人）、产业界 2 人（其中 1 人必须具备科技知识背景）、公众代表（1人，具有 10 年以上的产业管理经验），可见这是一个具有复合型特色的决策机构。

第二，《产业研发促进法》对国家科研基金的设立、投入流向、申报程序、过程管理做了最为详尽的规范。根据《产业研发促进法》国家设立研发支持基金，用于扶持研发。一般情况下，一半以上的申报企业可以获得资助，但申报企业必须具备三个条件：研发必须由申报企业组织实施，不得委托、不得转让；接受政府资助所取得的最终研发成果必须在以色列境内组织生产，受助企业不得向国外转让技术；专利成果不得转让或出售给第三方。政府对支持企业的遴选采用"中立"原则，不分企业性质（私营企业与国有企业同等对待）、不论企业规模，但企业的发展方向必须明确为"基于科学为基础的出口导向型"产业，必须促进科学研究、技术开发的应用，必须以开发新产品、拓展新市场为目标。

第三，《产业研发促进法》充分体现了政府主导科研的理念，政府不仅分担企业的研发风险，也分享创新发展的成果。以法律的形式规定了政府资助经费的返还制度，可以说是以色列的科研制度的一大特色。《产业研发促进法》的核心目的在于通过立法明确政府对工业研究、创新和开发的推动作用，从政策立法方面完善以色列的研发体系。

《产业研发促进法》是以色列研发事业的基本立法，为了使研发资助制度符合国家的经济发展导向，从 1984 年到 2015 年，以色列政府曾对《产业研发促进法》进行了七次修订，特别是 2012 年的修订案提出"接受政府资助所取得的最终研发成果及其企业必须在以色列境内生产新产品，不得向国外转让技术"，规定了以色列企业终止在以色列境内的运营、面向国外市场的技术转移应该遵守的规则及专利权费额度。

除了立法以外，为了促进经济转型，实施创新发展战略，以色列政府20 世纪 60 年代末进一步加大对科研的投入。从 1969 年到 20 世纪 80 年代中期，政府用于工业部门的科研支出持续攀升。到 1987 年，以色列政府对工业与农业领域的拨款超过 40%，拨款占比大大超过加拿大、美国、英国、法国，居全球首位；用于提高知识水平的拨款（主要拨付给大学）为35%，拨款占比低于荷兰、瑞典、加拿大、英国、法国，但远远高于美国（见图 3-4）。

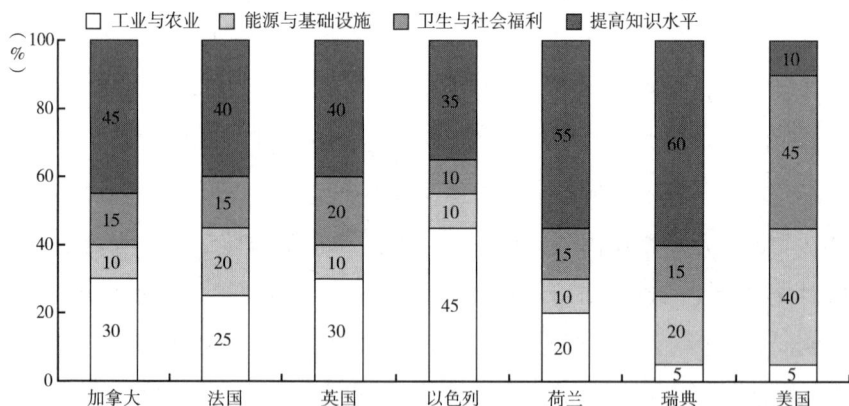

图 3-4　各主要国家政府对社会经济领域研发拨款占比比较（1987 年）

资料来源：Israel Information Center, *Fact about Israel*（1992），Jerusalem：Ahva Press, 1992, p. 179。

　　长期以来，以色列政府通过多个渠道为研发争取资金支持，增强经济活力。到 90 年代初期，以色列研究与开发费用的 70% 来自政府及公立部门，其余则来自各种形式的基金、企业投资及国外犹太人的捐款。以色列民用研发总支出占 GDP 的比重在全世界一直名列前茅，20 世纪 60~70 年代保持在 1% 左右，80 年代末已经超过 2%，并且连年上升，到 2000 年达到 4.22%（见图 3-5）。① 民用研发投入占 GDP 的比重是衡量一个国家研发水平的重要的指标，联合国教科文组织的统计数据显示，1995 年以色列民用研发总支出占 GDP 的比重低于日本、瑞士，但高于美国、英国、加拿大等国（见图 3-6）；1990~2013 年除了个别年份，以色列民用研发支出总额上升趋势非常明显（见图 3-7）。以色列民用研发支出的分布以高校为主、产业次之。根据以色列科学发展部的数据，1974~1983 年，大学的民用研发支出占比高于企业与政府研发支出占比（见表 3-4）。

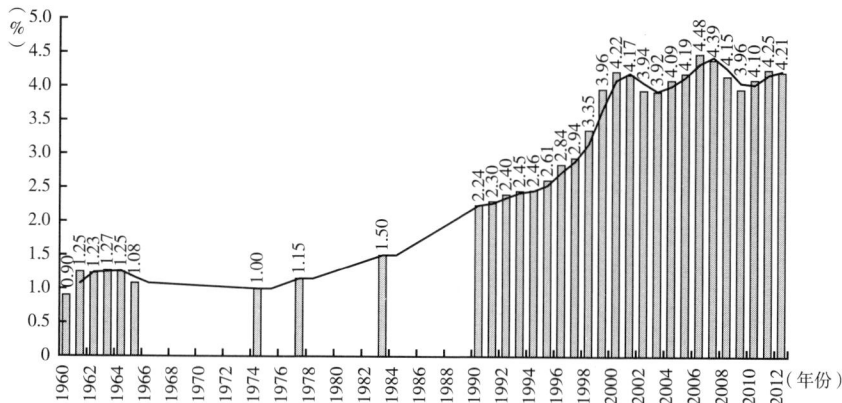

图 3-5　以色列民用研发总支出占 GDP 的比重（1960~2012 年）

资料来源：Eran Leck, Guillermo A. Lemarchand and April Tash, eds., *Mapping Research and Innovation in the State of Israel*, p. 85。

---

　　① 研发总支出占 GDP 的比重世界均值一般在 2% 左右，而以色列自 2000 年超过 4% 后，直到今天一直居世界前列。

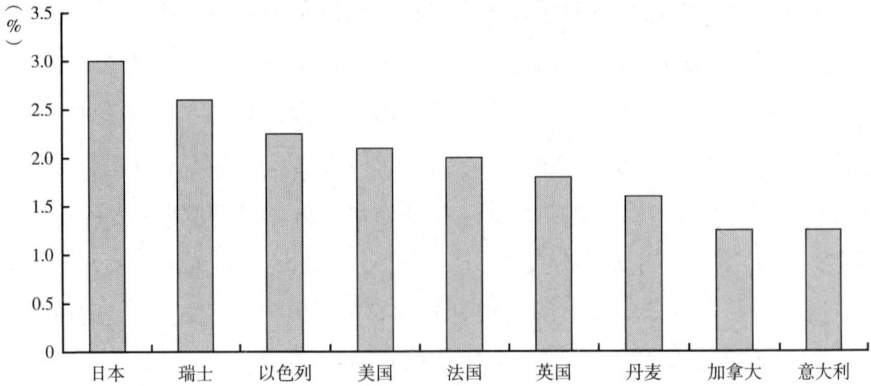

图 3 - 6　民用研发总支出占 GDP 比重的国际比较 （1995 年）

资料来源：UNESCO，*UNESCO Statistical Yearbook 1995*，Paris：UNESCO，1995.

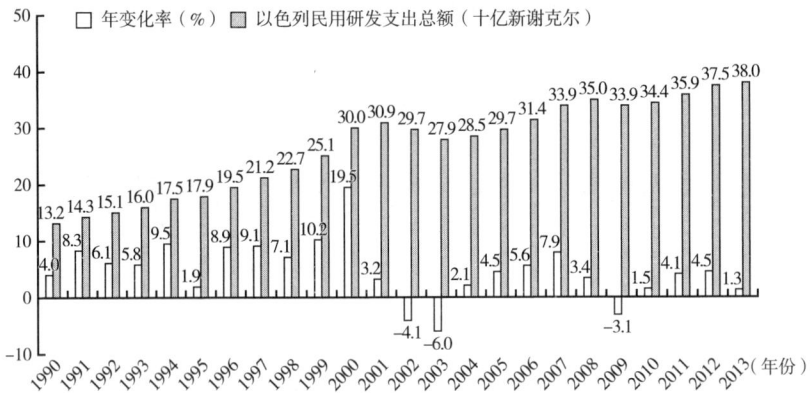

图 3 - 7　以色列民用研发支出总额及年度变化率 （1990～2013 年）

资料来源：Israel Central Bureau of Statistics；Eran Leck，Guillermo A. Lemarchand and April Tash，eds.，*Mapping Research and Innovation in the State of Israel*，p. 84。

表 3 - 4　以色列民用研发支出分布占比 （1974～1983 年）

单位：%

年份	大学	企业	政府
1974～1975	60. 0	22. 0	18. 0
1978	45. 0	43. 0	12. 0
1982～1983	47. 0	37. 0	16. 0

资料来源：〔以〕莫里斯·托伊贝尔：《以色列创新体系：状况、绩效及突出的问题》，〔美〕理查德·R. 尼尔森编著《国家（地区）创新体系：比较分析》，曾国屏、刘小玲、王程韡、李红林等译，第 608 页。

　　以色列的教育投资也一直被世人称道，用梅厄夫人的话来说"对教育的投资是最有远见的投资"。以色列的教育经费大部分由政府提供，同时也鼓励世界犹太人捐资教育，1978 年之后政府开始征收教育税。20 世纪 60 年代初，以色列教育经费占 GDP 的比重为 6%，70 年代初上升到了 7.5%，1975/1976 财年以后则长期保持在 8% 以上，1992/1993 财年达 9%，2014/2015 财年更上升至 10%，长期居世界前列（见表 3 - 5）。1990 年，国家对学生的人均教育支出是 9080 新谢克尔，这一数值到 1996 年上升至 12140 新谢克尔（表 3 - 6）。以色列政府的高投入政策，为教育、科技及研发提供了资金保障，在全社会营造了一种崇尚科学、尊重知识与人才的良好风尚，有利于培养、造就高质量的研发队伍。

表 3 - 5　以色列教育经费占 GDP 的比重（1962/1963 财年至 2014/2015 财年）

单位：%

财年	1962/ 1963	1965/ 1966	1972/ 1973	1975/ 1976	1979/ 1980	1982/ 1983	1983/ 1984	1984/ 1985	1985/ 1986	1992/ 1993	1994/ 1995	2014/ 2015
占比	6.0	7.6	7.5	8.0	8.8	8.6	8.4	8.5	8.5	9	9.5	10

　　资料来源：Israel Central Bureau of Statistics, http：//www.cbs.gov.il，访问日期：2021 年 3 月 15 日。

表 3 - 6　以色列国家教育支出（1990 ~ 1996 年）

单位：新谢克尔

年份	1990	1991	1992	1993	1994	1995	1996
学生人均支出	9080	9250	9610	9930	11115	11650	12140

　　资料来源：Israel Information Center, *Fact about Israel（1992）*，p.155。

第三节　移民国家的人才储备

　　回顾以色列人才战略的发展历程，不难看出相对充足的高质量人才储备是其创造奇迹的重要保障。以色列的缔造者以及后来的政治领袖们长期坚持"以质量胜数量"的人才观念，把提升人力资源质量作为国家发展的基础，把自我培养与外部引入相结合作为人才储备的一贯政策。在国家建构的不同时期，其人才战略也表现出一些导向性特征。自建国之日起到 20 世纪末，"高技术移民"（Highly Skilled Migrant）① 一直在深刻地改变着以色列的人才结构，大大增强了以色列的人才实力。与此同时，以色列高等教育也培养了大批适用型人才。政府层面的支持、物质投入的保障以及适时而变的应对政策等因素，使以色列在中东地区乃至世界范围内长期保持了智力优势。

以色列是典型的移民国家，建国之时以色列版图之内的犹太人口仅有65 万人，吸引各地的犹太人定居以色列是这个新国家的根本国策，以色列也一直把提升人力资源质量作为国家发展的基础。《以色列独立宣言》（*The Declaration of The Establishment of State of Israel*）指出，"以色列国将向散居世界各国的犹太人敞开移居的大门，将全力促进国家的发展以造福所有的居民"，"我们号召散居世界各国的犹太人团结在以色列的犹太人周围，协助我们完成移居和重建的使命，并同我们一道为实现世代的梦想——重振民族家园而奋斗"。② 1950 年以色列政府颁布了《回归法》（*The Law of Return*，5710 – 1950），规定所有具有犹太身份的人（包括个人、家庭），来到以色列并表达在此定居的愿望后，都可以获得移民证。也就是说《回归法》赋予了每个犹太人以移民身份来以色列定居并成为合法公民的权利。③ 1952 年4 月 1 日，以色列议会又通过《国籍法》（*Israeli Nationality Law*，5712 – 1952），规定每位年满 18 岁的犹太人只要一踏上以色列国土就有了以色列公民身份。④

---

① "技术移民"又被称作"高技术移民"，主要从事高技术密集行业的工作；与之相对应的是低技术移民，通常被称作劳工移民（Labor Immigration）或移民工人（Migration Workers）。

② *The Declaration of The Establishment of The State of Israel*，https：//www. mfa. gov. il/mfa/foreignpolicy/peace/guide/pages/declaration% 20of% 20establishment% 20of% 20state% 20of% 20israel. aspx，accessed May 12，2021.

③ 为了更好地执行《回归法》，以色列议会又通过了一系列回归法修正案，1970 年的修正案对于"犹太人"的定义做了界定：母亲为犹太人或者已经皈依犹太教而不属于另一宗教信仰的人。可参见 *The Law of Return*，5710 – 1950，http：//www. jewishagency. org/first – steps/program/5131，访问日期：2021 年 1 月 11 日。

④ 可参见 *Israeli Nationality Law*，5712 – 1952，https：//www. refworld. org/docid/3ae6b4ec20. html，访问日期：2021 年 1 月 11 日。

在《回归法》《国籍法》的鼓励下，大批犹太人移居以色列，到 1966 年，以色列接纳的犹太移民人数已超过 100 万人，使全国总人口达到了 234 万人。[①]

建国后，犹太人移民以色列大致可分为四个阶段（见表 3 - 7）：大移民潮（1948～1951 年）、北非移民潮（1952～1968 年）、后"六日战争"移民潮（1969～1989 年）和新俄裔移民潮（1990～1999 年）。从 1948 年到 20 世纪末，超过 80 个国家和地区的 300 多万名犹太人移居到以色列。以色列犹太移民在不同时期的来源地占比各不相同，1952～1957 年亚非裔移民占比超过 70%，而 20 世纪 80 年代末和 90 年代，俄裔犹太移民占绝大多数。根据 2002 年的统计，以色列 600 多万人口中一半以上是外来移民，其中俄裔犹太人已超过 120 万人，超过移民总人数的 1/3，占以色列总人口数的 1/5。1948～2012 年以色列俄裔犹太移民人口统计见表 3 - 8。深刻改变了以色列人口格局的新俄裔移民潮被西方学者称为"以色列的'俄国革命'"（"Russian Revolution" in Israel）。[②]

表 3 - 7　犹太人移民以色列情况（1948～1999 年）

单位：人，%

年份	移民总数	亚洲占比	非洲占比	东欧占比	中欧及巴尔干地区占比	其他占比	总占比
大移民潮							
1948	101800	5	9	54	29	3	100
1949	239600	31	17	28	22	3	100
1950	170200	34	15	45	4	2	100
1951	175100	59	12	26	2	1	100
北非移民潮							
1952～1954	54100	25	51	12	5	8	100
1955～1957	164900	6	62	23	6	3	100
1958～1960	75500	18	18	56	2	6	100
1961～1964	22800	9	51	32	1	6	100
1965～1968	81300	19	31	37	2	11	100

---

① 〔英〕诺亚·卢卡斯：《以色列现代史》，第 330 页。

② Zvi Gitelman, "The 'Russian Revolution' in Israel," in Alan Dowty, ed., *Critical Issues in Israeli Society*, Westport: Praeger, 2004, p. 95.

续表

年份	移民总数	亚洲占比	非洲占比	东欧占比	中欧及巴尔干地区占比	其他占比	总占比
后"六日战争"移民潮							
1969～1971	116500	17	10	41	2	29	99
1972～1974	142800	4	5	71	1	19	100
1975～1979	124800	10	5	60	1	24	100
1980～1984	83600	8	19	43	1	30	100
1985～1989	70200	12	13	42	1	33	101
新俄裔移民潮							
1990～1994	609300	1	5	91	0	3	100
1995～1999	347000	11	4	79	0	6	100

资料来源：Calvin Goldscheider, *Israel's Changing Society: Population, Ethnicity & Development*, Taylor & Francis Ebooks, 2020, p. 51, https://www.routledge.com/Israels-Changing-Society-Population-Ethnicity-And-Development/Goldscheider/p/book/9780367159740，访问日期：2021 年 4 月 22 日。

表 3-8　以色列俄裔犹太移民人口统计（1948～2012 年）

单位：人

年份	人数	年份	人数	年份	人数
1948	1175	1966	2054	1984	367
1949	3255	1967	1403	1985	362
1950	290	1968	224	1986	202
1951	196	1969	3019	1987	2096
1952	74	1970	992	1988	2283
1953	45	1971	12839	1989	12932
1954	30	1972	31652	1990	185227
1955	139	1973	33477	1991	147839
1956	470	1974	16816	1992	65093
1957	1324	1975	8531	1993	66145
1958	729	1976	7279	1994	68079
1959	1362	1977	8348	1995	64848
1960	1923	1978	12192	1996	59048
1961	224	1979	17614	1997	54621
1962	194	1980	7570	1998	46032
1963	314	1981	1770	1999	66848
1964	541	1982	782	2000	50817
1965	895	1983	399	2001	33601

续表

年份	人数	年份	人数	年份	人数
2002	18508	2006	7469	2010	7158
2003	12383	2007	6643	2011	7225
2004	10130	2008	—	2012	7234
2005	9431	2009	6948	总数	1223723

资料来源：Israel Central Bureau of Statistics，http：//www.cbs.gov.il，访问日期：2021 年 1 月 15 日。

由于长期以来对教育的高度重视，世界各地的犹太人都保持着较高的受教育程度。20 世纪七八十年代的苏联，适龄犹太青年接受高等教育的比例为 2/3，犹太人受教育的总体年限大约是俄罗斯人的 4 倍、爱沙尼亚人的 5 倍。1929 年，在俄罗斯医学与经济学院中的犹太学者占到 60% 以上。[①] 20 世纪 70 年代初期，超过 50 万名犹太人毕业于苏联的高等教育机构，其中大约 10 万人在各类科研机构中工作，有大约 3 万人拥有博士学位。[②] 1948～1989 年，涌入以色列的移民中，拥有博士学位和教授、副教授职称的不下 10 万人。1990 年来自苏联的移民中，拥有大学及大学以上学历的占 2/3，其中工程师占 24%，科研人员占 21%，技术人员占 14%，医务人员占 11%。他们中相当一部分人由政府安排立即进入相关专业部门工作。在俄裔犹太科技移民申请的 1000 余项科研课题中，有 400 多项得到批准并获资助。此外根据移民部鉴定，其中艺术家有 2000 人，医生有 8200 人，运动员有 4000 人（其中 19 人成为共计 50 人的 1992 年奥运会以色列代表团的运动员）。从事科研工作的人数占俄裔犹太移民总数的 34%。1989～1998 年，共有 13000 多名俄裔犹太科学家移居以色列，其中物理学家、程序设计师、数

[①] 转引自 Nora Levin，*The Jews in the Soviet Union：Since 1917 to the Present*，New York：New York University Press，1990，p. 246。

[②] Nina G. Kheimets and Alek D. Epstein，"English as a Central Component of Success in the Professional and Social Integration of Scientists from the Former Soviet Union in Israel，" *Language in Society*，Vol. 30，Issue 2，2001，pp. 187－215。

学家占 52%，生物学和生物技术学专家占 27%，化学家占 12%。[①] 20 世纪 90 年代，大约有 19 万名俄裔犹太人被以色列人口与移民局认定为科学家或专业技术人员，其中科学家 1.3 万人，工程师 8.2 万人，医护人员 4 万人，音乐类从业人员 1.8 万人，其他课程教师 3.8 万人。[②] 技术移民使以色列高技术人员的比例大幅度提高。为此，西方媒体评价说：技术移民大幅提高了以色列的人力资源质量，非常规性地扩大了高素质人员的数量，苏联移民正在帮助以色列实现"智力腾飞"。外部的这种评论也并非夸大其词，以工程师为例，1989～1992 年，大批移民工程师（主要为俄裔）的进入使以色列劳动力市场上工程师数量增加了 1 倍，达到 6 万人（1989 年以色列工程师仅有 3 万人）；1989～1995 年，有 1.43 万名医生来到以色列，这一数量超过了这一时期以色列本土的从业人员。[③]

以色列政府高度重视技术移民的安置工作，早在 1973 年 6 月就设立了科学吸收中心（The Center for Absorption in Science），该中心有固定的组织架构与资金来源，其职责包括五个层面。

(1) 帮助技术移民与回国居民融入以色列的研发部门及学术研究机构；

(2) 为在以色列寻找工作的科学家提供建议与指导；

(3) 帮助市场上的企业与学术机构吸收移民与归国科学家；

(4) 鼓励扩大以色列的研发系统，充分利用这些科学家所带来的知识和经验；

(5) 与其他政府机构一起制定关于科技人员在以色列发展的

---

① 上述数据转引自周承《以色列新一代俄裔犹太移民的形成及影响》，时事出版社，2010，第 212 页。

② Larissa Remennick, *Russian Jews on Three Continents: Identity, Integration, and Conflict*, Oxford: Routledge, 2007, pp. 76－77.

③ 1989 年前以色列的医生数量是 13192 人，医患比为 1∶139，同期美国的比例为 1∶230，英国为 1∶140。参见 Jodith H. Bernstein, Judith T. Shuval, *Immigrant Physicians: Former Soviet Doctors in Israel, Canada and the United State*, Westport: Praeger, 1997, p. 50。

政策。①

受资助者的技术移民或回国居民必须符合一定条件。

拥有博士学位或同等学力者的条件是（符合其中之一）：

（1）在移民到以色列之前的 5 年中，至少有 3 年从事研发工作；

（2）至少发表 3 篇学术论文，或者以本人名义注册 3 项专利。

对于学士学位或同等学力者的条件是（符合其中之一）：

（1）在移民前的 6 年中，至少有 4 年的研发工作经验；

（2）至少发表 3 篇学术论文，或者以本人名义注册 3 项专利；

（3）至少有 3 种科学出版物，或者以他的名义注册 3 项专利；

（4）同等学力者、年龄在 37 岁以下的，必须被 1 所大学接受为研究生院学生。②

总之，科学吸收中心一方面在技术移民与高校、研究机构、工业和商业部门之间搭建平台，帮助移民融入以色列社会；另一方面，为资助移民科学家与回国居民开展科学研究与技术研发提供必要的条件。1975 年该中心转由移民与吸收部管辖。与此同时，以色列政府还设立了专门资助移民科学家的"夏皮拉基金"（Shapira Fund），由科学吸收中心负责管理。"夏皮拉基金"为移民以色列的科学家分摊薪水，减轻其接收单位的压力，鼓励社会

① 可参见阿里亚与融合部官方网站，https：//www.gov.il/en/departments/units/research＿science，访问日期：2021 年 4 月 11 日。

② 如果对同等学力有疑问，教育部文凭评估司要认定国外高等教育机构颁发学位的有效性；移民科学家的资助年限一般为 3 年，回国居民一般为 2 年。参见"R&D：The Israeli Center for Absorption in Science Helps Immigrant Scientists，"Israël Science Info，September 24，2015，https：//www.israelscienceinfo.com/en/international/rd－le－ministere－israelien－de－lalyah－et－de－lintegration－encourage－les－chercheurs－a－faire－leur－alyah/，accessed March 22，2021。

对移民科学家的接纳：第一年基金可以为科学家提供全部薪水；第二年基金分担一半的薪水（另一半由雇主承担）；第三年以后基金可分担 30% 的薪水，直到科学家完全在就业领域站稳脚跟。"夏皮拉基金"的申请需要提供多种证明材料，履行严格的程序，申请人须达到认定的科学家条件且不超过70 岁，还要由回国居民管理处确认其回国前居住海外的时间超过 5 年。① 从20 世纪 70 年代该基金设立到 1988 年，以色列共有 3500 名移民科学家获得资助，其中 65% 被以色列的高等教育机构吸收，20% 受雇于政府和其他公共部门、医院、实验室，15% 落脚于工业研发部门。② "夏皮拉基金"的资助指向非常明确，就是鼓励科研院所、研发部门及企业主帮助那些在以色列没有任何工作经历与就业渠道的科学家尽快获得职位并投入工作，保证科学家的薪金待遇，也减轻雇主的负担。这一基金的设立具有很大的示范效应，有助于在全社会推进技术移民的就业与融入。

  除高技术移民之外，以色列提升人力资本的另一有效途径是加强本土人才培养。以色列建国后陆续颁布了一系列立法来保障教育政策的贯彻，形成了完备的教育体系。例如推行"天才儿童培养制度"（Education for Gifted Children），在基础教育阶段重视科学与技术教育，等等。在高等教育方面，注重提升本土教育机构的人才培养能力，除了 7 所大学以外，1974 年又在中部城市赖阿南纳（Raanana）成立了一所开放大学，专门开展远程教育。1948 ~ 1949 年，以色列全国的大学生人数仅有 1640 人。到 20 世纪 80 年代后期，以色列的高等教育仍然是精英式教育，7 所研究型大学主导着以色列的本科生教育，保持着严格的入学条件与有限的录取名额，但学生人数整体呈上升趋势。1990/1991 学年，以色列 7 所大学的学生人数为 71190 人，之后每年保持不大的增幅。1995/1996 学年，学生人数突破 10 万人，截至2012/2013 学年，7 所大学的学生人数达到 124957 人（见表 3 - 9）。

---

  ① 艾仁贵：《以色列的高技术移民政策：演进、内容与效应》，《西亚非洲》2017 年第 3 期。

  ② Nina G. Kheimets and Alek D. Epstein, "English as a Central Component of Success in the Professional and Social Integration of Scientists from the Former Soviet Union in Israel," *Language in Society*, Vol. 30, Issue 2, 2001, pp. 187 – 215.

表 3 - 9 以色列 7 所大学的学生人数（含所有专业）

单位：人

学年	魏兹曼科学研究院	本·古里安大学	海法大学	巴-伊兰大学	特拉维夫大学	以色列理工学院	希伯来大学	总计
1990/1991	640	6410	7030	10200	19440	9770	17700	71190
1991/1992	680	7490	8120	11930	21530	10280	18610	78640
1992/1993	740	8220	9670	13320	23440	10470	19130	84990
1993/1994	750	9080	11450	14830	25190	10500	19680	91480
1994/1995	770	10340	12440	16890	26030	10480	20300	97250
1995/1996	760	12250	12820	19110	26100	10370	20290	101700
1996/1997	750	13830	13000	19810	25660	10780	21070	104900
1997/1998	740	14870	13390	20700	25860	11840	21730	109130
1998/1999	760	16020	13510	21030	26120	12380	21510	111330
1999/2000	790	16310	13550	21770	26480	12720	21390	113010
2000/2001	800	16910	13850	21810	26300	13040	21040	113750
2001/2002	850	17920	14590	22800	26790	13520	21040	117510
2002/2003	920	19050	15260	23480	27310	13225	21625	120870
2003/2004	930	19340	16170	24590	28480	13320	21975	124805
2004/2005	960	18640	16270	25025	28740	12810	21985	124430
2005/2006	960	18080	16655	24785	28200	12520	21810	123010
2006/2007	980	17910	16780	25290	26490	12490	21640	121580
2007/2008	975	18347	17460	25890	25130	12420	21175	121397
2008/2009	996	19350	16549	25930	25145	12424	20635	121029
2009/2010	1044	19854	16830	26468	26346	12750	20673	123965
2010/2011	1082	19902	17329	26367	27173	12832	20374	125059
2011/2012	1075	19297	17590	26209	27979	12840	20584	125570
2012/2013	1086	18884	17910	25404	28129	13231	20313	124957

资料来源：笔者根据以色列高等教育委员会官方网站数据整理，参见 https：//che. org. il/en/，访问日期：2021 年 2 月 23 日。

由此可见，以色列 7 所大学承载了培养高层次人才的主要任务，为提升全民人口素质做出了巨大贡献。以色列大学在培养工程类技术人才方面表现非常突出，1972 年，以色列大学所培养的此类人才为 11500 人，1984 年增至30800 人。每千名产业劳动力中工程师人数占比由 1965 年的 8 人上升到 1982年的 33 人。[1] 产业界的科学家与工程师数量、技术人员数量是衡量一个国家

---

① Paul Rivlin, *The Israeli Economy*, Boulder：Westview Press, 1992, p. 67.

技术劳动力水平的重要指标。就以色列而言，1961 年，产业界的科学家与工程师数量为 1470 人，占全国科学家与工程师总量（6870 人）的 21.4%；1972 年，这一数字上升到 3560 人，占全国总量（15985 人）的 22.3%；1983 年为 10180 人，占全国总量（33070 人）的 30.8%。产业界的技术人员数量及占比：1972 年为 9225 人，占全国总量的（30295 人）的 30.5%；1983 年为 15315 人，占全国总量（45900 人）的 32.6%。[①] 1967～1980 年，产业界科学家与工程师数量的增长幅度在经济合作与发展组织（OECD，简称经合组织）国家中居于第一位（见表 3-10）。本土的人才培养与技术移民的增长大幅度提高了以色列的人口质量，丰富了其科技人才库，为创新型国家的形成奠定了人才基础。20 世纪 80 年代中期以色列劳动力人口的科技素质显著提高。

表 3-10 产业界的科学家和工程师人数（经合组织主要国家与以色列对比）

单位：人，%

国别	美国	英国	联邦德国	法国	日本	以色列
1967 年	495500	49900	61000	42800	117600	3400
1980 年	573900	80700	111000	68000	272000	121501981
增长幅度	16	62	82	59	132	257

资料来源：〔以〕莫里斯·托伊贝尔：《以色列创新体系：状况、绩效及突出的问题》，〔美〕理查德·R. 尼尔森编著《国家（地区）创新体系：比较分析》，曾国屏、刘小玲、王程铧、李红林等译，第 607 页。

随着劳动力人口科技素质的提高，以色列科研人员的表现引起了国际社会的广泛关注。根据 1987 年的一份统计数据，以色列科研人员在国际科学杂志上发表论文或出版著作的比例（每万名劳动力）高居全球首位，高于同期的美国、德国等国家（见图 3-8）。当然我们必须看到，为了保持自身的学术优势及研究型大学特征，以色列大学普遍不愿扩招，高层次人次的短缺依然是以色

---

① 参见以色列中央统计局 1961 年、1972 年、1983 年的人口普查报告，转引自〔以〕莫里斯·托伊贝尔《以色列创新体系：状况、绩效及突出的问题》，载〔美〕理查德·R. 尼尔森编著《国家（地区）创新体系：比较分析》，曾国屏、刘小玲、王程铧、李红林等译，第 606 页。

列经济社会发展的瓶颈之一，也成为 20 世纪 90 年代以色列高等教育改革的驱动力。

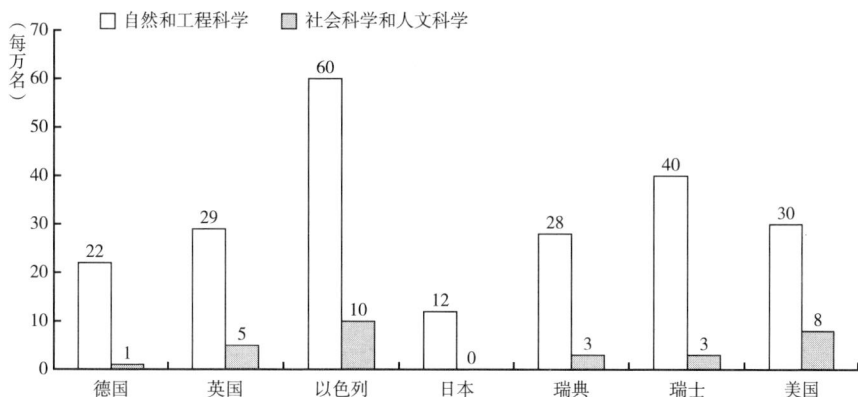

图 3 - 8　主要国家科研人员在国际科学杂志上发表论文或出版著作的比例（1987 年）

资料来源：Israel Information Center, *Fact about Israel（1992）*，p. 181。

第四节　科技事业的全面发展

得益于建国早期完善的科研布局和首席科学家办公室的有效运作，以色列科研事业在 20 世纪六七十年代全面展开并取得了巨大成就。7 所研究型大学、数十个政府和公共研究机构及数百个军用、民用企业共同构成了涉及以色列社会方方面面的研发主体。以色列的高科技产业也萌芽于这个时期。1961 年成立的 ECI 电信公司、1962 年成立的埃尔龙（Elron）公司和塔迪兰（Tadiran）电子公司是以色列最早的高科技公司，"这三家先驱高科技企业开发的技术和才华横溢的人力资本，催发了以色列高科技产业的成功"①。1982 年，第一批以色列公司在美国纳斯达克上市。

20 世纪 60 年代末首席科学家制度的确立和 1984 年《产业研发促进法》

---

①　〔以〕莱昂内尔·弗里德费尔德、〔以〕马飞聂：《以色列与中国：从丝绸之路到创新高速》，彭德智译，第 90～91 页。

的颁布从政府层面保障了科研工作的进行，高校的培养为研究工作提供了高质量的科学技术人才，1984 年以色列高科技产业保持了较高的技能强度[①]（见表 3 – 11）。政府和公共机构则提供了充足的资金，半数以上的科研活动得到了财政支持。

表 3 – 11　以色列工业种类和技能强度（1984 年）

单位：%

部门类型	种类	技能强度
高科技产业	光学与精密仪器	12
	飞机与船舶	16
	电子与通信设备	18.5
其他高端产业	钢铁铸造	4.1
	管道	6.4
	供热设备与烹饪设备	4.8
	农业、工业、建筑业使用的设备	7.0
	服务与家用设备	4.9
	电动马达	6.4
	电池、家庭耐用消费品、照明设备	4.3
	盐矿与矿石	7.2
	基本化学品	8.6
	医药	5.7
	肥皂和清洗剂、油漆以及其他化学产品	5.6
	消毒剂和杀虫剂（还有除草剂）	8.4
	其他高端产业平均技能强度	6.0
传统产业	视频、纺织、木制产品、皮革、皮鞋等	2.0

资料来源：〔以〕莫里斯·托伊贝尔：《以色列创新体系：状况、绩效及突出的问题》，载〔美〕理查德·R. 尼尔森编著《国家（地区）创新体系：比较分析》，曾国屏、刘小玲、王程铧、李红林等译，第 603 页。

　　另外，尽管以色列恶劣的地缘政治环境伴随着与埃及等邻国实现和平而大为改善，但军事技术需求仍然是国家的重中之重。到 1988 年，以色列的国内生产总值中仍有 17.1% 用于军事开支，但国防和航空航天工业也开始由军

---

① 技能强度（Skill Intensity）指科学家与工程师在所有劳动力中所占比例，是判断工业活动先进程度的重要变量，反映了科学技术对生产力的影响。

工转向民用领域，催发了以信息和通信技术为主的高科技产业井喷式的发展。高科技产业在以色列的工业生产与贸易出口中占有重要地位，其中，现代农业、清洁能源、生命科学、电子通信与网络等领域是以色列高科技产业发展的主力军。高科技产品和生命科学产品在工业产品中的占比从 1965 年的 37%，增长至 1985 年的 58%，2006 年更是高达 70%。

一　大学的科研

以色列大学里的科研人员主要进行各学科的基础科学研究。来自大学的以色列作者署名的学术著作和论文几乎涉及所有的科学领域。据统计，以色列的科学出版物在世界出版物中所占的比例高达 1%（以色列人口约占世界人口的 0.12%）。其中自然科学、工程、农业和医学领域里出版著作的人数占比（出版著作的人数占全部劳动者的比例）一直处于全球领先的地位。以色列学者发表的论文以物理学、化学、数学、工程学等为主。1970～1984 年，以色列学者发表的 51680 篇论文中，物理学论文数量及占比最高，共 5948 篇，占以色列所有发表论文的 11.51%；其次是化学论文 4290 篇，占比 8.3%；生物化学和分子生物学论文 3912 篇，占比 7.57%，位列第 3 位。1985～1999 年，论文发表总数为 106481 篇，其中物理学占比最高，为 13.62%，数学、化学、生物化学和分子生物学、工程学占比都超过了 6%，分列第 2～5 位。2000～2014 年论文发表总数为 165370 篇，其中占比最高的仍然为物理学论文，占比 13.17%，化学、数学和工程学占比都超过 6%，分列 2～4 位（见表 3－12）。以色列政府和高校鼓励学者赴国外进行科学研究、参加国际会议，并在各个层面上与国外相应学术组织保持着密切联系，同时以色列也是举办国际科学会议的重要中心。以色列大学中还设有跨学科的研究和试验机构，主要满足工业及其相关领域的科研需求，例如建筑、运输、教育等。还有很多大学科研人员以顾问的身份为产业部门提供技术、行政、财务和经营管理方面的咨询服务。大学经费有相当一部分来自本国工业界的资助。而且，以色列大学是取得专利数量最多的部门，其专利活动规划具有世界领先水平。如果以投入相等的研发资金额来计算，以色列大学获得

表3-12 以色列学者发表论文所属学科分布（1970~2014年）

单位：篇，%

排名	1970~1984年			1985~1999年			2000~2014年			2014年		
	学科领域	论文数	比例	学科领域	论文数	比例	学科领域	论文数	比例	学科领域	论文数	比例
	以色列	51680	100	以色列	106481	100	以色列	165370	100	以色列	12930	100
1	物理学	5948	11.51	物理学	14502	13.62	物理学	21775	13.17	物理学	1435	11.10
2	化学	4290	8.30	数学	7032	6.60	化学	11470	6.94	工程学	863	6.67
3	生物化学、分子生物医学	3912	7.57	化学	6991	6.57	数学	11469	6.94	科学和技术、其他主题	860	6.65
4	普通内科医学	2902	5.62	生物化学、分子生物学	6827	6.41	工程学	10980	6.64	化学	857	6.63
5	工程学	2696	5.22	工程学	6508	6.11	生物化学、分子生物学	9770	5.91	数学	842	6.51
6	数学	2628	5.09	计算机科学	4153	3.90	计算机科学	8919	5.39	心理学	695	5.38
7	心理学	1824	3.53	神经科学	3903	3.67	神经科学	8117	4.91	神经科学	658	5.09
8	企业经济学	1792	3.47	心理学	3675	3.45	心理学	6628	4.01	生物化学、分子生物学	618	4.78
9	植物学	1784	3.45	材料科学	3232	3.04	材料科学	6484	3.92	计算机科学	571	4.42
10	生物物理学	1772	3.43	普通内科医学	3073	2.89	科学和技术、其他主题	6397	3.87	材料科学	559	4.32
11	农学	1416	2.74	植物学	3030	2.85	普通内科医学	4507	2.73	天文和天体物理学	379	2.93
12	细胞生物学	1361	2.63	农学	2834	2.66	环境生态学	4250	2.57	环境生态学	347	2.68

续表

排名	1970~1984年			1985~1999年			2000~2014年			2014年		
	学科领域	论文数	比例	学科领域	论文数	比例	学科领域	论文数	比例	学科领域	论文数	比例
13	科学和技术，其他主题	1341	2.59	企业经济学	2768	2.60	光学	4166	2.52	企业经济学	326	2.52
14	外科手术学	1327	2.57	细胞生物学	2762	2.59	细胞生物学	4038	2.44	精神病学	320	2.47
15	免疫学	1209	2.34	妇产科学	2687	2.52	天文和天体物理学	4003	2.42	细胞生物学	300	2.32
16	神经科学，神经病学	1193	2.31	外科手术学	2613	2.45	肿瘤学	3734	2.26	心血管系统，心脏病学	288	2.23
17	天文和天体物理学	903	1.75	免疫学	2608	2.45	企业经济学	3679	2.22	一般内科医学	288	2.23
18	药理和药剂学	889	1.72	天文和天体物理学	2279	2.14	心血管系统，心脏病学	3487	2.11	光学	286	2.21
19	材料科学	881	1.70	肿瘤学	2279	2.14	遗传学	3392	2.05	肿瘤学	282	2.18
20	环境生态学	871	1.69	环境生态学	2199	2.07	精神病学	3344	2.02	药理和药剂学	268	2.07
21	精神病学	804	1.56	光学	2181	2.05	免疫学	3315	2.00	遗传学	255	1.97
22	计算机科学	797	1.54	科学和技术，其他主题	2100	1.97	外科手术学	3301	2.00	妇科医学	237	1.83
23	妇科医学	781	1.51	心血管系统，心脏病学	2065	1.94	药理和药剂学	3259	1.97	外科手术学	217	1.68
24	肿瘤学	774	1.50	药理和药剂学	2061	1.94	儿科学	3225	1.95	儿科学	212	1.64
25	儿科学	720	1.39	生物物理学	1994	1.87	妇产科学	3203	1.94	内分泌学	209	1.62
26	内分泌学	705	1.36	遗传学	1898	1.78	农学	2780	1.68	免疫学	202	1.56

续表

排名	1970~1984年			1985~1999年			2000~2014年			2014年		
	学科领域	论文数	比例	学科领域	论文数	比例	学科领域	论文数	比例	学科领域	论文数	比例
27	生理学	645	1.25	儿科学	1851	1.74	植物学	2776	1.68	公共职业环境与健康学	178	1.38
28	光学	640	1.24	内分泌学	1720	1.62	内分泌学	2445	1.48	农学	177	1.37
29	动物学	632	1.22	精神病学	1629	1.53	血液学	2258	1.37	地质学	172	1.33
30	遗传学	624	1.21	力学	1514	1.42	微生物学	2233	1.35	微生物学	166	1.28

资料来源：联合国教科文组织根据科学、社会科学、艺术和人文科学英文索引统计。转引自 Eran Leck, Guillermo A. Lemarchand and April Tash, eds., *Mapping Research and Innovation in the State of Israel*, p. 108。

的专利是美国大学的 2 倍以上，是加拿大大学的 9 倍以上。①

以色列大学的一些研发成果产生了深远的影响，如科学界一直以为晶体内的原子结构是不断重复的，但以色列理工学院材料科学家达尼埃尔·谢赫特曼（Danielle Shechtman）1982 年发现了晶体铝过渡金属合金的二十面体物相（Icosahedral Phase），从而提出准晶体（Quasicrystals）——虽然在原子层面进行复制，但在原子之间相互结合的模式上却从不重复。准晶体的发现彻底颠覆了人类对物质的看法，从而促使一个新的跨学科的科学分支的形成，谢赫特曼也以此获得了 2011 年诺贝尔化学奖。同样来自以色列理工学院的阿龙·切哈诺沃（Aaron Ciechanover）和阿夫拉姆·赫什科（Avram Hershko）自 20 世纪七八十年代起就开始研究三磷腺苷（ATP）的作用，并发表了一系列论文，揭示了泛素调节的蛋白质降解机理，指明了蛋白质降解研究的方向，他们两人也携手获得了 2004 年诺贝尔化学奖。来自魏兹曼科学研究院的生物学和晶体学家阿达·尤纳斯（Ada E. Yonath）在 1970 年成立了以色列第一个蛋白质晶体学实验室，2009 年她凭借相关成果获得诺贝尔化学奖。

二 工业领域的科研

扶助大小企业的持续增长是以色列工业战略的核心。随着工业的迅速发展，民用工业的研发费用从 1969 年到 1985 年增长了 13 倍，从事研究与开发的科学家和工程师人数也增加了 5 倍。20 世纪 70 年代初的军用技术"外溢"催生了一大批高科技公司，科学技术在工业中的应用比重越来越高，技术与研发密集型的企业的重要性在上升，也成为促进工业就业机会与出口的主要动力。到 20 世纪 90 年代末，每年首席科学家办公室都为上千个项目提供经费，工业科研相关的产品占全部工业出口的一半以上。

以色列电子工业在 20 世纪 60 年代末期仅能生产一些消耗品，之后得益

---

① Israel Information Center, *Fact about Israel（1997）*, Jerusalem：Ahav Press, 1997, p. 183.

于国防领域的高科技技术，电子工业才一举成为以色列发展最为迅猛的行业。1980～1994 年，以色列工业出口增长额近 1/3 来自电子工业，大量公司专门经营包括电信和半导体在内的各种组件。电子光学和激光技术也一直发展迅猛，其中光纤、印刷电路板的光学自动检测设备、热成像夜视系统、光电式机器人制造系统等方面居于世界领先水平。1966 年埃尔龙公司与以色列国防部联合成立了埃尔比特计算机公司，并于次年推出了用于国防需求的 Elbit 100 计算机，而后该企业成长为以色列规模最大的企业之一。[①] ECI 电信公司专门生产和研发高端电子设备，为各个行业的运营商和服务商提供有线/无线网络、数据中心等终端服务解决方案，研发了电话线倍频器（1977 年）、DSL 早期版本之一的 HDSL（1993 年）、IP 电话（2002 年）和网络设计平台（2009 年）等。[②]

微电子业是以色列电子工业中首屈一指的出口型产业，国际电子行业巨头英特尔、摩托罗拉、索尼、松下、诺基亚等也都购买以色列的电子元件。此外，以色列在航空电子、电信开发、国际互联网络应用、电脑印刷等领域，包括电子软件、网络安全、生物技术、医疗电子产品、图像、语音和数据的数字化处理、传输和增强等方面都产生了许多研发成果。其产品范围从电话交换机到语音信息系统和电话线倍频器应有尽有。以色列许多企业的产品具有很高的国际市场占有率，如微型集成块与平面板的自动测试设备、电脑印刷系统、数据网络系统等。

钻石加工业是以色列传统的重要出口行业。20 世纪 60 年代初以色列政府成立了钻石、宝石和珠宝管理局（Diamonds, Gemstones and Jewelry Administration），并相继成立了以色列钻石交易所、以色列钻石协会、以色列钻石制造商协会等一系列组织。钻石业的从业人员也从 1948 年的 800 名

---

① 〔以〕莱昂内尔·弗里德费尔德、〔以〕马飞聂：《以色列与中国：从丝绸之路到创新高速》，彭德智译，第 90 页。

② ECI 电信公司官方网站，https://info.rbbn.com/eci - now - ribbon/index.html，访问日期：2020 年 4 月 11 日；〔以〕莱昂内尔·弗里德费尔德、〔以〕马飞聂：《以色列与中国：从丝绸之路到创新高速》，彭德智译，第 91 页。

增加到 1968 年的 1.1 万名。钻石出口额在建国初的 1952 年仅为 500 万美元，到 1977 年已达到 10 亿美元，是 1952 年的 20 倍，以色列成为仅次于比利时的国际钻石中心。1986 年钻石出口额达 16.65 亿美元，占以色列出口总额的 27.7%。到了 1994 年钻石出口额高达 35.5 亿美元。之后由于美日钻石市场疲软，购买力下降，再加上东南亚国家利用廉价劳动力参与竞争，以色列的钻石出口受到严重影响。对此，以色列政府利用高新技术提高钻石产量和质量，到 1996 年钻石出口额超过 40.9 亿美元，其中小块抛光宝石产品约占世界总产量的 80%。[1]

事实上，以色列并不出产钻石毛坯。为了保持竞争力，以色列特别注重钻石技术的创新，其中尚灵科技有限公司（Sarine Technologies Ltd.）和以色列钻石交易所是技术创新的重要基地。尚灵科技有限公司在 1992 年推出了 DiaMension™ 切工比例仪，这是世界上第一种提供钻石比例计算机化和自动化的测量设备，从此改变了钻石切工等级的评级方式，如今几乎所有的专业珠宝实验室都在使用这种仪器。2009 年该公司研发了可以在保全钻石胚胎的情况下绘制其内部构造的 Galaxy™，被业界称为"钻石的时光机"，为预测成品钻石的净度奠定了基础，也是迄今为止同类设备无法比拟的突破性系统。2012 年该公司量化了钻石对光的反应能力，研发了光性能检测仪器，对钻石加工工艺推出了一套更严格的考核标准。2017 年该公司推出了具有颠覆性的技术 Sarine Clarity™ & Sarine Colour™，它是世界上首个基于人工智能和机器视觉技术的分级方式，可以自动客观地对钻石的净度和颜色进行测量的分级仪器。[2] 2018 年尚灵科技有限公司宣布在拉马特甘建立全球第一个基于人工智能的钻石实验室，其服务包括 4C 全自动分级和成品钻石鉴定等。2012 年，以色列研发出为珠宝批发商、零售商、评估师等服务的"钻

---

① 张倩红：《以色列史》，第 387~388 页。

② 《Sarine 尚灵 TM 璀璨 30 年：全球钻石科技领导者》，搜狐网，2019 年 3 月 19 日，https://www.sohu.com/a/302319789_484525，访问日期：2021 年 4 月 22 日。

石分析服务"（DAS）系统；① 2017 年以色列钻石交易所成立了面向全球相关初创企业的科技孵化器机构钻石科技（Diamond Tech），对初创企业提供财务支持，范围并不局限于珠宝和钻石领域的初创企业，还包括机器人、半导体、医疗技术等领域的初创企业。②

以色列计算机产业也在这一时期得到了长足的发展。微软公司和 IBM 公司都在以色列建立了自己的首家国外研发基地，摩托罗拉等公司也建立了科研中心。其中 IBM 早在 1950 年就成为第一家进入以色列的外国科技公司，于 1956 年在以色列开设了第一家工厂，随后提供计算机数据处理服务，到 1972 年又在海法成立了以色列第一个研发中心，至今仍在计算机科学、电力工程、数学科学、工业工程等领域开展研究。计算机产业起初主要研发教育、印刷和出版等行业使用的计算机辅助设备和软件，如辅助教学系统、计算机制版和图像系统等，还有一些计算机上使用的软硬件。后来又开发出世界上最早的五接头视频数字构件、第一个浮点单芯片矢量信号处理器、Windows 系统、奔腾处理器、个人计算机上的数字处理器等。以色列对机器人的研究也在 20 世纪 70 年代末期开始起步，到 90 年代中后期，已经可以生产用于钻石抛光、焊接、包装和建筑等领域的机器人，机器人上的人工智能技术研究也已启动。

三　农业领域的科研

农业在以色列 GDP 中的占比是随着时间推移而下降的，1979 年农业在以色列 GDP 中占比约为 6%，到 1985 年降为 5.1%。以色列农业的研发更多依托于科研工作者和农民的互动，大多数科研工作由农业部下属的农业研究组织完成，之后推广传授给农民进行农田试验，遇到问题再

---

① Ya'akov Alomr、范陆薇：《Sarin 为珠宝批发、零售行业推出钻石分析服务》，《宝石和宝石学杂志》2012 年第 1 期。

② 关于以色列钻石业的发展，可参见张礼刚、高智源《以色列钻石行业的发展现状及其特征》，载张倩红主编《以色列蓝皮书：以色列发展报告（2020）》，社会科学文献出版社，2020，第 127～144 页。

反馈给科学家进行改进。得益于计算机和电子技术的飞速革新，以色列对水资源的利用和灌溉技术迅速提升，农业耕作方法也进行了大变革。这一时期以色列国产的计算机系统已经应用于农田耕作，包括自动检测环境并施肥、为动植物养殖提供恒温恒湿环境、高效滴灌和喷灌系统（使水可以直接流入植物根部）、对水进行电磁处理（磁化后的水可增加作物产量、改善动物健康）等。以色列已开发出可应用于耕地、播种、收割、收集、分类和包装等农业生产全过程的设备等此外，能够使农业获益的科研成果还有生物杀虫剂、抗病虫种子、生物肥料、植物组织自动培育系统等。

以色列的废水利用技术起步于 20 世纪 50 年代，由于水资源缺乏，农民开始尝试用污水灌溉农田，并研究如何保持作物和农田地下含水层不受污染。在 70 年代该技术迎来重大突破，将废水泵入数座沙丘之中，沙子作为一种天然的过滤器，可以逐渐将水引入附近的含水层。待处理的水继续引流过滤，供农业使用。这个自然过程需持续 6 个月到 1 年，经过过滤的水除了不能饮用，与淡水几无二致。到 20 世纪 90 年代，以色列的水资源处理和再利用基础设施几乎覆盖全国，包括污水处理、储存和再生水等。"再生水改变了以色列的水面轮廓，与滴灌和特殊培育的抗旱种子的作用一样，全面处理的污水改变了农业景观。无论雨水丰沛还是稀少，以色列都能够养活自己，成为一个具有重要意义的农业出口国。今天，以色列农业使用的水源当中，约一半是来自高度处理的废水。"[①]

以色列的海水淡化技术也起步于建国之初，1965 年成立的 IDE 科技公司（IDE Technology）是其中的佼佼者。该公司于 60 年代开始研发海水的热脱盐技术，70 ~ 80 年代又开发了利用多效蒸馏和机械蒸气压缩的技术生产热脱盐溶液，还研究了水溶液分离、浓缩和纯化工艺，90 年代又研究了膜脱盐技术。目前 IDE 科技公司的海水淡化技术处于世界先进水平，其建成

---

① 《以色列：五大技术帮助世界对抗水资源短缺》，《以色列时报》2017 年 8 月 14 日，http：//cnblogs. timesofisrael. com/ /以色列：五大技术帮助世界对抗水资源短缺，访问日期：2018 年 9 月 1 日。

的阿什科隆、海德拉（Hydra）和索莱克（Sorex）海水淡化工厂闻名世界，不仅大大缓解了以色列国内的水资源缺乏，其技术还出口至许多国家。20世纪90年代席卷中东的大干旱又一次强化了以色列在水资源领域的危机感。1999年，以色列政府启动针对水危机的应急计划，建造了五个海水淡化工厂，如今这五个工厂为以色列提供60%的饮用水。① 阿什科隆工厂是世界第一个超大产水量海水反渗透（SWRO）淡化厂，每日产水量40万立方米，其淡化水生产成本仅为每吨0.53美元，使用的海水淡化技术主要是RO反渗透技术，主要系统包括IDE科技公司专有的压力中心设计、三根管路取水、能量回收系统（ERS）和独特的脱硼系统。2013年建成的索莱克水厂每日产水量为62.4万立方米，于2013年开始运行，是当前世界上规模最大的反渗透海水淡化厂。② "如果算上经过循环实现二次利用的废水，海水淡化工厂供水的比例预计达到86%。"③

以色列的奶牛产奶量也一直处于世界领先水平，通过科研机构进行的科学育种和基因实验，每头奶牛的平均产奶量从20世纪70年代的6300升提升至20世纪90年代末的10000升。此外以色列还开发了一种新型"土壤"，在加热至1000摄氏度时会构成一种叫作蛭石（Vermiculite）的物质，该物质具有很好的通气作用，并且可以保持数倍于自身重量的湿气。把它与本地的土壤混合，能大幅提升作物产量，其中西红柿可增产30%，黄瓜增产高达45%。内盖夫沙漠地下的半碱化水也已被开发用于灌溉各种作物，供给欧美市场的优质西红柿和各种瓜果的灌溉用水就来源于此。

---

① 参见〔美〕劳拉·申卡尔《"水魔法师"：以色列独特创新文化的起源》，载张倩红主编《以色列蓝皮书：以色列发展报告（2018）》，社会科学文献出版社，第224页。

② 《以色列：五大技术帮助世界对抗水资源短缺》，《以色列时报》2017年8月14日，http：//cnblogs.timesofisrael.com//以色列：五大技术帮助世界对抗水资源短缺，访问日期：2018年9月1日。

③ 〔美〕劳拉·申卡尔：《"水魔法师"：以色列独特创新文化的起源》，载张倩红主编《以色列蓝皮书：以色列发展报告（2018）》，第224页。

四 能源、生物工程和医疗等领域的科研

以色列国内常规能源的储量极其匮乏，几乎完全依赖进口。所以政府大力推动替代能源的开发和利用，如太阳能、风能、热能。以色列气温高、光照时间长，所以对太阳能的依赖较强。以色列是世界人均拥有家用太阳能热水器最多的国家，每年还向世界各国出口数十万台太阳能热水器。太阳能相关技术和产品也不断更新换代，如以色列研发了利用带一定比例盐分和矿物质池水来吸收和贮存太阳能源的技术。风能方面，以色列已开发出带有柔性可膨胀转子的风能涡轮机。

以色列的生物工程技术兴起于 20 世纪 80 年代，在以下领域具有先进水平：电极和生物感应器上用的酶膜、强化抗体生物催化剂、微生物基因结构、生化化妆品、含抗氧剂的海藻类产品、柑橘皮糖苷（低热量代用糖）、海洋生物工艺学、蛋白质结构和功用预测模型、生物感测器等。同时以色列也着力发展医学和附属医学研究，其临床医学和生物医学研究方面的出版物占其全部科学出版物的一半以上，以色列人均拥有医生比例居世界第一位。

在医疗领域，以色列科学家研发了一种人体生长激素和干扰素、一组可用于有效防止病毒感染的蛋白质、一种治疗多发性硬化症的药、能够充分利用单克隆抗体和其他微生物制品的成套诊断仪器、受控释放的液体聚合物（可以防止牙齿上菌斑的聚积）、可缩小前列腺良性和恶性肿块的装置、可以用来矫正眼睛斜视的肉毒杆菌毒素、可用于诊断肠胃疾病的装在可吞咽胶囊中的微型摄像机。其他包括 CT 扫描仪、磁共振成像系统、超声扫描仪、核医学摄像机、外科激光等用于诊断和治疗的尖端的医疗设备也已经被研制出来。①

以色列的公司在核医疗成像、电脑 X 线分层照相、核磁共振及乳房 X 照相等技术上居于世界前列。1969 年创立的 Elsint 公司发展成为世界领先的医疗成像公司之一，研发出世界第一台多层螺旋 CT 扫描仪。1999 年和 2000

---

① 可参见张明龙、张琼妮《新兴四国创新信息》，第 307～346 页。

年，该公司将其医疗成像业务出售给了通用医疗（GE Healthcare）和飞利浦医疗系统（Philips Medical Systems）。1998年成立的基文影像（Given Imaging）公司开发出带有微型摄像头的视频胶囊，可以在病人体内进行无创医疗诊断。[①]

在自然生态保护方面，以色列科学家也取得了令人瞩目的成绩。以色列自然与公园保护局（Israel Nature and Parks Authority，简称INPA）不仅在全国范围内推进自然风景与环境保护，建立了150多个自然保护区与65个国家公园，而且与联合国教科文组织合作大力支持自然生态研究工作，包括对植物、动物尤其是对濒临绝迹物种的研究。以色列的Keot Kedumim风景保护区专门收集与研究《圣经》中提到的各类植物，用现代科技手段推进植物考古，并划定特别区域实验种植、拯救各类古植物。以色列科学家在对鸟类迁徙路线的检测与生存环境评估方面也取得了一系列成果，并对全体国民开展"鸟类无国界"（Birds Know No Boundaries）的科学教育运动。[②] 以色列一些公共研究机构常年致力于观测、跟踪环境污染源，在空气质量净化及生态环境指数（Ecological Environment Index）控制方面走在世界前列。

五　军事工业的科研

以色列国防军（Israel Defense Forces，简称IDF）一直是中东地区预算最高的军队之一。以色列的最高军事决策机构为国防委员会，该委员会由总统、总理以及国防、外交、内政、财政、运输、通信等部部长和总参谋长组成，总理任国防委员会主席兼武装部队最高统帅。国防部是最高军事行政机关，负责军队动员、国防预算、国防科研、军工生产以及军队规章制度的颁布等军事行政和技术业务，总参谋部为最高军事指挥机构，总参谋长为最高军事指挥官。国防部部长通常由文官担任，战时可行使总司令职权，国防部副部长和总参谋长协助国防部部长工作。国防部下设数个文职部门，负责承

---

① 〔以〕莱昂内尔·弗里德费尔德、〔以〕马飞聂：《以色列与中国：从丝绸之路到创新高速》，彭德智译，第90~91页。

② Israel Information Center, *Fact about Israel (2004)*, Jerusalem：Ahva Press, 2004, p.91.

担国防部的相关工作，其中直接参与国防科技工业相关管理工作的主要是采购与生产部（Procurement and Production Directorate）、国防研发指挥部（Directorate of Defense R&D）与武器和技术基础设施发展局（Administration for the Development of Weapons and Technological Infrastructure）。采购与生产部基于国家的防务需求和国防工业技术的前景运作，负责监督武器系统与产品的制造、军事与民防系统的维护以及海内外军用品的采购工作，还负责监督国防基础设施的建设，从而促进本国国防工业更广泛和密集的发展，减少进口依赖。国防研发指挥部由国防部和国防军的专业人员组成，主要职能是：资助和加强先进科学技术的基础设施建设，促进能对战争产生影响的物资和辅助战斗装备的开发和升级，并为其未来发展奠定基础；为先进国防技术的研发提供资金；对国防研发进行调试、监督和指挥，包括对项目性能的跟踪和控制等；维护并促进国防部与以色列学术研究机构的关系，并与友好国家的对等机构保持联系。武器和技术基础设施发展局负责管理国防科技工业的科研工作，接受国防部和总参谋部的领导，负责提出符合军事要求的国防研制项目及其战术技术指标，根据国防军的需求拟定具体的研制计划。①

以色列的国防研发主要采取仿制和自主研发的策略，每年政府都要花费国防经费的1/4用于向各国采购先进武器、购买专利、引进成套的先进设备、聘请外国专家等。建国初期，以色列主要从苏联进口飞机、大炮和机枪等，② 后来转从美国、法国等国进口，其中美国是以色列最大的武器和军事技术进口国。除此之外，以色列政府还鼓励军工企业与西方国家企业开展合作，以联合技术开发和共同研制等方式进口军工技术。以色列几乎所有的军工骨干企业都采取建立合资公司、联合开发销售等方式与国外同行保持深度合作，国外公司也有军工子公司设在以色列。以色列开展后续研究、学习、仿制并吸收进口武器的技术，逐步开发具有自主知识产权的武器。

以色列的国防科技工业运行机制与欧美国家颇为相似，大概包括9个步

---

① 可参见以色列国防部官方网站，http：//www.mod.gov.il/Pages/default.aspx，访问日期：2020年12月29日。

② 〔以〕梅厄：《梅厄夫人自传》，舒云亮译，新华出版社，1986，第217页。

骤（见图 3-9）。通常情况下，武器和技术基础设施发展局提出符合国防军需求的建议、制定研制先进武器的任务。之后采购与生产部通过招标的方式将研制任务承包给国营或私营科研单位或企业，并负责与中标单位签订具体采购合同。采购与生产部设有厂商和用户代表机构，以利于各有关部门之间的交流、信息互通和反馈。①

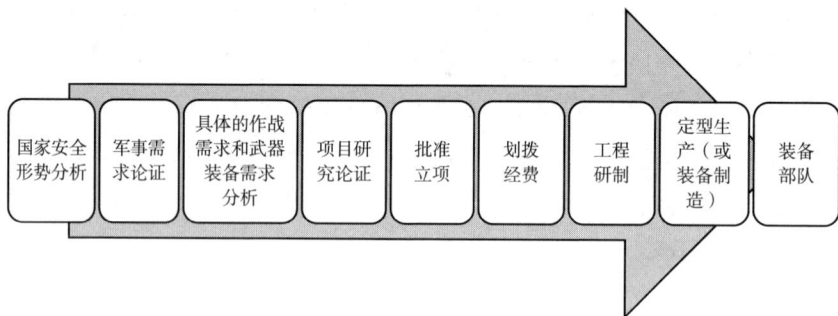

图 3-9　国防科技工业运行机制

资料来源：笔者根据以色列国防军官方网站内容制作，可参见 https：//www.idf.il/en/，访问日期：2021 年 2 月 25 日。

此外，以色列还有一些不属于国防部管理的研发机构。如由总理直接领导的以色列原子能委员会（Israel Atomic Energy Commission，简称 IAEC）②负责制定国家的原子能政策，制订相关发展计划，关注原子能的发展趋势并向政府提供咨询服务，同时代表以色列与其他国家的原子能部门或国际组织保持联系。以色列国家空间研究委员会（National Committee for Space Research，简称 NCSR）③ 隶属于以色列科学与人文科学院，旨在增强以色列的太空科学研究。

---

① 参见周华、宋卫东《以色列国防科技工业概览》，《中国军转民》2008 年第 4 期。

② 以色列原子能委员会成立于 1952 年 6 月 13 日，恩斯特·大卫·伯格曼（Ernst David Bergmann）为首任总干事。参见以色列原子能委员会官方网站，http：//iaec.gov.il/english/，访问日期：2021 年 2 月 2 日。

③ 以色列国家空间研究委员会基于特拉维夫大学的研究项目于 1960 年成立，1961 年发射了以色列第一枚两级导弹。1983 年，以色列政府以该委员会为基础成立了以色列航天局（Israel Space Agency，简称 ISA），隶属于科学文化与体育部，负责管理国家的航天计划，制定航天发展政策，资助并指导航天科研活动及航天工业的发展。

以色列国防科技工业的项目管理运行机制与多数发达国家一样，武器装备的研制生产也以项目管理的形式进行。项目进行时，由研制、生产和使用三方派代表组成专门委员会负责管理。专门委员会是一个临时性管理机构，伴随着武器型号的确立而开始工作，到武器系统完成开发、政府开始采购时结束使命。在这一过程中，其主要任务是制定和修改战术技术指标，讨论和决定重大技术问题，监督和检查研制情况和进度，研究确定年度经费预算，等等。以导弹研制为例，其通常的程序大致为：作战部队提出使用需求→项目研究论证→批准立项并划拨经费→工程研制→原型试验→定型生产→装备部队→发展改进。如"加百列"（Gabriel）反舰导弹是以色列具有代表性的导弹，其 1 型从 20 世纪 60 年代初开始研究论证，1965 年完成工程研制，制出原型弹并进行了试验。1965～1967 年进行作战性能试验，1968 年投入全面生产并装备部队。接着"加百列"2 型的研究发展开始。之后的"加百列"3 型、空射 3 型和 4 型也都是在前一种型号研制完成、定型投产、装备部队之后，紧接着就开始发展后续改进型号并形成系列，技术逐步提高，性能不断完善。[①]

建国初期，以色列的武器和军工技术高度依赖国外，以色列自法国武器禁运后不久开始把部分民用企业转为军工企业。一方面，通过改良进口或缴获的武器节省研究经费，例如把法国的"幻影"（Mirage）战斗机改装成"幼狮"（Kfir）战斗机，把英国的"百夫长"（Centurion）式坦克改装成"战车"式坦克，把苏联的"卡拉什尼克夫"（Калашников）式冲锋枪改装成"加利利"式自动步枪，等等。另一方面，以色列自行设计制造了 1000 多个武器品种，包括陆军武器、各式战斗机、各种口径的火炮及所需弹药、常规炸弹与舰对舰导弹、巨型舰只、试验卫星、各种通信系统与电子设备等。除此以外，与军事息息相关的航空航天技术也在 20 世纪 70 年代迅速发展，以色列开始进行太空探索和建设相关的基础设施（见表 3－13）。

---

① 参见马杰、郭朝蕾《以色列国防科技工业管理体制和运行机制》，《国防科技工业》2008 年第 3 期。

表 3 – 13　20 世纪六七十年代以色列航空航天工业公司武器研发类别

名称	类型	时间	武器简介
加百列 Gabriel	反舰导弹	1962 年	是以色列第一代可操作掠海导弹,由前拉斐尔工程师 Ori Even- Tov 设计制造,广泛应用于赎罪日战争,现发展到第五代
西风 Westwind	公务机	1963 年	该机型最初购买自美国罗克韦尔公司,后经过自主研发和改良 成为商务喷气式机型
阿拉瓦 Arava	运输机	1969 年	以色列第一款投入生产的机型,设计工作开始于 1965 年
达布尔级 Dabur	快速巡逻艇	1970 年	该巡逻艇是在美国造船厂建造的,应用于赎罪日战争,后向黎巴 嫩、阿根廷等多国出售了该级巡逻艇
秃鹫 Nesher	多功能 战斗机	1971 年	原型机是法国达索公司的"幻影"ⅢC 多功能战斗机和法以共同 设计的幻影 5 战斗机
幼狮 Kfir	歼击轰炸机	1973 年	该机原型是 20 世纪 60 年代购买的战斗机。1968 年法国对以武 器禁运后,以色列特工部门窃取了法国"幻影"5 及其"阿塔"8C 发动机的制造图纸,并自行研发

资料来源:以色列航空航天工业公司官方网站,http://www. iai. co. il/2013/22031 – en/ homepage. aspx,访问日期:2021 年 3 月 18 日。

1979 年,以色列航空航天工业公司研制了第一款无人机"侦察兵"(Scout) 并交付空军使用,很快该款飞机被用于实战。后来以色列又与美国合作研发了进阶型号"先锋"无人机,并于 1986 年交付使用。其实早在 1973 年赎罪日战争时,来自巴格达的移民就在以色列研制出第一架"诱饵"无人机,想要借此确定埃军雷达位置,并引导反雷达导弹进行攻击。但是战争结束后这项发明并未引起军方重视,后来该移民在美国成立了专研无人机技术的领先系统 (Leading Systems) 公司。该公司于 1987 年被休斯飞机 (Hughes Aircraft) 公司收购。后来研发出的"呐蚊"750 无人机受到以色列军方的青睐。从 20 世纪中期以来,以色列长期居于全球无人机出口国前列,占全球市场份额的 60%,远超第二名美国的 23.9%,其客户包括美国、俄罗斯、韩国、澳大利亚、法国等数十个国家和地区。[①]

---

① 参见 George Arnett, "The Numbers behind the Worldwide Trade in Drones," The Guardian, 2015 年 3 月 16 日,https://www. theguardian. com/news/datablog/2015/mar/16/numbers – behind – worldwide – trade – in – drones – uk – israel,访问日期:2021 年 4 月 30 日;〔以〕雅科夫·卡茨、〔以〕阿米尔·鲍伯特《独霸中东:以色列的军事强国密码》,王戎译,第 59 ~ 60 页。

虽然早在 1961 年以色列就发射过名为"沙维特"的气象研究火箭，但当时主要是用于地对地导弹的研究，真正出现对侦察卫星的迫切需求可能是在 1978 年。1977 年 11 月萨达特的访问开启埃以和谈的进程。如果签订和平协议，以色列则需要撤出西奈半岛，而如果没有能够监视埃军动向的侦察卫星，撤出这块战略纵深地对以色列来说是两难境地。起初这项计划并未获得国防部门的认可和重视，后来在以色列军事情报局局长约书亚·萨吉和国防部部长艾泽尔·魏兹曼（哈依姆·魏兹曼的侄子）的努力下，以色列开始尝试自主研发侦察卫星摄像系统和运载火箭。[①] 1988 年 9 月 19 日，以色列用运载火箭发射了第一颗卫星"欧菲克－1"（Ofeq－1），以色列也成为继苏联、美国、法国、日本、中国、英国和印度后又一个具备独立发射卫星能力的国家，之后逐渐成长为卫星强国。与其他国家不同，以色列专注于设计 300 公斤的"迷你卫星"。到 2014 年成功发射"欧菲克－10"卫星，以色列已拥有 7 颗间谍卫星，其中大部分能够拍摄高分辨率的照片。2005 年，法国同以色列航空航天工业公司达成战略合作，第一次共同开展地球观测，研发微型卫星"维纳斯"（VENUS），用于研究包括植被、农业和水质在内的陆地资源。2012 年法国还花费 1.82 亿美元从以色列订购了侦察卫星。[②]

以色列的军事工业从 20 世纪四五十年代只能制造手榴弹、冲锋枪等小型武器，逐渐发展为可以自主研发和生产导弹、侦察卫星、坦克等大型武器，还有电子战、网络战等军事系统（见表 3－14）。21 世纪头 10 年，以色列与黎巴嫩接壤的北部地区和与加沙地带相邻的南部地区频繁遭受火箭弹袭击，为应对这一情况，以色列国防军和拉斐尔先进防卫系统有限公司自 2008 年起耗资 2 亿美元共同开发了"铁穹"（Iron Dome）防御系统，于 2011 年首次在贝尔谢巴附近部署，之后又加入了以色列的全面导弹防御网络，并持续得到美国数亿美元的资助。该系统是全天候的拖拽式、可

①　参见〔以〕雅科夫·卡茨、〔以〕阿米尔·鲍伯特《独霸中东：以色列的军事强国密码》，王戎译，第四章。

②　〔以〕雅科夫·卡茨、〔以〕阿米尔·鲍伯特：《独霸中东：以色列的军事强国密码》，王戎译，第 127～128 页。

机动型的防空和导弹拦截系统，主要用于拦截短距离火箭弹和短程导弹等。该系统由监测跟踪雷达（埃尔塔防御公司制造）、战斗管理与武器控制系统（mPrest Systems 公司制造）和导弹发射单元（拉斐尔先进防卫系统有限公司制造）组成，能够在炮弹降落之前进行识别和拦截，被认为是全世界最有效的反导系统之一，自 2011 年以来已经拦截了数千枚敌方火箭弹。2014 年的"护刃行动"期间（2014 年 7 月 8 日至 2014 年 8 月 26日）"铁穹"防御系统击落了从加沙发射的 90% 的火箭弹，2020 年 5 月爆发的巴以冲突中哈马斯方面发射的 2000 余枚火箭弹大多数被"铁穹"防御系统拦截，目前该系统还被用于保护石油钻机等海上战略资产，并出售给多个国家。①

表 3 – 14　以色列武器和军事技术研制时间一览

时间	武器类别
20 世纪 40 年代	手榴弹、冲锋枪、迫击炮、装甲车
20 世纪 50 年代	"乌兹"式冲锋枪、小型武器、弹药
20 世纪 60 年代	"杰里科"中程弹道导弹、第一代非常规动能武器、Fouga Magister 喷气教练机（授权生产）、"加百列"反舰导弹
20 世纪 70 年代	无人驾驶飞行器、激光测距仪和指示器、加利尔突击步枪、"谢夫"级导弹艇、"幼狮"战斗机、梅卡瓦坦克、"巴拉克"地对空导弹、大力水手空对地导弹
20 世纪 80 年代	电子战组件、电子情报和通信情报系统、热成像和光电系统、"欧菲克"侦察卫星、"杰里科"弹道导弹 2 代、"鸟身女妖"攻击无人机、通信加密系统、电报密码解密和编码器、"蟒蛇"4 全天候空对空导弹、激光束武器、先进的装甲技术和反装甲武器、能量武器
20 世纪 90 年代	多用途攻击无人机、网络战、"箭"式弹道导弹、电子战系统、遥感通信系统、反坦克导弹、巡航导弹、第 4 代梅卡瓦坦克
21 世纪	"铁穹"防御系统和其他反导弹系统

资料来源：Priscilla Offenhauer, *Israel's Technology Sector*, The Library of Congress, Standard Form 298 (Rev, 8 – 98), 2008, p. 71, https://citeseerx. ist. psu. edu/viewdoc/download? doi = 10. 1. 1. 908. 3156&rep = rep1&type = pdf，访问日期：2021 年 2 月 22 日。

---

① 可参见 Jewish Virtual Library, The Iron Dome Missile Defense System, https://www. jewishvirtuallibrary. org/the – iron – dome，访问日期：2021 年 3 月 25 日。

第五节　科技领域的国际合作

以色列政府非常注重科技领域的国际合作，鼓励本国科学界与其他国家和地区的科学界展开多个层面的交流。以色列作者与其他国家和地区的作者合作进行了多领域的联合研究并发表了大量成果，且论著数量和合作发表数量一直呈上升趋势。根据联合国教科文组织的统计，1970 ~ 1984 年，以色列作者与其他国家和地区的作者合作发表在主流科学出版物上的文章为51680 篇，这个数字在 1985 ~ 1999 年增长至 106481 篇，2000 ~ 2014 年增长至 165370 篇。其中与美国学者合作发表文章数量是最多的。1970 ~ 1984 年，两国作者合作发表的文章数是 6395 篇，占比为 12.37%，2014 年仅一年时间，两国作者合作发表文章 3386 篇，占比为 26.19%。以色列作者与德国、英国、法国和加拿大作者的合作发表文章数量分列第 2 至第 5 名（见表 3 – 15）。在与国外科研机构合作发文方面，与以色列作者合作发文最多的科研机构是加州大学，1970 ~ 2014 年，共合作发文 14489 篇，其他合作发文较多的科研机构还有哈佛大学、法国国家科研中心等（见表 3 – 16）。以色列政府依托首席科学家办公室建立了数个双边和多边的研究基金，在各个领域广泛资助和推动相关的科技研发活动。

表 3 – 15　以色列作者与其他国家和地区作者合作发表在主流
科学出版物上的文章数量（1970 ~ 2014 年）

单位：篇，%

排名	1970 ~ 1984 年			1985 ~ 1999 年			2000 ~ 2014 年			2014 年		
	国家和地区	文章数	比例	国家和地区	文章数	比例	国家和地区	文章数	比例	国家和地区	文章数	比例
	以色列	51680	100	以色列	106481	100	以色列	165370	100	以色列	12290	100
1	美国	6395	12.37	美国	21463	20.16	美国	38704	23.40	美国	3386	26.19
2	德国	954	1.85	德国	4664	4.38	德国	12439	7.52	德国	1231	9.52

续表

排名	1970～1984 年			1985～1999 年			2000～2014 年			2014 年		
	国家和地区	文章数	比例	国家和地区	文章数	比例	国家和地区	文章数	比例	国家和地区	文章数	比例
	以色列	51680	100	以色列	106481	100	以色列	165370	100	以色列	12290	100
3	英国	793	1.53	英国	3007	3.82	英国	9564	5.78	英国	1174	9.08
4	法国	519	1.00	法国	2784	2.61	法国	7430	4.49	法国	783	6.06
5	加拿大	423	0.82	加拿大	2300	2.16	意大利	6072	3.67	意大利	781	6.04
6	瑞士	265	0.51	意大利	1557	1.46	加拿大	5649	3.42	加拿大	601	4.65
7	荷兰	241	0.47	瑞士	1259	1.18	荷兰	4000	2.42	西班牙	517	4.00
8	瑞典	198	0.38	日本	1089	1.02	西班牙	3920	2.37	荷兰	462	3.57
9	澳大利亚	144	0.28	荷兰	1016	0.95	瑞士	3429	2.07	瑞士	440	3.40
10	意大利	133	0.26	俄罗斯	956	0.90	俄罗斯	3408	2.06	中国	424	3.28
11	丹麦	131	0.25	澳大利亚	727	0.67	日本	3015	1.82	澳大利亚	382	2.95
12	比利时	110	0.21	西班牙	608	0.57	澳大利亚	2933	1.77	俄罗斯	337	2.61
13	南非	105	0.20	瑞典	578	0.54	中国	2795	1.69	瑞典	326	2.52
14	日本	79	0.15	比利时	479	0.45	瑞典	2223	1.34	日本	309	2.39
15	巴西	57	0.11	南非	421	0.40	比利时	2132	1.29	丹麦	268	2.07
16	挪威	32	0.06	丹麦	404	0.38	波兰	2017	1.22	印度	266	2.06
17	奥地利	30	0.06	波兰	387	0.36	丹麦	1801	1.09	波兰	258	2.00
18	芬兰	29	0.06	匈牙利	386	0.36	澳大利亚	1767	1.07	澳大利亚	254	1.96
19	印度	29	0.06	巴西	273	0.26	印度	1569	0.95	比利时	224	1.73
20	希腊	20	0.04	澳大利亚	267	0.25	土耳其	1450	0.88	葡萄牙	220	1.70
21	墨西哥	20	0.04	芬兰	232	0.22	希腊	1449	0.88	土耳其	215	1.66
22	波兰	16	0.03	挪威	220	0.21	巴西	1439	0.87	巴西	210	1.62
23	南斯拉夫	15	0.03	印度	162	0.15	匈牙利	1412	0.85	希腊	209	1.62
24	阿根廷	14	0.03	中国	159	0.15	捷克	1374	0.83	捷克	198	1.53

续表

排名	1970～1984 年			1985～1999 年			2000～2014 年			2014 年		
	国家和地区	文章数	比例	国家和地区	文章数	比例	国家和地区	文章数	比例	国家和地区	文章数	比例
	以色列	51680	100	以色列	106481	100	以色列	165370	100	以色列	12290	100
25	匈牙利	13	0.03	韩国	154	0.14	挪威	1358	0.82	挪威	193	1.49
26	委内瑞拉	13	0.03	墨西哥	153	0.14	比利时	1155	0.70	丹麦	179	1.38
27	中国台湾	12	0.02	希腊	146	0.14	韩国	1084	0.66	南非	160	1.24
28	肯尼亚	11	0.02	捷克*	129	0.12	南非	987	0.60	智利	154	1.19
29	新西兰	11	0.02	新西兰	128	0.12	芬兰	965	0.58	中国台湾	153	1.18
30	捷克斯洛伐克	10	0.02	土耳其	121	0.11	中国台湾	938	0.57	阿根廷	149	1.15

注＊1993 年 1 月 1 日之前为捷克斯洛伐克，之后称捷克。

资料来源：联合国教科文组织根据科学、社会科学、艺术和人文科学英文索引统计，参见 Eran Leck，Guillermo A. Lemarchand and April Tash，eds.，*Mapping Research and Innovation in the State of Israel*，p.104。

表 3－16　与以色列作者合作发表文章数量前十的国外科研机构（1970～2014 年）

单位：篇，%

排名	1970～1984 年			1985～1999 年			2000～2014 年			2014 年		
	机构	文章数	比例	机构	文章数	比例	机构	文章数	比例	机构	文章数	比例
	以色列	51680	100	以色列	106481	100	以色列	165370	100	以色列	12930	100
1	加州大学	1299	2.51	加州大学	5414	5.08	加州大学	7776	4.70	加州大学	910	7.04
2	纽约州立大学	404	0.78	美国国立卫生研究院	2065	1.94	哈佛大学	3504	2.12	哈佛大学	461	3.57
3	伊利诺伊大学	333	0.64	法国国家科研中心	1309	1.23	法国国家科研中心	3446	2.08	法国国家科研中心	433	3.35
4	美国国立卫生研究院	315	0.61	美国能源部	1303	1.22	美国国立卫生研究院	2825	1.71	纽约州立大学	379	2.93
5	法国国家科研中心	303	0.59	哈佛大学	886	0.83	马克斯·普朗克学会	2546	1.54	俄罗斯科学院	304	2.35

续表

排名	1970～1984 年			1985～1999 年			2000～2014 年			2014 年		
	机构	文章数	比例	机构	文章数	比例	机构	文章数	比例	机构	文章数	比例
	以色列	51680	100	以色列	106481	100	以色列	165370	100	以色列	12930	100
6	美国能源部	271	0.52	马克斯·普朗克学会	814	1.76	伦敦大学	2442	1.48	伦敦大学	269	2.08
7	哈佛大学	247	0.48	芝加哥大学	810	0.76	俄罗斯科学院	2311	1.40	马克斯·普朗克学会	268	2.07
8	斯坦福大学	229	0.44	伦敦大学	772	0.73	美国能源部	2283	1.38	哥伦比亚大学	254	1.96
9	宾夕法尼亚大学	229	0.44	纽约州立大学	717	0.68	多伦多大学	2031	1.23	多伦多大学	246	1.90
10	芝加哥大学	188	0.36	伊利诺伊大学	673	0.63	哥伦比亚大学	1857	1.12	美国能源部	232	1.79

资料来源：联合国教科文组织根据科学、社会科学、艺术和人文科学英文索引统计；Eran Leck, Guillermo A. Lemarchand and April Tash, eds., *Mapping Research and Innovation in the State of Israel*, p. 106。

美国－以色列双边科学基金（The US-Israel Binational Science Foundation，简称 BSF）[①]，成立于 1972 年，是一个独立机构，目的是支持两国生物医学工程、人类学、物理学和环境科学等广泛领域下的基础研究和应用研究的科学项目，并借此促进美国和以色列之间的科学联系，加强美以伙伴关系。为保障该基金的运作，以色列于 1977 年颁布了《美国－以色列双边科学基金法》。该基金由 10 人组成的董事会负责运营，基地设在以色列。董事会成员每个国家 5 人，由各自的政府任命，负责制定基金的相关政策（合作研究的主题领域和研究项目）和行使日常管理职责。董事会每年召开两次会议，分别在耶路撒冷和华盛顿特区，董事会主席和副主席由两国人员轮流担

---

① 有关该基金的详细信息可参见 BSF 官方网站，https：//www.bsf.org.il/，访问日期：2021年 4 月 25 日。

任。该基金的研究经费由两国平均分摊，科研项目必须由来自两国的科研人员共同完成，需要通过来自世界范围内著名科学家的同行评审并展示出突出的科学价值才能获得资助。到 20 世纪 90 年代末期，该基金已经资助了近 2000 个项目，总金额近 1 亿美元，[①] 基金的资助方式主要通过常规科研补助（Regular Research Grants）、科研启动资金（Start-up Research Grants）等几个计划进行资助。

常规科研补助项目是基金的主要资助计划。受制于资金限制，董事会通常选择成功率较高的科研项目资助，整体资助率约占 25%，一般不超过 30%，某些学科可能达到 40%。申请者必须由来自每个国家的至少 1 位科学家联名提交（总数不超过 6 位），且必须通过具有合法身份的机构提交申请。基金只接受来自高等院校、政府研究机构、医院和其他非营利研究机构[②]的申请。来自美以两国的主要申请者必须获得博士学位或具有同等学力，且必须是教职人员或同等学力人员。该计划申请每年 11 月提交，结果于次年 7 月初的夏季董事会会议后公布。该计划需两国科研人员联合进行，而且各项绩效指标之间的协同作用必须明显。

科研启动资助项目旨在帮助科研项目的启动，补助金为期两年，不超过 6 万美元。该项资助的申请者需要与常规科研资助的申请者共同竞争，且只能申请其中之一。申请成功后需在第一年末提交进度报告，第二年末提交最终报告。

美国 – 以色列双边科学基金的财政资助一直是以色列科学家的重要资金来源之一，也极大地推动了两国之间的科学研究合作，尤其是帮助以色列学习美国的先进科学技术。该基金资助的科研项目中产生了 46 位诺贝尔奖获得者、43 位沃尔夫奖（Wolf Prize）获得者、24 位阿尔伯特拉斯克（Albert Lasker）医学研究奖获得者、7 位图灵奖（Turing Award）获得者和 7 位菲尔

①　自成立以来，该基金已经为 5400 个高质量的科学研究项目提供了超过 7 亿美元的资助，其中许多项目推进了许多重要科学突破。

②　尽管该基金不接受来自营利性组织和行业组织的申请，但允许申请者中有一位此类组织的人员。

兹奖（Fields Medal）获得者。以色列首位科学类诺贝尔奖获得者阿夫拉姆·赫什科就得到该基金的资助长达 23 年。2004 年的 8 位诺贝尔奖获得者中，有 6 位至少获得了一项 BSF 的资助。但该基金也面临许多严峻问题，伴随着科学研究成本和科学家需求的不断增加，其捐赠金额自 1984 年以来一直没有大的改变。①

美国－以色列双边科学基金与美国国家科学基金（U. S. National Science Foundation，简称 NSF）联合资助计划源于 2012 年两国基金签署的合作备忘录，用来共同资助两国的科学研究。该联合资助计划被认为是加强美以关系的重要举措，目前已经开展了包括传染病生态学、分子与细胞生物学、海洋学、地质学、心理学、计算机网络与系统、电子通信与网络系统等领域的资助工作。

以色列－美国双边工业研究与开发基金（Israel-United States Bilateral Industrial and Research and Development Fund，简称 BIRD）成立于 1977 年，其前身是 1974 年 7 月两国政府成立的联合投资与贸易委员会（Joint Committee for Investment and Trade）。目的是为美国和以色列的公司（包括初创企业和已建立的组织）提供配对支持，促进它们之间建立互利合作。该基金由董事会负责运营，董事会由 6 名代表（两国各 3 名）组成，分别代表美国的财政部、商务部和州，以色列的财政部和经济与产业部，联合主席由美国国家标准与技术研究院（The National Institute of Standards and Technology，简称 NIST）的高级官员和以色列经济与产业部首席科学家担任，每年 6 月和 12 月在两国各举行一次会议。以色列颁布了《以色列－美国双边工业研究与开发法》保障该基金的运作。申请项目必须由两国企业联合提出，且双方都可能获益，项目要展示出其基于工业研发的创新潜力。申请公司是否有能力执行其联合开发和商业化的一部分、是否愿意分享产品开发的财务风险和商业化后的收益也是基金评估的重

---

① 可参见 BSF 官方网站，https://www.bsf.org.il/，访问日期：2021 年 4 月 25 日。

要指标。该基金①为通过申请的项目提供研发总投入 50% 的资助，每个项目不超过 100 万美元，且不占公司股份。该基金建立之初由两国各提供 3000 万美元的资助款，之后双方按 1∶1 的比例提供经费，总额约 1.1 亿美元。②

以色列－美国双边农业研究与开发基金（The Israel-United States Binational Agricultural Research and Development Fund，简称 BARD），③ 成立于 1978 年，旨在为两国共同的利益促进和帮助农业方面的科研与开发，是一项战略研究和应用研究的竞争性资助计划。该基金由董事会负责运营，董事会由 6 名代表（两国各 3 名）组成，以色列方面由农业与农村发展部首席科学家与财政部高官负责。该基金关注的重点是提高农业生产力，包括植物和动物健康、食品质量和安全保障、水质和水量、传感器和机器人技术在农业中的应用、环境保护、可持续的生物能源系统等。该基金还负责管理以色列与澳大利亚以及加拿大农业组织之间的合作事宜。1978 年以色列颁布了《以色列－美国双边农业研究与开发基金法》。该基金支持国际研讨会和学术交流，并为研究生提供奖学金，还资助隶属于公共或非营利性私营实体的科学家，并鼓励农业科学家、工程师或其他农业专家进行交流。基金成立之初由美国和以色列共提供 4000 万美元的初始捐款，到 1984 年，每个国家又增加了 1500 万美元捐款。到 1994 年，以色列每年向该基金追加 250 万美元的捐款。截至 2020 年年底，该基金已经评估了 4600 多个项目，资助了超过 1300 个项目，总资助额超过 3 亿美元，并设有多个资助计划（见表 3 - 17）。

---

①　该基金的资助计划有全面项目和迷你项目。全面项目指总开发成本不低于 40 万美元的项目。迷你项目为不超过 40 万美元的项目，由基金提供最多 20 万美元的资助。若项目以商业化为直接目的，则成功后需返还全部或部分资助。

②　该基金支持的范围涵盖农业、通信、建筑技术、电子、光电、生命科学、软件、国土安全、可再生能源和替代能源以及其他技术领域。有关该基金的详细信息可参见其官方网站，https：//www. birdf. com/approved - projects/，访问日期：2021 年 1 月 22 日。

③　有关该基金的详细信息可参见 BARD 官方网站，https：//www. bard - isus. com/，访问日期：2021 年 1 月 22 日。

表 3 - 17　以色列 - 美国双边农业研究与开发基金主要资助计划

计划名称	重点资助领域	资助时间	资助金额
以色列 - 美国双边农业研究与开发基金	提高农业生产效率； 保护植物和动物免受生物和非生物威胁； 食品质量和食品安全研究； 水质和水量研究； 功能基因组学和蛋白质组学研究； 传感器和机器人开发； 可持续生物能源系统开发	3 年	31 万美元
加拿大 - 以色列农业合作研究计划 (The Canada-Israel Cooperation in Agricultural Research Program)	肉类、奶制品研究； 农业用水管理； 食品安全研究	1 ~ 3 年	不超过 30 万加元
农产品安全中心 - BARD 计划 (The Center for Produce Safety-BARD Program)	环境对土壤改良剂和肥料中人类病原体的生长和存活的影响研究； 生产中人类病原体的生存和成长要求研究； 可用于水果蔬菜中的有效微生物采样方案	1 ~ 3 年	不超过 125200 美元
美国国立食品与农业研究所 (NIFA)-BARD 国际合作计划	粮食安全研究； 农业用水研究； 食品安全研究； 基础计划制订； 可持续生物能源和生物制品开发； 气候变化和变异研究	2 ~ 3 年	每个项目最高资助 20 万美元
昆士兰 - 以色列农业合作研究计划 (The Queensland-Israel Cooperation in Agricultural Research Program)	初级生产用水开发； 产品革新和定制化服务； 综合初级生产系统开发	1 ~ 3 年	每个项目最高资助 10 万美元
德克萨斯州 - 以色列交流项目 (Texas-Israel Exchange)	水和农业土壤的有效利用和管理； 采后食品技术——质量、安全性、运输和保质期的延长； 园艺作物栽培； 海水养殖； 可再生能源和农业生物燃料开发	1 ~ 3 年	每年最高资助 10 万美元

续表

计划名称	重点资助领域	资助时间	资助金额
马里兰大学生物技术研究所－BARD 项目 ［The University of Maryland Biotechnology Institute（UMBI）-BARD Program］	搜索和发现来自海洋生物的新的天然海产物和天然药品； 开发和改进种子生产和孵化技术； 发展适应环境的高效水产养殖系统； 为水产养殖业开发新产品，包括观赏鱼	1 年； 2 年； 3 年	最高每年资助 10 万美元
BARD-MARD 拨款促进项目 （The BARD-MARD Facilitating Grant Program）	关注中东所面临的急迫农业问题： 极端天气条件和全球气候变暖； 植物和动物的生产； 植物和动物疾病； 土壤和食品生产； 灌溉和水质问题；	1 年	最高资助 2 万美元

资料来源：以色列－美国双边农业研究与开发基金官方网站，https：//www. bard－isus. com，访问日期：2021 年 1 月 22 日。

美国－以色列科学技术委员会（United States-Israel Science and Technology Commission，简称 USISTC），1993 年由时任以色列总理伊扎克·拉宾（Yitzhak Rabin）和美国总统威廉·杰斐逊·克林顿（William Jefferson Clinton）倡议创立，通过减少实际边界和文化差异对两国商业合作的影响来推动全球化进程。委员会的目的是鼓励两国的高科技产业参与联合科研项目，促进大学与科研机构之间的交流，推动工业、农业和环境技术的发展，协助军事技术在民用领域的应用，并为长期战略合作搭建基础设施。该委员会由美国商务部部长和以色列经济与产业部部长共同主持，还设有由两国私营部门代表组成的高级咨询小组，咨询小组主要来自两国的学术界和工业界。该委员会是两国政府之间合作的桥梁，致力于协调产品开发和制定测试标准（鼓励以色列的政府部门和私营公司采用更严格的美国标准）。1995 年，委员会成立了美国－以色列科学和技术基金（U. S. -Israel Science & Technology Foundation，简称 USISTF），负责管理和实施委员会的资金和资助计划。该委员会重点关注信息技术、生物技术、法规和标准的统一、国防商业化、环境技术、远程医疗和医疗设备等领域。委员会建立之初，两国政府承诺每年给予 500 万美金、共计 3000 万美金的资金支持。①

三边工业发展基金（The Trilateral Industrial Development Foundation，简称 TRIDE），是美国、以色列和约旦三国政府于 1996 年共同建立的试点计划，旨在鼓励将经济合作作为联合区域合作与发展的催化剂，支持三国私营企业的合资项目，并促进新产品和新技术的研发、制造和营销，主要关注节水技术、海水淡化、可再生能源、干热地区的农业、软件系统和医疗系统等领域。申请项目必须由三个国家的公司进行联合研究或开发，然后获得项目预算 50% 的有条件资助，即如果项目以功能性和可销售的系统或产品结束，那么需归还资助款项。申请项目由 3 位独立的专业人员进行审核和分级，每个国家各有一位，分别来自美国国家标准与技术研究院、以色列首席科学家办公室和约旦皇家科学学会（Royal Scientific Society of Jordan，简称 RSS）。1996 年第一批政府拨款为 100 万美元。②

英国 - 以色列联合技术投资基金（Britain-Israel Joint Technology Investment Fund，简称 BRITECH），由以色列财政部和英国贸工部以 BIRD 和 BARD 为蓝本于 1999 年正式宣布成立，利用以色列的研发实力和英国的营销实力，用于推进和鼓励两国公司之间在工业领域的研发与战略合作，尤其是电信、生物技术、软件开发和电子业。该基金协议为期 5 年，两国各投入 2500 万美元。2006 年 7 月，英以两国启动第二期的项目，每个项目的支持金额由 45 万英镑降低为 30 万英镑，财务支持力度不超过成本的 50%。③

加拿大 - 以色列工业研究与开发基金（Canada-Israel Industrial Research and Development Foundation，简称 CIIRDF），成立于 1995 年，鼓励两国私营

---

① 参见 "The U. S. -Israel Science and Technology Foundation," Jewish Virtual Library, https：//www. jewishvirtuallibrary. org/u－s－israel－science－and－technology－commission－usistc，访问日期：2021 年 3 月 2 日。

② 参见三边工业发展基金官方网站，http：//www. tride－f. com/，访问日期：2021 年 1 月 24 日。

③ "Britain-Israel Relations：Britain-Israel Joint Technology Investment Fund（BRITECH），" Jewish Virtual Library, https：//www. jewishvirtuallibrary. org/britain－israel－joint－technology－investment－fund－britech，accessed March 5，2021.

企业之间的合作研究与发展，重点是新技术的商业化。该基金旨在促进和传播加拿大与以色列研发合作的战略和商业利益；为两国公司提供配对服务、寻求研发合作伙伴，并协调新技术合作；支持跨学科的科学研究，推动技术和工业部门的双边研发活动。重点关注领域包括：生物技术、农业、信息和通信技术、汽车、自然资源管理、公共安全和航空航天等。该基金的运作模式与以色列－美国双边工业研究与开发基金基本相同，两国政府每年提供100 万美元的基础资金，申请项目可进行 6 个月的可行性研究，基金给予50% 研究费用，不超过每年 2 万加元。之后的合作研发资助持续 3 年，基金同样提供 50% 的资助，不超过 80 万加元，基金每年资助大约 7 个项目。[①]

德国－以色列科学研究与开发基金（German-Israeli Foundation for Scientific-Research and Development，简称 GIFSRD），[②] 1986 年由联邦德国科学部（The Ministers of Science of the Federal Republic of Germany）和以色列达成协议，作为对两国不断丰富的科学技术合作的补充，推动两国以和平为目的的基础科学和应用科学研究。该基金董事会由相同数量的两国成员组成，由两国科学部部长担任联合主席，基金具体运作由董事会任命的总干事负责，基金主体部门在耶路撒冷、慕尼黑设有联络处。以色列于 1986 年 4 月颁布了《德国－以色列科学研究与开发基金法》（German-Israel Foundation for Scientific-Research and Development Law）。该基金的年度预算为两国捐赠的2.11 亿欧元的利息。目前该基金每年提供约 1200 万欧元的资助。

新加坡－以色列工业研究与开发基金（Singapore Israel Industrial R&D Foundation，简称 SIIRD），由新加坡经济发展委员会（Economic Development Board Singapore，简称 EDB）和以色列首席科学家办公室于 1996 年根据双方协议建立，目的是促进和支持新加坡与以色列两国公司跨行业的工业研发合

---

① 截至 2021 年 4 月，该基金的资助项目已有 1000 多位参与者，资助了 230 多个双边研发项目和来自两国 200 多家公司的 110 个项目；同时该基金面向全球共同开发、销售了 50 多种技术改进的新产品，为合作公司创造了超过 6000 万美元的初始销售总额和高达 3 亿～5 亿美元额外经济效益。参见 CIIRDF 官方网站，https：//ciirdf. ca/，访问日期：2021 年 4 月 20 日。

② 可参见 GIFSRD 官方网站，http：//www. gif. org. il/Pages/default. aspx，访问日期：2021 年 4月 20 日。

作。研发和改良产品技术，扩展更多的产品组合，创造新市场并缩短新型产品和技术的市场化进程。项目申请必须由两国的注册公司共同提交，实际的研发工作中至少有 30% 必须在新加坡和以色列完成，所开发的技术和产品必须具有商业化潜力。该基金的优势是分享研发项目中的风险、不持有被资助公司的股权、不共享已开发产品和技术的知识产权、不要求受资助公司的任何抵押。项目市场化后需根据实际情况偿还不超过 100% 的初始资助资金，最高资助金额为 100 万美元。[①]

欧盟框架计划（Framework Programme for Research，简称 FPR），是欧盟自 1984 年开始实施的研究与技术开发框架计划（Framework Programmes for Research and Technological Development），也是当今世界规模最大、最具影响力的政府间科技创新规划之一，[②] 以研究国际科技前沿主题和竞争性科技难题为重点，也是欧盟投资最多、内容最丰富的全球性科研与技术开发计划。以色列自 1998 年"第五框架计划"（FPR5）开始加入，是加入这项计划唯一的欧洲本土外国家。以色列科研人员在第一年就取得了巨大成功，仅信息技术一个方面就获得了全部计划资金的约 2.4%。[③]

以色列 - 欧洲科研与创新理事会（Israel-Europe Research & Innovation Directorate，简称 IERID），由经济与产业部首席科学家办公室主导，高等教育委员会规划与预算理事会、科技部、财政部等部门参与，目标是加强以色列与欧洲研究与创新生态系统的科学和工业合作。该机构是以色列参与欧盟框架计划的官方联络点，负责促进以色列实体参与欧盟框架计划以及与欧洲国家的双边和多边研究与创新活动，包括协助学术和工业实体准备并提交方案，提供培训、指导和咨询支持，传播相关的商业资讯，等等。[④]

---

① 可参见新加坡 - 以色列工业研究与开发基金官方网站，https：//www. siird. com/，访问日期：2017 年 11 月 11 日。

② 徐峰：《欧盟研发框架计划的形成与发展研究》，《全球科技经济瞭望》2018 年第 6 期。

③ Israel Information Center, *Fact about Israel*（2003），p. 177.

④ 可参见以色列 - 欧洲科研与创新理事会官方网站，https：//www. innovationisrael. org. il/ISERD/contentpage/about - us，访问日期：2021 年 5 月 1 日。

第四章　以色列科研体系的完善
（20 世纪 90 年代末至今）

　　以色列的经济发展态势始终受制于外部局势。1973 年第四次中东战争结束后，以色列经济进入持续衰退期，直到 20 世纪 80 年代末的大部分年份，GDP 的增长率低于 3%，1982 年甚至首次出现了零增长。20 世纪 90 年代，中东和平进程的推进改善了以色列的外部环境，大批技术移民的到来为社会注入了新的活力，以色列经济发展也迎来了战略机遇期。以此为契机，以色列政府抓住了经济一体化、全球知识经济兴起所带来的大好时机，转变发展方式、调整产业结构，把技术创新作为经济发展的第一动力，实施创新发展战略，着力吸引外商投资，加大出口，推动了经济的长足发展。21 世纪以来，全球经济态势一波三折，以色列经济也深受国际形势与地区不安全因素的影响，GDP 几度上下波动，但 2003 年以来逐渐回升，之后增长迅速，即便在 2008 年全球金融危机的风潮之下，依然保持了较好的势头，从而引起了国际社会的极大关注。2010 年以色列 GDP 增长率达到 5.9%，发展势头强劲。同年，以色列加入经合组织，成为中东地区唯一的经合组织成员国，进入了由英、美、德、日等 30 多个国家组成的经济强国联盟。如果说 20 世纪 90 年代以色列经济"是以先进技术为基础的工业经济，同时也具有完整意义上的外向型经济的特征"的话，那么 21 世纪以色列已成为"创新驱动型"经济体。在经济转型发展的过程中，国家需求促进了科技事业的发展，而后者又有力地推动了"新经济"① 的增长与主要经济部门的改造升级。集"科学、工程、技术、创新"（Science，Engineering，Technology，Innovation，简称 SETI）于一体的研发体系的完善与高效运作是以色列国家创新模式的重要体现，再加上国家层面的战略布局、人才战略的实施，最终形成了富有以色列特色的创新研发系统。政府、军队、企业、高校广泛布局，产学研密切结合，技术转让与孵化能力不断提升，科技创新成就遍地开花。以色列社会从上到下挖掘创新资源、配置创新要素、营造创新氛围，国家创新体系基本形成，融入全球化的程度不断加深，以色列的发展也进入了新的时代，"以色列模式"越来越引起世人的关注。

第一节　创新驱动发展战略

传统经济学家认为，经济发展的动力因素是资本、劳动力、自然资源、技术等诸多因素形成的合力。20 世纪以来，人们越来越多地意识到技术进步对效率增长和经济发展的影响力，而创新是促进技术进步和社会经济发展的根本动力已成为共识，以色列与瑞士、芬兰、美国、日本一样，是全球范围内较早推行创新驱动战略的国家。

一　以色列经济的转型发展

以色列的现代工业体系兴起于 20 世纪 60 年代，确立于 70 年代，食品加工、纺织与服装、家具、肥料、农药、化学品、塑料、金属产品、钻石加工等是以色列的传统工业部门。80 年代高科技产业成为工业发展的主要导向。90 年代是利库德集团与工党交替执政的年代。从整体上看，工党继续推行稳健的经济政策，加大对基础设施及教育的投入，推进政府体制改革、

---

① "新经济"是指建立在信息技术革命和制度创新基础上的经济持续增长，表现为高增长率、低通货膨胀率、低失业率、低财政赤字并存，经济周期的阶段性特征明显淡化的一种新的经济现象。"新经济"一词于 1996 年出现在美国《商业周刊》（Business Week），特指在经济全球化背景下，在美国出现的由信息技术革命所带动的、以高新科技产业为龙头的经济形态。

削减政府预算，稳定物价、降低赤字等；而利库德集团则更多地着力释放资本市场活力、推进国有企业及服务业的私有化改革、抑制通货膨胀、加大对产业结构的调整力度等。但是鼓励以出口为导向的高科技产业发展是历届政府的一贯政策，这一做法也顺应了世界科技革命对全球经济方式转变所产生的作用。从20世纪60年代起，以色列GDP虽个别年份有波动，但总体上处于增长态势，1960年GDP为118亿美元，1970年为274亿美元，1980年为459亿美元，到20世纪90年代中期达到906亿美元。以色列出口总值也急速增长，1960年仅为2.17亿美元，1970年为7.68亿美元，到1980年增长至55.11亿美元，20世纪90年代中期高达205亿美元（见表4-1）。20世纪90年代初期多数发达国家的工业就业人数保持稳定或下降趋势，但1990~1995年以色列工业就业人数增长了26%。[1] 以色列工业通过开发基于科学创造力的技术革新产品获得了巨大的发展空间，以色列的工业占出口的比例1991年为65.5%，2001年为70%（见表4-2）。1990~1995年，以色列工业的发展尤其是高科技产业的布局为以色列的经济腾飞带来了巨大的空间，以色列经济进入了中速增长期，除1993年外，GDP增长率均不低于6%（见表4-3）。

表4-1　以色列经济发展状况（1960年至20世纪90年代中期）

	1960年	1970年	1980年	90年代中期
国内生产总值(十亿美元)	11.8	27.4	45.9	90.6
出口总值(百万美元)	217	768	5511	20500
其中包括				
工业品	154	639	4955	19700
农产品	63	129	556	800
旅游业创汇	110000	419000	1066000	2101000

---

① Israel Information Center, *Fact about Israel（2003）*, p. 194.

续表

	1960 年	1970 年	1980 年	90 年代中期
其中包括				
民航业(年度计)	223000	1051000	2847000	6840000
空运货物(吨/年)	3520	30700	105800	266000
电力(百万千瓦小时)	1869	5700	11070	32466
私人汽车(辆)	24000	148000	410000	1174000
电话用户(人)	68000	369000	860000	2539000

资料来源:以色列驻华大使馆:《以色列通讯》,1998,第 14 页。

表 4 - 2 以色列主要行业占比情况 (1991 年、2001 年)

单位:%

行业	占国民生产总值的比例		占劳动力的比例		占出口(包括商品和劳务)的比例		占投资的比例	
	1991 年	2001 年	1991 年	2001 年	1991 年	2001 年	1991 年	2001 年
工业	23	19	22.7	20	65.5	70	22	21
农业	5	2	3.5	1	4	1	2	2
建筑	8	6	6.1	5	—	—	42	27
交通运输	10	8	6.1	6	7.4	5	19	28
商业、金融业和服务业	25	38	3	39	23.1	6	15	—
公共事业	29	27	29.8	29	—	18	15	—

资料来源:1991 年数据来源于 Israel Information Center, *Fact about Israe (1992)*, p. 206;2001 年数据来源于 Israel Information Center, *Fact about Israel (2003)*, p. 195.

表 4 - 3 以色列主要经济指标年度增长率 (1990 ~ 1995 年)

单位:%

	1990 年	1991 年	1992 年	1993 年	1994 年	1995 年
国内生产总值	6.0	6.2	6.7	3.4	6.5	6.9
商业部门	7.6	7.5	8.0	3.5	7.6	8.3
工业部门	6.2	6.7	8.3	6.8	7.5	8.3
私人消费	5.5	7.3	8.2	7.7	8.8	7.1
国内投资总额	23.0	39.7	6.3	0.2	10.0	11.7
非居住用建筑投资	25.1	23.3	11.0	16.7	16.9	6.0
居住用建筑投资	17.8	73.8	- 0.6	- 27.1	2.0	18.2
通货膨胀率	17.2	18.0	9.4	11.2	14.5	8.1
商品及服务业出口	8.8	- 3.3	10.8	13.1	13.1	8.6

资料来源:以色列中央统计局:《以色列通讯》,1996,第 19 页。

20世纪90年代是以色列"起飞与挑战"并存的年代，换句话来说是在"挑战"之下谋求"起飞"，"起飞"是对"挑战"的应对。20世纪的最后10年对以色列人来说是不同寻常的10年，如果说和平进程的起起落落、痛失拉宾等是刻骨铭心的记忆，而经济的发展尤其是高科技产业带给他们的感触、惊喜与从未有过的愿景也同样无法忘怀，正是在"一种剧烈变化的动态环境中，高科技得以起飞并把以色列带到了前所未有的国际高度"①。面对国际环境的变化，以色列政府不断调整经济政策，深化经济体制改革，助推自由化、市场化的发展方向，弱化对资本市场的管制，鼓励外国资金的注入，同时加大教育投入与研发投入，为高科技产业的发展营造了更好的市场环境。为了完善技术创新的资金供给，以色列加速发展风险投资业，募集国内外私有资本，广泛拓展资金来源渠道，仅1998~1999年，外国投资者在以色列工业部门的总投资额就有60亿美元。② 以色列的高科技产业既借鉴了国际经验，也不乏以色列人的智慧。以色列高科技产业兴起的

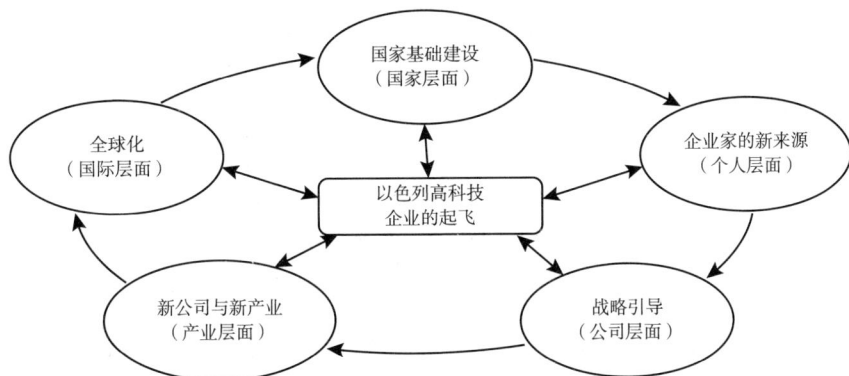

图4-1 以色列高科技产业兴起的关键性因素（战略层面）

资料来源：Avi Fiegenbaum，*The Take-off of Israeli High-Tech Entrepreneurship during the 1990s：A Strategic Management Research Perpective*，London：Emerald Group Publishing Limited，2007，Introduction，p. 8。

---

① Avi Fiegenbaum，*The Take-off of Israeli High-Tech Entrepreneurship during the 1990s：A Strategic Management Research Perspective*，p. 1.

② Israel Information Center，*Fact about Israel（2003）*，p. 197.

关键性因素及其相互作用如图 4 - 1 所示。在各种因素的综合推动下，到 20 世纪 90 年代末，以色列的产业结构完全实现了由劳动密集型产业到以技术创新为前提的知识密集型产业的升级，发展了生命科学、计算机技术、电子通信、网络安全、现代农业等高科技产业集群，高科技产业中占比最高的是软件产业、电子业，分别占 37% 和 29%，工业仅占 10%（见图 4 - 2）。

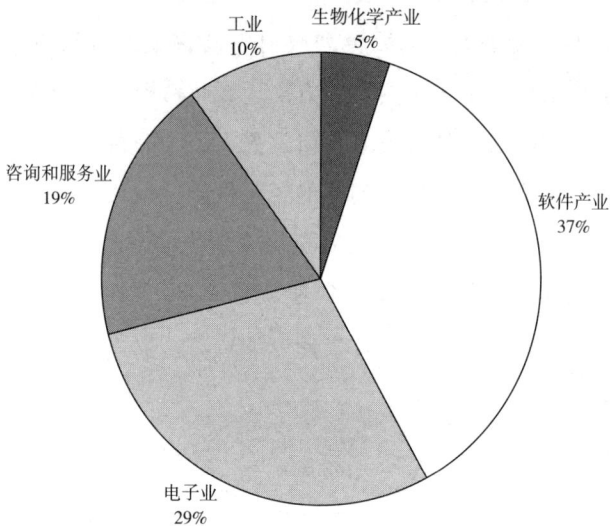

图 4 - 2　20 世纪 90 年代末以色列的产业结构

资料来源：Avi Fiegenbaum，*The Take-off of Israeli High-Tech Entrepreneurship during the 1990s：A Strategic Managment Research Perspective*，p.107。

21 世纪以来，以色列的高科技产业是维持创新驱动型经济发展的中坚力量，技术导向型与出口导向型是其两大显著特征。1984～2014 年，以色列的出口总额由 100 亿美元跃升至 960 亿美元。其中，高科技产品的出口额由 1984 年的 10 亿美元增长至 380 亿美元。[①] 2000 年，以色列约有工业企业 15400 家，雇用职工 363000 名，其中受过高等教育的人数占职工总数的

① Joel Tsafrir，*Israel National Technological Innovation Report 2016 - 2017*，The Luzzatto Group Research Division，2016，p.10。

14%，这个比例仅次于美国、荷兰。以色列拥有极富创造力的劳动大军，20世纪和21世纪之交新建公司数目已超过4000家。在软件、计算机等行业，以色列2001年新增公司的数量甚至高于加利福尼亚的硅谷。"以色列公司的名称越来越频繁地出现在华尔街与欧洲的交易市场，这正是以色列高新技术产业备受关注的明证。"① "以色列商业模式成功的一个标志就是科学、技术与高科技产业的融合。在美国资本市场上进行交易的科技公司数量以色列排在第2位（仅次于美国）。"② 2006年兰德公司（Rand）为美国国家情报委员会（US National Intelligence Council）所做的一项研究中，预测了2020年度生物技术、纳米技术、材料和信息技术领域最有应用前景的16项先进技术，也评估了29个国家在研究能力、技术能力、资金能力及应用能力方面的现状与潜力，排在第一序列的是美国、加拿大、德国、以色列、日本及韩国。③ 经合组织的统计数据显示，2012年以色列在高新产业领域的研发投入占比在经合组织中居于第1位；对于大学的研发投入占比排在第7位，低于荷兰、瑞典、丹麦等国，但明显高于日本、意大利、加拿大、美国等发达国家。④

根据《以色列国家技术创新报告 2016～2017》（*Israel National Technological Innovation Report 2016–2017*）公布的数据，2017年以色列共有7072家高科技企业，其中互联网企业占25%、电信技术企业占20%、计算机与软件技术企业占19%、生命科学技术企业占17%、清洁能源企业占9%、半导体企业及网站技术研发企业各占2%。⑤ 截至2017年，以色列在纳斯达克上市了94家企业，总计700亿美元的市场总值，这一业

---

① Israel Information Center, *Fact about Israel（2003）*, pp. 196－197.

② Eli Hurvitz and David Brodet, eds., *Israel 2028：Vision and Strategy for Economy and Society in a Global World*, US-Israel Science and Technology Foundation, 2008, p. 114.

③ Eli Hurvitz and David Brodet, eds., *Israel 2028：Vision and Strategy for Economy and Society in a Global World*, p. 114

④ Eran Leck, Guillermo A. Lemarchand and April Tash, eds., *Mapping Research and Innovation in the State of Israel*, p. 92.

⑤ 其他企业占6%。Joel Tsafrir, *Israel National Technological Innovation Report 2016－2017*, p. 45.

绩仅次于美国和中国。① 以色列的高科技产业在短期内脱颖而出并获得集群化发展引起了学界的关注。以色列学者对其高技术产业给出了这样的分析：

> 以色列高技术的演进路径自成一格：它的历史和社会发展与全球的技术发展趋势同步，如20世纪80年代出现的信息技术通信产业。随后，我们探究以色列高技术演进所处的特定历史环境，不断适应和竞争的过程，所有这些因素都对其发展有塑造作用。我们认为，以色列高技术集群的出现具备"路径依赖"本质，再加上体制和文化因素的辅助，都使该集群能更好地适应环境变化。
>
> ……
>
> （以信息技术通信领域为例）政府的研发政策有三大目标：第一，在整个商业领域引发并扩散研发/创新能力；第二，推动技术创新；第三，通过替代性的创新领域经验，辨识并"选择"那些具备可持续发展、有竞争潜力的对象。②

1991～2016年，高科技产业的发展带动了以色列经济的发展，与经合组织国家对比可以看出，除2001～2003年外，以色列的GDP年度增长率一直高于经合组织国家的GDP总年度增长率，甚至在2008～2009年全球金融危机中仍然保持了增长（见图4-3）。从国内生产总值来看，2006～2016年以色列经济保持了比较稳定的增长态势（见表4-4）。

---

① Kobi Yeshayahou, "Nasdaq Expects More Israeli IPOs in 2017," *Globes*, February 22, 2017, http：//www. globes. co. il/en/article – nasdaq – expects – more – israeli – ipos – in – 2017 – 1001178094, accessed March 25, 2021。

② 〔以〕伊斯雷尔·德罗里、〔以〕塞缪尔·埃利斯、〔以〕祖尔·夏皮拉：《创新的族谱：以色列新兴产业的演进》，龚雅静译，上海社会科学院出版社，2017，第159页，第163页。

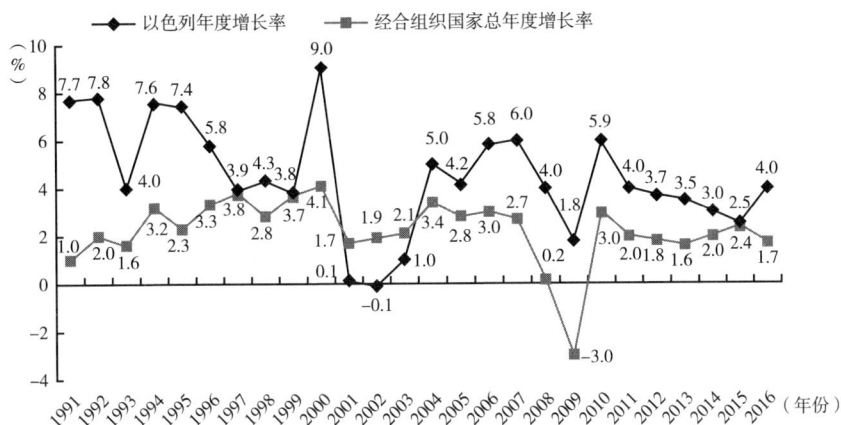

图 4 - 3　以色列与经合组织国家的 GDP 增速状况对比（1991 ~ 2016 年）

资料来源：经合组织官方网站数据库，https：//data. oecd. org/gdp/real - gdp - forecast. htm#indicator - chart，访问日期：2021 年 3 月 9 日。

表 4 - 4　以色列国内生产总值情况（2006 ~ 2016 年）

单位：百万新谢克尔

年份	国内生产总值	人均国内生产总值
2006	678312	95693
2007	725796	100547
2008	767547	104413
2009	811936	108517
2010	870843	114272
2011	924618	119104
2012	991762	125449
2013	1049108	130227
2014	1086867	132353
2015	1150464	138923
2016	1227830	143305

资料来源：Israel Central Bureau of Statistics，http：//www1. cbs. gov. il/reader/？MIval = cw_ usr_ view_ SHTML&ID = 421，访问日期：2018 年 7 月 4 日。

二　《2028 愿景与战略》报告

为了释放更大的经济活力，以色列着力推动创新经济，以创新来改变经济结构，以有效的国家创新体系来全面提高经济效率与社会治理能力。国际上公认的创新型国家的主要标志是研发投入的高比例（研发支出占 GDP 的比例一般在 2% 以上）、科技进步的高贡献率（60% 以上）、对外技术的低依存度（不超过 30%），以及高效的自主创新能力与良好的政策环境，而以色列除了对外技术的依存度较高外（主要是依赖美国），在其他方面都居于世界前列。进入 21 世纪以来，如何应对全球化的挑战，提高国家的创新竞争力成为以色列政界、业界的主流话语。

早在 1992 年，以色列政府就提出了"面向 21 世纪科技进军"的《明天：1998 年》计划，强调科学技术的重要性。2008 年是以色列建国 60 周年，社会精英们在为以色列的发展而倍感骄傲的同时，也有着很强的忧患意识，积极思考以色列所面临的问题以及未来的发展走向。同年 3 月，以色列本土以及美国的犹太学者与各界著名人士联合发布了一份关于未来 20 年经济社会发展的愿景报告，即《以色列 2028：全球化世界中的经济社会愿景与战略》（*Israel 2028：Vision and Strategy for Economy and Society in a Global World*，以下简称《2028 愿景与战略》）。① 《2028 愿景与战略》由最高规格的专家团队组成 10 人规模的编制委员会，主席为梯瓦制药工业公司总裁、本－古里安大学董事会主席埃利·胡尔维茨（Eli Hurvitz），执行主席（总编辑）为以色列财政部前总司长大卫·布罗德特（David Brodet），成员包括以色列经济与产业部首席科学家埃利·奥佩尔，退役少将、议员以撒·本－以色列（Isaac Ben－Israel），以色列理工学院管理研究所所长、美国－以色列科技委员会董事会成员约拉姆·亚哈夫（Yoram Yahav），特拉维夫大学化学系教授、以色列科学院前主席约书亚·约特纳（Joshua Jortner），以色列 ECI 电信公司董事长拉菲·马奥尔（Rafi Maor），美国－以色列科学技术

---

① 《2028 愿景与战略》由美国－以色列科学技术委员会于 2006 年发起，以色列经济界、商界、科技界及政界人士也积极响应。报告的完成历时两年多，有 60 多名研究者进行了全方位的调研，以色列著名智库撒母耳·尼尔曼国家政策研究所（Samuel Neaman Institute for National Policy Research）完成了大部分内容。参见 http：//www.usistf.org/wp－content/uploads/2014/03/Israel－2028.pdf，访问日期：2021 年 5 月 5 日。

委员会主席大卫·梅隆－瓦普纳（David Miron-Wapner），以色列萨尔多战略咨询公司主席萨米·弗里德里希（Sami Friedrich），撒母耳·尼尔曼国家政策研究所主席、以色列理工学院原校长、美国－以色列科学技术委员会董事会成员泽夫·塔德莫尔（Zehev Tadmor）。[①] 从操作层面看，《2028 愿景与战略》除了管理机构外，按照专题设立了十个团队：整合团队（Integrating Team）、全球化团队（Globalization Team）、公共服务职能转变团队（Public Service Institutional Change Team）、科技研发团队（Science/Technological R&D Levering Team）、传统产业和服务业团队（Traditional Industries & service Sector Team）、劳工政策团队（Labor Policy Team）、宏观经济团队（Macro-Economics Team）、高等教育和科学研究团队（Higher Education & Science Research Team）、环境团队（Environmental Team）、物质基础设施团队（Physical Infrastructure Team）。其中的科技研发团队由 10 人组成，分别来自撒母耳·尼尔曼国家政策研究所、美国佐治亚大学（University of Georgia）、以色列的希伯来大学和大卫·本－古里安大学、英国剑桥大学（University of Cambridge）、以色列农业部首席科学家办公室，团队负责人是撒母耳·尼尔曼国家政策研究所资深研究员、海法大学经济学家丹·佩莱德（Dan Peled）教授。

《2028 愿景与战略》的内容共 309 页。除前言、"目标、政策及建议"外，内容由三大部分共十四章组成：第一部分为"历史背景、愿景与战略"（Historical Background，Vision and Strategy），包括三个专题："导论与历史背景""愿景""困境与国家战略——以色列未来的一面镜子"。第二部分为"国家战略——经济与社会领域"（National Strategy-Economic and Social Realms），包括"以色列与全球性挑战""公共服务中的机构转变""促进科学/技术研发""传统产业与服务业""高等教育与科学研究""劳工政策""环境""物质基础设施"八个专题。第三部分为"宏观经济发展"（Macro-

---

① Eli Hurvitz and David Brodet, eds., *Israel 2028：Vision and Strategy for Economy and Society in a Global World*, p. 8.

Economic Development），包括"宏观经济发展"专题以及两个附录（"六个成功小国的经验""美国－以色列科技合作2028"）。[1]

《2028愿景与战略》报告是一个内容非常广泛的战略报告，设置了未来20年以色列国家的发展蓝图。

> 实现快速、均衡、缩小社会差距的国家目标，在未来20年内使以色列跻身于人均GDP排名世界前10～15位、在经济发展与生活质量方面引领世界的国家行列。该规划涉及诸多问题：经济与社会、政府和公共管理、全球化和科学技术。它还讨论了有关劳动力市场、国家基础设施、教育尤其是高等教育、科学研究、传统产业融入全球化进程等方面的政策问题。这些问题以及其他观点的讨论为以色列的未来及其在世界民族之林中的经济、社会、教育和文化前沿地位提供了一面镜子。[2]

《2028愿景与战略》最核心的内容是为以色列设定经济增长目标。2007～2008年，以色列的人均GDP为2.08万美元，排在世界第22位，而《2028愿景与战略》所设定的目标是，到2028年，以色列的人口将达到980万人，GDP总量将超过5000亿美元（根据2007年的估计），人均GDP将达5.3万美元。基尼系数（Gini Index）[3]将从0.379降低至0.32，劳动力参与率将提升至60%。到2028年以色列建国80周年之际，"绝大部分的建国一代已离我们而去，他们是国家独立的奠基者。但是基于他们的贡献以及子孙

---

① Eli Hurvitz and David Brodet, eds., *Israel 2028: Vision and Strategy for Economy and Society in a Global World*, p. 3.

② Eli Hurvitz and David Brodet, eds., *Israel 2028: Vision and Strategy for Economy and Society in a Global World*, Foreword, p. 5.

③ 基尼系数是指国际上通用的、用以衡量一个国家或地区居民收入差距的常用指标，最早由意大利学者在1912年提出。基尼系数介于0～1，国际惯例把0.2以下视为收入绝对平均，0.2～0.3视为收入比较平均，0.3～0.4视为收入相对合理，0.4～0.5视为收入差距较大，0.5以上视为收入悬殊。基尼系数越大，表示不平等程度越高。

后代的努力，承载着无数人梦想的以色列不仅能够生存，而且还将实现其作为一个典范国家的历史使命"①。贯穿于《2028愿景与战略》的根本理念是创新发展，"创新"是报告中多次出现的关键词。报告强调，必须占有创新的竞争优势才能获得稳定的发展，而要做到这一点，首先要弄清"创新"的内涵与外延。

> 创新是《2028愿景与战略》报告取得成功的必要条件，创新通常与研发、占领市场的新产品如移动电话、互联网以及新材料的发展密切关联，而且创新还有其他含义，应扩大适用范围——超越高科技之外的领域，甚至超越生产领域。创新意味着机构变革，采用提高生产率的方法以实现生产率的增长。创新在各种业务领域都是可能的：生产、设计、营销、组织及整个企业管理。没有创新，传统产业和服务业就无法实现变革，商业部门的创新是全要素生产率增长及未来几年高增长预期的基础。创新也应用于公共政策领域，经过有根据的情况分析，构建出新的方法和工具，实现公共管理方面以推动社会经济发展为目标的重大突破。革新最好将对高质量、主动性和创造性的追求同想要做贡献的愿望结合起来。②

正是从创新发展的角度出发，《2028愿景与战略》报告中用了24页的篇幅谈"高等教育与科学研究"，用了28页的篇幅谈"促进科技研发"。报告指出：以色列目前是世界上10个科技研究最先进的国家之一，其高科技产业部门已进入世界最发达国家的行列，但由于公共研发政策的缺乏以及研发领域的全球竞争态势，以色列要长久保持目前的历史地位，还面临很多困难。报告专门分析了以色列在科技研发领域所存在的突出问题，如缺乏国家

---

①　Eli Hurvitz and David Brodet, eds., *Israel 2028: Vision and Strategy for Economy and Society in a Global World*, Foreword, p. 6.

②　Eli Hurvitz and David Brodet, eds., *Israel 2028: Vision and Strategy for Economy and Society in a Global World*, pp. 54–55.

层面的长期战略规划、人才流失导致高水平人才不足、技术研发经费短缺、边缘地区的技术研发力量十分薄弱等。为了维持其在全球科技的领先地位，以色列必须采取行动实现以下目标。

（1）确保劳动力能够得到适当技术培训，并能够在国家的经济、教育、卫生、环境等部门吸收和使用各领域的先进技术。

（2）创造一个竞争、自由的商业环境，形成清晰、透明、稳定的支持研发的公共政策，建设一批能吸引跨国高科技公司进入以色列的现代基础设施。

（3）重视高校基础和应用研究，并将科研成果转化到商业部门作为创造新的科学技术、培训劳动力和培育未来研究人员的知识基础。

（4）任命一个对总理负责的科学技术顾问，成立国家科学技术委员会（National Science and Technology Council）来协调影响这些目标实现的各部门之间的关系，并划定政府机构的战略重点，制定实现目标的行动方案。[1]

为了实现上述目标，《2028愿景与战略》特别提出了今后开展研发事业的指导原则。

（1）只有在市场出现重大问题或系统严重失灵的情况才需要实施政府干预。

（2）政府应分别处理和对待"研究"（Research）和"开发"（Development）活动，将"发展"一词分为两部分："基础科学/技术研究"（Basic Scientific/Technological Research）和"应用或工程开发"

---

① Eli Hurvitz and David Brodet, eds., *Israel 2028: Vision and Strategy for Economy and Society in a Global World*, p. 113.

（Applied or Engineering Development）。政府必须提供资源和基础设施以促进研发和创新，增加对研究的投资，在较小程度上支持基本开发，并且最低限度地支持工程开发（主要由企业出资）。

（3）对政府的支持项目不断进行定期评估，并公布评估结果。建立一个支持政府研发政策的实时数据库作为政府支持项目的一个主要组成部分。数据库将不断进行扩充和更新，包括科学、研发和创新活动及其经济贡献方面的数据。

（4）组织系统必须适应以下3个方面在未来的政策变化。

①建立一个高级的政府机构负责以持续的、前瞻性的方式优先进行规划和决策。新的政府机构将处理教育、科学、技术和创新问题，名为：国家科学和技术委员会。这一建议源于需要协调的因素的复杂性、长期性和多样性，以便为科学、技术和工业发展制定出适当的政策。

②加强以竞争性和全球性为导向的以色列自由营商环境，并建设必要的基础设施来鼓励以色列公司利用国内外的技术成就，使以色列广泛和多样化的部门对跨国公司具有吸引力，实现与世界重要力量在国家和企业层面上的战略联系与合作。国外研究表明，以色列的国际性高科技公司的存在直接对以色列研发活动做出了重要贡献。

③促进高校科技创新和基础研究，确认其在技术转让、创新吸收和为经济领域已有的及新创的高科技企业提供可持续发展基础的功能。这一目标将通过发展新技术与科学发明的生产者（研究人员）、各产业部门和服务业领域潜在用户之间的新关系来实现。

《2028愿景与战略》报告的编制得到了时任总理埃胡德·奥尔默特（Ehud Olmert）的高度认可，可以说这一历时两年的艰巨工作一直是在以色列政府的指导下进行的。报告完成后，奥尔默特立即在同年5月4日提交给内阁，并获得了一致支持，《2028愿景与战略》也由专家建议立刻升格为以色列的国家战略。以色列、美国的媒体也给予高度评价，2008 年 10 月 28 日《耶路撒冷邮报》（*The Jerusalem Post*）发表了兹维·赫尔曼（Zvi Hellman）的署名文章，盛赞其为"通向繁荣的路线图"①。此后以色列的经济社会布局也与《2028 愿景与战略》所设定的发展理念与政策导向高度一致，以色列总理本雅明·内塔尼亚胡（Benjamin Netanyahu）及其内阁高层也在多种场合提到"2025 年以色列人均国民收入方面迈入世界前 15 位、跻身于世界 15 大经济体"的愿望与目标。

三 《创新 2012 计划》

《2028 愿景与战略》是基于以色列的政治、经济及文化状况制定的长远的、宏观的发展规划，具体的细化与落实就成了政府各部委的核心任务。《2028 愿景与战略》为以色列产业的发展规划了三个主要议题：提升传统产业；助推现有技术性产业成为全球知识密集型产业；大力发展高新技术产业。那么，如何利用以色列的已有优势，制定出更为具体的产业创新政策成为以色列产业界、经济界所关注的问题。经济与产业部首席科学家办公室表示愿意在《2028 愿景与战略》的框架之下，围绕三个相关专题制订后续的实施方案，这三个专题是：以色列与全球挑战；利用科技研发；传统产业创新的升级与改造。在经济与产业部首席科学家办公室的授权下，2012 年 9 月，由撒母耳·尼尔曼国家政策研究所高级研究员、梯瓦制药工业公司副总裁吉利德·福尔图纳（Gilead Fortuna）领衔的专家团队推出了阶段性研究报告《创新 2012：借力科技与以色列独特创新文化的积极产业政策——对〈以色列 2028：全球化世界中的经济社会愿景与战略〉的跟踪研究》（*Innovation 2012: An Active Industrial Policy for Leveraging Science and Technology and Israel's Unique Culture of*

---

① Zvi Hellman, "Road Map to Prosperity," *The Jerusalem Post*, October 28, 2008, http://www.jpost.com/Jerusalem－Report/Road－Map－to－Prosperity－Extract, accessed May 5, 2019.

Innovation, *A Follow-up Study to "Israel 2028-Vision and Strategy for Economy and Society in a Global World"*，简称《创新 2012 计划》）。《创新 2012 计划》的负责人为吉利德·福尔图纳，执行委员会主席为埃利·奥佩尔。2010 年 12 月 31 日后由经济与产业部首席科学家阿维·哈森接任执行委员会主席。

《创新 2012 计划》共 41 页，主要内容可概括为三个方面。

（1）综述了以色列的传统产业与新兴的技术领域，尤其是分析了生命科学与生物技术、清洁技术、商业与民用航天产业、信息技术产业的发展状况、影响发展的障碍性因素、实施创新计划的具体路径。

（2）项目研创团队的介绍以及他们开展工作的思路与方法。

（3）关于《创新 2012 计划》的由来、目标、各团队所提出的具体建议。

《创新 2012 计划》的总体目标是："提出有关国家工业政策和计划的积极方案，从而使以色列能够充分利用其科技优势、创新文化和企业家精神，实现国家增长目标并缩小社会差距。"①《创新 2012 计划》中除了管理人员之外，下设五个研发团队，即传统产业团队（Traditional Industries Team）、生命科学/生物技术团队（Life Sciences / Biotechnology Team）、清洁技术团队（Cleantech Team）、民用空间团队（Civilian Space Team）、高新信息通信技术团队（Hi-tech ICT team）。《创新 2012 计划》的团队构成、存在的问题及政策建议见表 4 - 5。

---

① Gilead Fortuna, ed., *Innovation 2012: An Active Industrial Policy for Leveraging Science and Technology and Israel's Unique Culture of Innovation*, Washington D. C: US-Israel Science and Technology Foundation, 2012, p. 15.

表 4-5　《创新 2012 计划》的团队构成、存在的问题及政策建议

团队名称	存在问题	政策及建议	负责人及其单位
传统产业团队	经营者不愿改变长期形成的思维模式、缺乏符合其需求的系统支持、缺乏出口的相关经验等	用创新来提升传统产业,提高生产率;发展积极而直接的传统产业政策,提升其创新能力和扩大出口规模	吉奥拉·沙拉吉(Giora Shalgi),撒母耳·尼尔曼国家政策研究所高级研究员、拉斐尔先进防卫系统有限公司前首席执行官
生命科学/生物技术团队	致力于制定和执行支持生命科学的政策和计划,维持和巩固以色列在全球生命科学产业领域的领导地位	保持首席科学家办公室对该领域的倾斜,为该领域的长期战略规划制定路线图,鼓励小型企业参与全球竞争,促进医药设备等领域的商业研究,鼓励外资对该领域研发和生产的投资,建立以色列食品药品管理局,制定临床实验法规	奥拉·达尔(Ora Dar),经济与产业部首席科学家办公室生命科学部主任
清洁技术团队	政府机构的支持过于分散、缺乏发展和创立公司的资金、开展商业项目难、开辟国际市场存在难度等	制定发展清洁技术产业的明确政策,鼓励创新和允许传统产业进入,改善有关的基础设施,加大资金投入力度	埃拉德·沙维夫(Elad Shaviv),思科公司清洁技术项目主任
民用空间团队	地缘因素的制约,以色列政府、空间产业和研究机构开展国际合作力度不够	增加政府在民用空间产业的预算;全方位加强以色列航天局与美国国家航空航天局(NASA)之间的合作,以推动以色列的空间产业	以撒·本-以色列(Isaac Ben-Israel),退役将军、经济与产业部国家研发委员会主席
高新信息通信技术团队	对该领域的投入不够,以色列在该领域的公司规模与全球性公司仍存在差距	今后 5 年每年至少为 1500 名工程专业学生提供总额达 4500 万美元的资助;今后 5 年首席科学家办公室的预算每年至少增加 15%;为以色列公司收购合并成为全球性公司提供税收优惠和其他激励措施	什洛莫·泰特尔(Shlomo Maital),撒母耳·尼尔曼国家政策研究所高级研究员

资料来源:Gilead Fortuna, ed. , *Innovation 2012: An Active Industrial Policy for Leveraging Science and Technology and Israel's Unique Culture of Innovation*;艾仁贵:《"以色列 2028 愿景":基于国家发展理念的分析》,载张倩红主编《以色列蓝皮书:以色列发展报告(2017)》,社会科学文献出版社,2017,第 183 页。

《创新 2012 计划》的专家团队选择了 50 位富有创新精神的工程师进行追踪调研，得出了比较乐观的结论："以色列人创新的源泉深深根植于这个国家的历史与文化，这种积淀所打下的基础并不过时。"根据这一样本，以色列创新的主要驱动因素占比排在前五位的分别如下：

    （1）富有弹性（Resilience），占 13.75%；

    （2）顽固的坚持（Stubborn Persistence），占 10.75%；

    （3）角色榜样（Role models），占 9.93%；

    （4）改变世界的愿望（Desire to change the world），占 9.25%；

    （5）不畏惧风险（Lack of fear of risk），占 8.59%。

该计划强调："虽然全球市场的快速变化可能危及以色列目前的高科技战略与竞争优势，但这些核心驱动力是永久性的，能支撑着高科技公司的未来，这些品质将推动以色列高新技术产业的任何重塑。"[1]

《创新 2012 计划》充分肯定了以色列的研发水平与技术运用在世界的领先地位，强调以色列经济社会的发展是得益于一种"合力"的作用，包括对科学的执着追求，领先于世界的技术水平，高等教育所奠定的智力基础，基础研究、应用研究与先进制造业的优良组合，研发与生产密切联系，等等。但同时强调，经济的持续增长需要不断更新综合性的政策条件与发展环境，特别是国际舞台上激烈的竞争与变化、维持科技人力资本所需要的不断变更的基础条件，都需要以色列不断更新其原有的产业政策。该创作团队还特别分析了影响以色列高科技产业可持续增长与领导力的几个关键障碍，最突出的是工程师短缺，其次是资本不足以及技术公司在国外市场上优势不明显等。正是基于上述分析，《创新 2012 计划》的专家团队重点探讨了以色列的创新生态系统（见图 4-4），认为组成该系统的四个分支是：（1）文化；

---

    ① Gilead Fortuna, ed., *Innovation 2012: An Active Industrial Policy for Leveraging Science and Technology and Israel's Unique Culture of Innovation*, p. 35.

（2）制度与政策；（3）基础设施，包括科学、教育和物质设施；（4）资源，包括人力与有形资本。这四个分支也是推动创新的四个关键性要素。因此，要形成创新生态系统，必须仔细研究这四个要素，探讨其组合结构及组合效应的最大化。

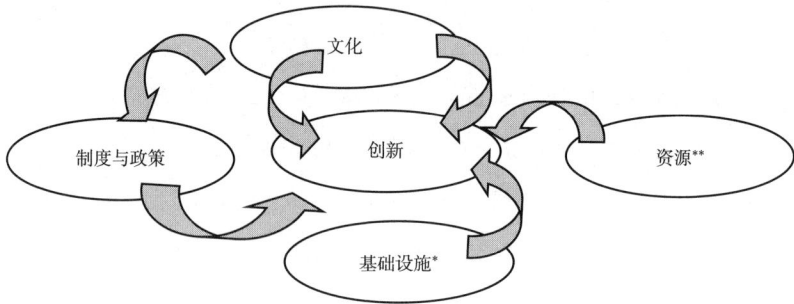

* 科学、教育和物质设施　** 人力与有形资本

图 4 - 4　以色列的创新生态系统

资料来源：Gilead Fortuna ed. , *Innovation 2012：An Active Industrial Policy for Leveraging Science and Technology and Israel's Unique Culture of Innovation*, p. 34。

《创新 2012 计划》公布后引起了以色列高层的高度重视，为了促进相关工作，以色列政府于 2011 年成立了产业卓越中心（The Industrial Excellence Center），作为落实以色列《2028 愿景与战略》以及《创新 2012 计划》的机构，由《创新 2012 计划》的首席负责人吉利德·福尔图纳担任中心主任。该中心的目标是，充分发挥以色列先进的技术和研发活动的促进作用，最大限度地缩小以色列的经济与社会的两极化倾向。在完成中心目标的同时要致力于完成两方面的任务：一是制定国家创新和技术政策（Innovation and Technology Policy，简称 ITP）的方案；二是对以色列已有和正在成长中的产业进行调研，维持以色列高科技产业的卓越地位以及传统产业的创新重塑问题。[①]

———————

① Samuel Neaman Institule，"The Industrial Excellence Center," *Samuel Neaman Institute Annual Report 2013*, Samuel Neaman Institute for National Policy Research，2013，p. 35.

综上所述，全球科技革命与新一轮产业结构的调整急速改变着 21 世纪的世界，创新驱动已成为许多国家走出发展陷阱、获取竞争优势的核心战略，对新经济的支撑与驾驭能力也越来越成为检验政府管理水平的试金石。以色列《2028 愿景与战略》与《创新 2012 计划》体现了以色列高层、业界精英的远见卓识与未雨绸缪，也为其创新驱动发展定下了主基调。自 20 世纪 60 年代以来，以色列历任国家元首所确立、延续下来的教育先行、科技立国战略在新的思维理念与新的发展机遇下迸发出新的活力。

第二节　SETI 体系的构成

高科技产业兴起、产业结构的变化都对研发事业提出了更高的要求，以色列在国际市场上的影响力也是以高科学水准、高技术能力为基础的。为了维持自身的优势地位，以色列政府加大对国家战略研发的推动，更加注重对不同部门研发事务的协调，聚焦重点部门、引导协同创新，以弥补首席科学家制度在实施过程中的一些不足。正是在政府的竭力推动之下，以色列的研发模式得以完善，形成了 SETI 体系。

一　健全科研管理机构

1997 年，在以色列科学与人文科学院的倡议下，"国家研究与发展基础建设论坛"（The Forum for National Research and Development Infrastructure）成立。这是一个由以色列主要国家科研部门负责人组成的高规格特设机构，以色列科学与人文科学院院长担任论坛主席，其成员包括经济与产业部、科技部的首席科学家，科学与人文科学院及高等教育委员会的主席，国防部研发部门及财政部拨款部门的负责人等。"国家研究与发展基础建设论坛"在名义上只是一个非政府论坛，但实际上承担的是国家战略研发的协同推进任务，主持推进了一系列涉及国家利益的重大研发专项，例如：

（1）在5所研究型大学设立纳米技术和纳米科学研发中心（1.425亿美元预算）；

（2）在以色列理工学院设立罗素贝里纳米技术研究中心（Russell Berrie Nanotechnology Insitute，简称 RBNI）（7800 万美元预算）；

（3）推进第二代互联网倡议——国家宽带通信工程（3800 万美元预算）；

（4）索雷克应用研究加速设施研发（2500 万美元预算）；

（5）参与欧洲同步辐射装置研发（1000 万美元预算）；

（6）建立用于生物技术研发的设备中心（1000 万美元预算）；

（7）购买用于纳米技术研究的重型设备（1100 万美元预算）；

（8）购买干细胞研发设备（1000 万美元预算）；

（9）建立国家圣物资源库和生物资源数据库（890 万美元预算）；

（10）探讨建设大脑研究领域及光学研究领域的研发中心的可能性。①

受一些科研机构启发，经过长时间酝酿后，以色列政府还出台了《国家民用研究与发展委员会法草案》（*The National Council for Civilian R&D Law*），并于 2002 年 11 月 11 日提交以色列议会进行审议通过。新成立的由 15 人组成的"国家民用研究与发展委员会"（The National Council for Civilian R&D，简称 NCCRD）为政府制定相关研发政策提供政策咨询。根据法律，委员会的成员必须包括 4 名杰出的学术研究人员、4 名高科技产业研发专家、4 名科学政策专家和 1 名以色列高等院校成员。此外，它还需要 1 名经济学专家和 1 名在"指导研发系统"方面有经验的科学家。15 人小组外还有 1 名来自以色列国防部的科学家以观察员身份参与进来。所有成员将由以色列总统根据政府机构和非政府机构的提名任命。其目标是使国家民用

---

① 参见 Eran Leck，Guillermo A. Lemarchand and April Tash，eds.，*Mapping Research and Innovation in the State of Israel*，Vol. 5，p. 60。

研究与发展委员会真正做到全面性、代表性和效率性，其在科学、技术、商业等方面的创新组合及其吸纳经济专家参与就是例证。

国家民用研究与发展委员会将就以下方面向以色列政府提供建议：

（1）研发规划、组织、程序，重点是研发资金方面；

（2）全面的国家短期和长期科学政策指南；

（3）国家研发重点；

（4）基础设施建设研究和重大科技举措；

（5）政府研究机构的设立和维持标准，以及政府研发委任的专业标准；

（6）政府要求的其他研发事宜。

国家民用研究与发展委员会还必须每年提交一份活动报告和一份建议清单。以色列政府将在讨论国家年度预算时讨论国家民用研究与发展委员会提交的报告，在讨论民用研发资金时将征求委员会提供的建议。新的法律条文还包括信息（特别是具有经济价值信息）的收集与保护的相关规定。以色列高校向国家民用研究与发展委员会提供行政和服务人员（通过高校年度预算偿还），高校的工作人员将在国家民用研究与发展委员会主席的指导和监督下执行国家民用研究与发展委员会的相关任务。①

21 世纪以来，国家研究与发展基础建设论坛、国家民用研究与发展委员会和各部首席科学家办公室共同承担了国家研发顶层设计的工作。首席科学家制度虽然有利于激发不同部委的研发积极性，但由于研发着力点的分散也带来一些政策缺陷，如政府统筹角色的缺位、研发服务效率的不足等，特别是以色列初创企业进入全球市场，面临着一系列的发展性难题，如技术需求的多向性选择，对国际市场的高度依赖以及融资过程的较强波动性等，都需

---

① 可参见以色列科学与人文科学院官方网站，https：//www. academy. ac. il/News/NewsItem. aspx？nodeId = 837&id = 542，访问日期：2021 年 1 月 11 日。

要强化、完善国家科技研发制度。为了进一步配合国家创新体系建设，完善科研体系，推进科技发展，提高创新竞争力，2015 年以色列政府决定对首席科学家办公室进行结构性改造，成立以色列国家技术创新局（National Authority for Technology and Innovation，简称 NATI，也称以色列创新局），该局于 2016 年 1 月正式成立，取代了经济与产业部首席科学家办公室，直接统领以色列产业研发中心（The Israel Industry Centre for R&D，简称 MATIMOP）①。

以色列国家技术创新局下设初创企业部（Startup Division）、发展部（Growth Division）、技术基础设施部（Technological Infrastructure Division）、先进制造部（Advanced Manufacturing Division）、国际合作部（International Collaboration Division）和社会挑战部（Social Challenges Division）六个部门，② 全面统筹并对以色列各项科技事务行使管理职责。以色列国家技术创新局的成立是为了更主动地促进产业技术创新的步伐，鼓励工业企业增长，提高生产力，使国家政策进一步适应市场的发展。其长远目标是保持、提升以色列在创新领域的全球领导地位，继续鼓励工业企业增长，为传统领域注入创新活力，加强科研基础设施以及资本和劳动力市场的建设，同时治理部分公共部门高技术劳动力创新不足的问题，并在知识和创新型产业中增加更多的就业机会。③ 以色列国家技术创新局通过由政府、行业代表组成的委员会和其下属机构两个渠道将政府的科技政策转化为具体计划，其资金的来源渠道和数量都比以前有了不同程度的增长，以确保创新政策的时效性与灵活性，对接全球化时代以色列初创企业的新需求。各部委首席科学家兼任以色列国家技术创新局下设研究委员会的负责人，首席科学家办公室的相关项目、计

---

① 以色列产业研发中心（The Israel Industry Center for R&D）是政府的非营利组织，也是以色列国家技术创新局的执行机构，旨在促进以色列先进技术的发展，通过产业合作和合资企业等方式与外国创造国际伙伴关系，负责执行、协助和监管双边或多边合作项目。

② 可参见以色列国家技术创新局官方网站，https：//innovationisrael. org. il/en/，访问日期：2021 年 4 月 30 日。

③ "NATI：National Authority for Technology and Innovation，" Israel Science Info，June 21，2015，http：//www. israelscienceinfo. com/en/hightech/nati - nouvelle - autorite - nationale - pour - la - technologie - et - linnovation - en - israel/，accessed May 1，2021.

划、许可等仍继续生效。以色列国家技术创新局全面继承、延续了经济与产业部首席科学家办公室的职能，因此，被称为首席科学家制度的升级版。①

2016 年 6 月，以色列国家技术创新局发布了主题为"开启新篇章"（Opening A New Chapter）的《以色列创新概览 2016》报告（*Innovation Report in Israel Overview 2016*）并递交给总理内塔尼亚胡。该报告回顾了 2015 年以色列高新科技产业的发展趋势，阐述了成立以色列国家技术创新局的目的在于：确保创新产业的基础设施发展、开发新的融资工具、支持创建更开放的创新平台、培育创新和研发的国际合作体系。报告指出，2016 年以色列把创新政策、人力资源、资金、产业创新和国际业务确立为创新生态系统的核心要素（见图 4-5）。② 报告还指出首席科学家办公室在过去 10 年的研发项目中投资总额超过 10 亿新谢克尔，以色列在无人机、医疗保健、家政服务、物流运输等方向的自动化水平较高，应继续确保在上述领域的领先地位，但仍面临较低的可用性、融资困难和竞争日益激烈等问题。

2020 年，以色列国家技术创新局发布了《创新报告 2019》（*Innovation Report 2019*），报告显示 2019 年以色列国家技术创新局资助了 1650 个研发项目，总金额为 17.3 亿新谢克尔。同时由以色列国家技术创新局资助的以色列公司还获得了欧盟总额 8900 万欧元（3.4 亿新谢克尔）的资助，以色列在项目申请数量和成功率方面位居第一。③

二 SETI 体系的运作模式

从 1949 年国家科研管理机构以色列科学委员会的设立到 2016 年以色列国家技术创新局的建立，以色列的科研体系经历了初创、成熟、完善三个阶

---

① Herzog Fox, Neeman, "New Era for the OCS-Establishment of a National Authority for Technological Innovation," Lexology, January 7, 2016, https://www.lexology.com/library/detail.aspx? g = e7ffe471 - 2c89 - 418c - 9e5e - 9422cb75edf7, accessed February 22, 2021.

② Israel Innovation Authority, *Innovation in Israel Overview 2016*, 2016, http://innovationisrael - en.mag.calltext.co.il/? article = 0, accessed December 5, 2020.

③ Israel Innovation Authority, *Innovation Report 2019*, 2020, Introduction, https://innovationisrael.org.il/en/reportchapter/innovation - report - 2019, accessed May 5, 2021.

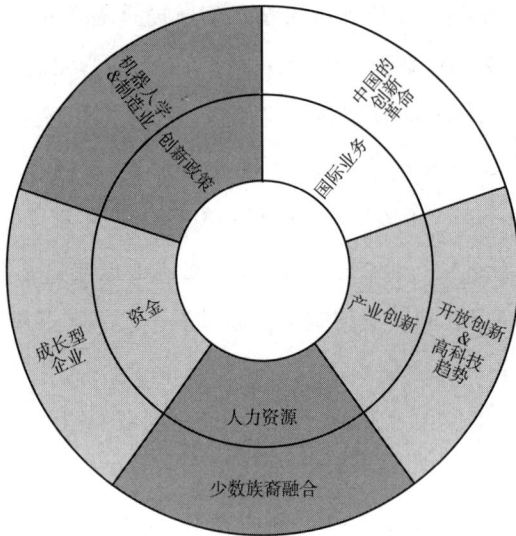

图 4 – 5　以色列创新生态系统的核心要素

资料来源：Israel Innovation Authority, *Innovation in Israel Overview 2016*, 2016, http：//innovationisrael – en. mag. calltext. co. il/？ article = 0, accessed May 5, 2021。

段,《2028 愿景与战略》和《创新 2012 计划》为以色列的创新发展定下了主基调, 不仅标志着以色列数十年建立的科研管理机构和体系的日臻完善, 也对国家的创新发展和现行的科研管理提出了更高的要求。在此背景下, 以色列的科研政策运行模式呈现以创新为导向、以效率为目标的特点, 逐渐形成了 SETI 体系。联合国教科文组织 2016 年发布的关于以色列研究与创新的专题报告中, 借用管理学的"政策周期"（Policy Circle）① 概念, 系统地勾画了以色列 SETI 体系的构成, 并把这一政策周期分为以下五个阶段（见表 4 – 6）。

1. 议程设置

隶属于议会的科学技术委员会与部长级科学技术委员会、经济与产业部

---

① 政策周期是一个完整的政策过程, 它指的是公共政策经历了从问题的认定到政策的出台, 再经过执行、评估、监控、调整诸环节, 最后归于终结。该理论 1998 年由澳大利亚学者布里奇曼（Bridgman） 等提出, 很快被广泛应用于政治学、经济学、科技史、社会学等领域。

首席科学家办公室①设定议题，规定研发目标。具体程序是：以色列议会通过法律程序，规范研发活动并批准其预算。1996年12月第14次内阁会议上批准成立了隶属于议会的"科学技术委员会"（最初被称为特别研究与发展委员会），该委员会负责审议相关立法、监督政府的相关工作，提出有关科学技术问题的公共议程。该委员会还邀请来自学术界、工业界、政府部门的专家及其他利益相关者定期举行听证会，这些人的意见与建议会被充分考虑、吸纳。经济与产业部首席科学家办公室是政府的重要支持部门，其职责就是促进产业领域的科技研发，鼓励创新创业，推动以知识经济为基础的高科技产业的发展以带动全面经济增长。经济与产业部首席科学家办公室可以就科学技术问题给政府及科学技术委员会提出建议，并对议程的设定产生很大的影响力。经济与产业部的首席科学家与其他部委的首席科学家不同的是，这个职位具有最高级别的财政资源，对于SETI体系的政策周期产生了最大的影响，而其他部委的首席科学家没有这样的权力。

2. 政策制定

以色列科研体系的主要参与者负责政策制定与管理，具体来说包括财政部、高等教育委员会规划与预算理事会、国防部、商务部、以色列科学与人文科学院、科学技术和航天部等。高等教育委员会规划与预算理事会负责学术研发的资金，并分配给以色列科学基金；首席科学家办公室负责工业研发基金；财政部从2011年起越来越多地参与各类研发项目的政策制定。这有利于加强相关部门协调与合作，缩小首席科学家办公室与高等教育委员会规划与预算理事会之间的沟通障碍。科学技术与航天部负责资助众多的研发中心（包括区域性机构）以及国际科技合作事宜，隶属于科学技术与航天部的研发部门负责制定政策并向政府提供咨询。

3. 决策过程

在SETI体系中，决策部门包括财政部、经济与产业部首席科学家办公室、

---

① 2016年，以色列国家技术创新局成立，全面替代经济与产业部首席科学家办公室的工作。以下政策周期内有关经济与产业部的描述均存在此种情况，不再提及。

高等教育委员会规划与预算理事会、研究型大学、科学技术与航天部、农业和乡村发展部、国家研究与发展基础建设论坛、国防部的研发部门、来自政府各部委的首席科学家论坛。首席科学家办公室的工作重点是促进以色列的经济增长；经济与产业部主要从事鼓励、支持出口及国际贸易相关事宜，以协助以色列企业加强出口，开拓国外新市场，并就相关问题的决策发挥主要作用。需要说明的是，尽管科学技术与航天部在 SETI 体系的政策形成与决策过程中也发挥了作用，但整体看来其影响力比不上首席科学家办公室。

4. 政策执行

经济与产业部首席科学家办公室、高等教育委员会规划与预算理事会、科学技术与航天部、国防部等都是 SETI 体系的政策执行部门，但工作各有侧重，例如经济与产业部首席科学家办公室每年支持数百个项目，支持范围从种子基金、自主研发企业的孵化器到创业公司支持的基于新技术和创新技术的新产品等，既包括高科技产业，也不排除传统行业，这种支持延伸到更广泛的范围内，也适用于与外国商业实体合办的企业；隶属于以色列科学与人文科学院的以色列科学基金每年掌握了约占总量 2/3 的竞争性拨款，它的核心工作是对个体研究者的项目支持，支持额度占其总预算的 80%，重点领域有精确科学、生命科学、医学、人文社会科学；高等教育委员会规划与预算理事会的旗舰项目主要是应对国家高等教育改革计划的落实，资助在改革的背景下所建立的一系列学科、研究中心等，其根本目标是强化以色列学术研究的长期地位及其在国内外的影响力、领导力。

5. 政策评估

政策评估是指由国家及其公共部门对 SETI 体系政策影响的状态监测与过程监控，这一过程可能引致对决策及支持原则的修正，下列机构对 SETI 体系进行政策评估：高等教育委员会规划与预算理事会（严格评估教育领域的项目）、科学技术与航天部、财政部、经济与产业部首席科学家办公室、以色列科学与人文科学院。例如经济与产业部首席科学家办公室评估它所资助的各类项目；高等教育委员会规划与预算理事会负责评估大学及各类学院的研究课题。

政策评估的重点目标有两个方面。第一，科研产出的质量评价、不同学科领域在国内外的学术地位评价，这些评价由独立研究机构（如塞缪尔·尼尔曼研究所）或者专门从事第三方评价的专业部门（或机构）执行，评价数据会反馈给决策层面。第二，研发指标（R&D Indicators）的评价，由财政部的学术研究部以及国家民用研究与发展委员会负责执行。财政部的学术研究部主要负责收集、分析国内外经济发展数据，对未来的以色列市场进行评估，该部所掌握的数据为国家制定经济政策、确定研发方向提供依据；国家民用研究与发展委员会专门负责对以色列研发指标的评价、研判预测。近年来，塞缪尔·尼尔曼研究所与国家民用研究与发展委员会合作，共同从事这项工作。

表 4 - 6　SETI 体系的总体运作模式

议程设置	议会 - 科学技术委员会			议会 - 部长级科学技术委员会				经济与产业部首席科学家办公室		
政策制定	财政部	高等教育委员会规划与预算理事会		科学技术与航天部		科学与人文科学院		国防部下属研发部门		
决策过程	财政部	经济与产业部首席科学家办公室	高等教育委员会规划与预算理事会	研究型大学	科学技术与航天部	农业和乡村发展部	国家研究民用与发展委员会	国家研究与发展基础建设论坛	国防部的研发部门	首席科学家论坛	总理办公室
政策执行	经济与产业部首席科学家办公室	科学技术与航天部	国防部的研发部门	总理办公室	高等教育委员会规划与预算理事会	以色列科学基金	农业和乡村发展部	卫生部	国家基础设施、能源与水资源部		
政策评估	高等教育委员会及其下属的规划与预算理事会		国家民用研究与发展委员会		科学技术与航天部		财政部	经济与产业部首席科学家办公室			

资料来源：Eran Leck, Guillermo A. Lemarchand and April, Tash, eds., *Mapping Research and Innovation in the State of Israel*, p. 154。

以色列涉及研发的部门（机构）至少有 30 个，也就是说 SETI 体系是一个涉及面广泛的体系，不同部门在不同层面的职能会有所重叠或交叉

（见图 4 - 6）。在 SETI 体系的组织架构中，一项研发政策从提出到实施要经历不同的环节。

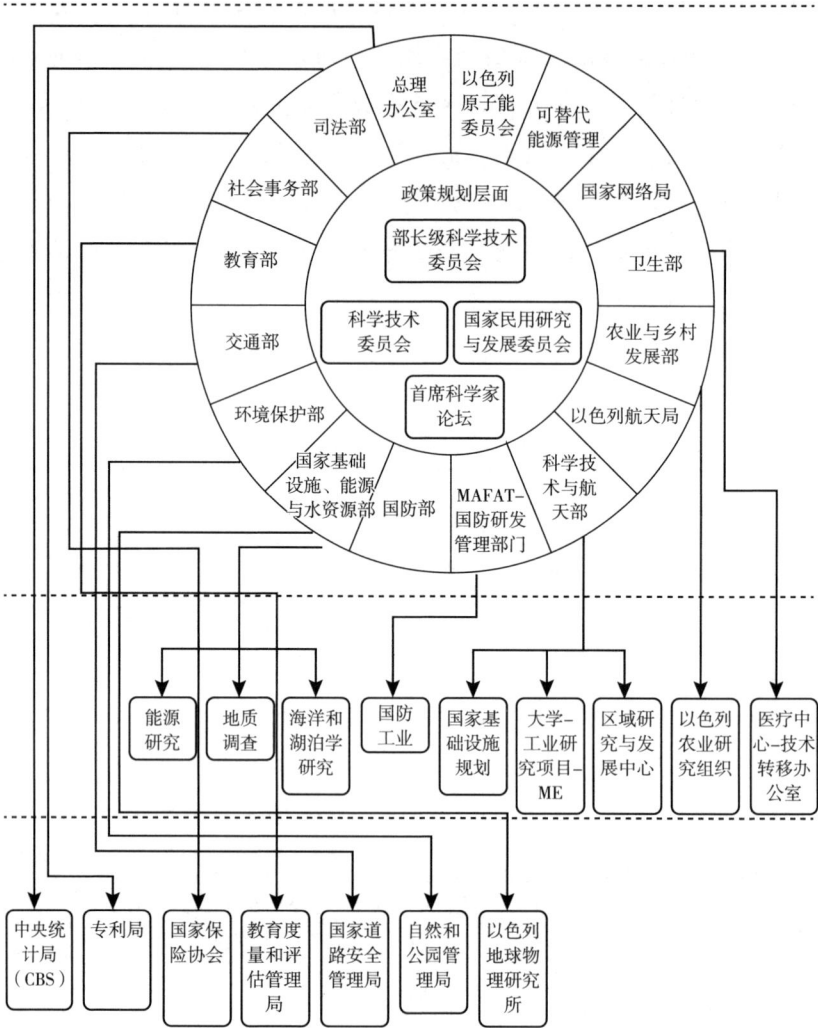

图 4 - 6　以色列 SETI 体系研发机构分布

资料来源：Eran Leck, Guillermo A. Lemarchand and April Tash, eds., *Mapping Research and Innovation in the State of Israel*, p. 166。

1. 政策规划层面　（政策设计）

这一层面最主要的参与部门有四个：隶属于议会的两个专门委员会（科学技术委员会、部长级科学技术委员会）、国家民用研究与发展委员会及首席科学家论坛。同时总理办公室、国防部、科学技术与航天部、农业与乡村发展部等 16 个部门也会根据需要参与政策规划。

2. 促进层面　（资金融入）

参与政策规划的各部委在促进阶段同样发挥作用，农业与乡村发展部的以色列农业研究组织、总理办公室、卫生部、以色列原子能委员会等都是重要研发促进部门。

3. 实施层面

主要由各部委主导的科学研究部门、大学、学术机构、技术及产品研发中心推进。

4. 科技服务层面

主要由以色列中央统计局、专利局（Israeli Patent office）、国家保险协会、教育度量和评估管理局等机构来实施。

第三节　以色列的人才战略

著名经济学家恩斯特·弗里德里希·舒马赫（Ernst Friedrich Schumacher）说过："经验证明，一些国家可以从近乎完全毁灭的境况中走出，且迅速实现经济的繁荣，这些成功背后的特征不是技术的进口，而是全体人民的教育、组织和自律水平。"[1] 这句话非常适用于以色列。就 SETI 体系而言，制度的设计与运作模式的建构只是效率的来源之一，而人力资本优势、技术人才的保障、全体公民普遍较高的教育与科技素养都是这一体系中不可忽视的动力因素。

---

① 转引自〔以〕顾克文、〔以〕丹尼尔·罗雅区、〔中〕王辉耀《以色列谷：科技之盾炼就创新的国度》，肖晓梦译，第 33 页。

一 高等教育改革

20 世纪 90 年代之前，以色列的 7 所研究型大学依然是承担高等人才培养的主阵地，1974 年，以色列在中部城市赖阿南纳（Raanana）成立了一所开放大学，专门开展远程教育，深受公民的欢迎。此外，以色列还建立了由 20 多所地区学院和职业技术学院作为支撑的职业教育系统，对第一层级的大学教育形成补充。随着经济社会的发展，移民潮的稳定，国家技术人才缺口越来越多，然而以色列的大学或囿于师资，或为了保持精英教育的优势，普遍不愿意扩招。1995/1996 学年至 2012/2013 学年以色列大学的教职与研究人员数量变化不大（见图 4–7）。为了给经济发展提供必需的技术人才保障，也为了提高高等教育的普及率，20 世纪 90 年代开始，以色列政府启动了高等教育体系改革计划（The Higher Education Reform Plan），以扩大规模、增加体量、提升应用型人才培养、实现教育均衡发展为主要目标。具体来说通过改革要实现三个关键目标：第一，促进和支持优秀的教学和研究，扩大高等教育之规模；第二，布局边远地区的高等教育资源，尤其是提升阿拉伯人与极端正统派犹太人的受教育水平，致力于高等教育之均衡发展；第

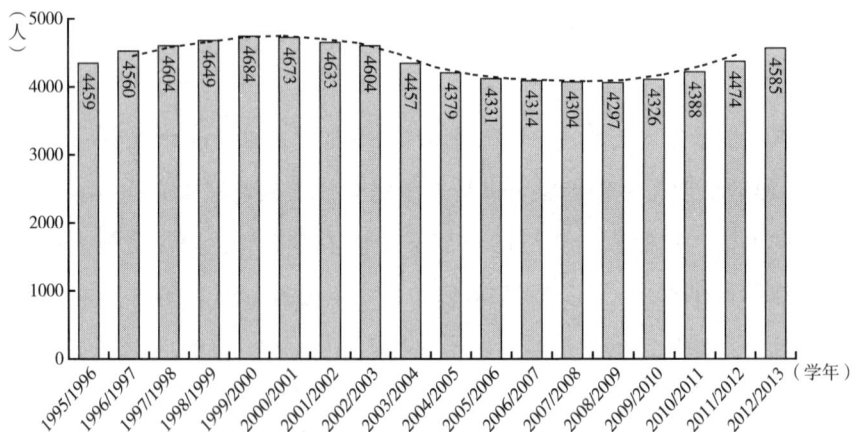

图 4–7 以色列大学的教职与研究人员数量变化（1995/1996 学年至 2012/2013 学年）

资料来源：根据以色列中央统计局数据整理，参见 Eran Leck, Guillermo A. Lemarchand and April Tash, eds., *Mapping Research and Innovation in the State of Israel*, p. 62。

三，升级教学和研究的基础设施，全面优化高等教育的整体环境。在高等教育委员会的直接推动下，新一轮高教改革的具体措施如下：

（1）建立以色列卓越研究中心（Israeli Centers for Research Excellence，简称 I-CORE）；

（2）为竞争性研究经费增加一倍的预算；

（3）对预算分配模式进行全面改革，提供明确的激励措施；

（4）开发创新教学平台与教学手段工具，促进犹太教极端正统派和阿拉伯学生融合。①

此次高等教育改革最主要的目标就是快速培植研究型大学之外第二层级的高等教育体系，促进应用型人才的培养。具体措施如下。一是升格已有的公立地方学院、教师培训学院、职业学院和技术学院，准许其授予学士学位，提升其影响力。②二是鼓励民间资本创办私立学院。1991 年，以色列议会对《高等教育委员会法》进行修订，肯定了建立私立高等教育机构的合法性，但项目审批、课程设置与申请学位等事宜必须获得高等教育委员会的批准。③三是允许国外大学在以色列建立分校，但必须获得以色列高等教育委员会的运营许可。④ 上述措施很快取得了预期成效，短期内在很大程度上改变了以色列的高等教育状况（见图 4-8）。截至 2016 年，以色列共有 62 所高等教育机构，其中研究型大学 7 所、开放大学 1 所、公立学术学院（Publicly Funded Academic Colleges）20 所、私立学术学院（Non-

①　"The Higher Education System in Israel," The Council for Higher Education, The Planning and Budgeting Committee, https://che.org.il/wp - content/uploads/2012/05/HIGHER - EDUCATION - BOOKLET.pdf, accessed May 1, 2021.

②　Haim H. Gaziel, "Privatisation by the Back Door: The Case of the Higher Education Policy in Israel," *European Journal of Education*, Vol. 47, Issue 2, 2012, pp. 290 - 298.

③　Sarah Guri-Rozenblit, "Trends of Diversification and Expansion in Israeli Higher Education," *Higher Education*, Vol. 25, No. 4, 1993, pp. 457 - 472.

④　目前国外知名大学在以色列建立的分校有纽约大学分校、杨百翰大学分校、印第安纳波利斯大学分校等。

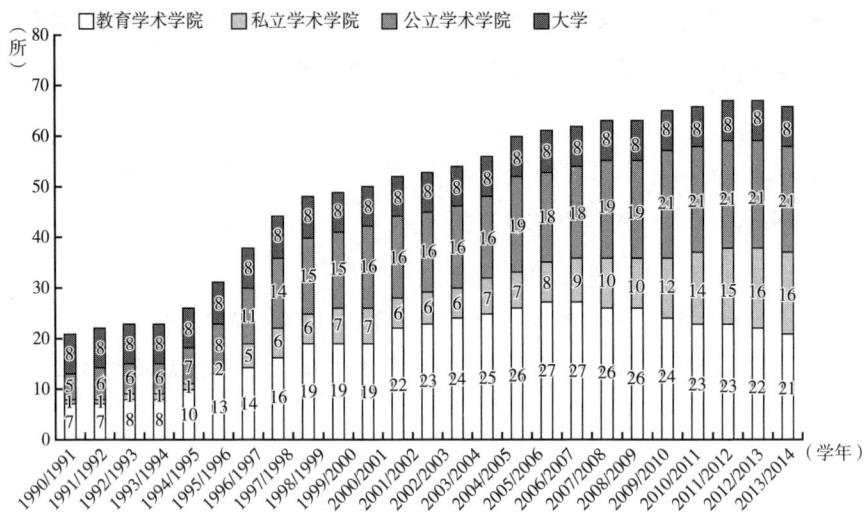

图 4 - 8　以色列高等教育机构数量的变化（1989/1990 学年至 2013/2014 学年）

资料来源："The Higher Education System In Israel," The Council for Higher Education, The Planning and Budgeting Committee, https://che.org.il/wp - content/uploads/2012/05/HIGHER - EDUCATION - BOOKLET.pdf, 2021 - 05 - 01.

Publicly Funded Academic Colleges）13 所、教育学术学院即教师培训学院（Academic Colleges of Education）21 所。① 另外，约旦河西岸地区还有 3 所以色列的高等教育机构，即阿里埃勒大学（Ariel University）②、欧洛特·以色列（Orot Israel）教师培训学院和亚科夫·赫尔佐克（Yaacov Herzog）学院。根据以色列高等教育委员会 2013 年所公布的数据，1992/1993 学年至 2012/2013 学年，第一学历在各类技术学院就读的学生数量上升了 10 倍，

---

① 以色列大学和技术学院的主要区别在于，只有大学才拥有博士学位授予权，7 所大学的定位一直是研究型大学，而技术学院的定位是教学型大学，但为了提升自身的地位与学术声誉，以色列各类学院在科研领域发展迅速，如作为私立学院的赫兹利亚跨学科中心（Interdisciplinary Center Herzliya）的发展目标是以 7 所大学为模板，成为"中东的哈佛"。

② 阿里埃勒大学的前身是 1983 年建立的撒玛利亚地区学院，是在巴 - 伊兰大学的资助下建立的，后取得独立办学资格。2007 年，犹地亚和撒玛利亚地区高等教育委员会将之改名为阿里埃勒大学，由于其教学体系、人才培养质量及科研水平在学术学院中一枝独秀，2012 年起阿里埃勒大学被多数以色列人认可为"以色列境内的第八所大学"。然而由于办学地点在被占领土上，其合法性在国际社会备受争议，遭到许多知名大学的抵制，以色列国内的后犹太复国主义者也拒绝承认。

而同一时间第一学历就读于研究型大学的学生数量只上升了16%。①

21 世纪以来，以色列教育改革稳步推进，《2028 愿景与战略》中直面高等教育所存在的一系列问题，如缺乏国家层面的长远的教育战略规划、人才流失、教育经费短缺等。因此《2028 愿景与战略》提出了未来 20 年建设世界高水平大学的预想：至少有两所研究型大学排名世界前 20 位；到 2028 年，75% 的适龄群体接受高等教育，在校生规模将增加到 61 万人（见表 4-7）；未来 20 年国民教育的基础预算要在现有基础上再增加 100 亿新谢克尔。②《2028 愿景与战略》报告为以色列高等教育的未来发展规划了蓝图。2010/2011 学年，以色列高等教育委员会制定了《高等教育改革五年规划（2010/2011 学年至 2015/2016 学年)》③，其中一个重要目标就是提升高等教育的质量与竞争力，增加大学和学院体系中教职人员的数量以及学生人数，提高高等教育的普及率。

表 4-7 以色列高等教育机构在校生人数及预测未来人数

单位：人

年份	2005	2006	2010	2015	2020	2025	2028
本科(大学)	69840	72459	83955	100922	121318	145837	162866
本科(学院)	64733	67160	77816	93542	112447	135172	150957
硕士	37330	38730	44874	53943	64845	77951	87053
博士	9340	9480	10062	10839	11677	12580	13154
私立学院	24322	25295	29591	36003	43803	53292	59947
开放大学	36950	38243	43885	52122	61904	73523	81516
进修机构	—	2500	12500	25000	37500	50000	57500
总计	242515	253868	302683	372371	453494	548355	612993

注：《2028 愿景与战略》发布于 2008 年，因此 2010 年及之后的数据为 2008 年预测的数据。

资料来源：Eli Hurvitz and David Brodet, eds., *Israel 2028：Vision and Strategy for Economy and Society in a Global World*, p. 176。

---

① 开放大学的学生数量一直快速增长，具体情况是：1989 年为 12944 人，1999 年为 33097 人，2009 年为 46240 人，2014 年为 47245 人，2016 年为 46208 人。可参见以色列中央统计局官方网站，http://www.cbs.gov.il/reader/? MIval = cw_ usr_ view_ SHTML&ID = 188，访问日期：2021 年 4 月 22 日。

② Eli Hurvitz and David Brodet, eds., *Israel 2028：Vision and Strategy for Economy and Society in a Global World*, p. 181.

③ UNESCO, *UNESCO Science Report：Towards 2030*, Paris：UNESCO Publishing, 2015, p. 427.

以色列高等教育改革的另一个目标是大力推进国际化进程。为调动教师的积极性，提升教师的工作效率，7 所研究型大学也都不同程度地进行了内部治理结构的调整，由建立之初的德国大学模式逐渐向美国大学模式过渡，如设立终身教职，但教职评定必须经过国际同行的认定；推行严格的大学教师带薪休假制度，完成一定工作任务的教师（尤其是高级教职）可以享受长达一年的学术休假，并有足够的经费保证他们参加国际学术会议及其他国际交流活动，以鼓励他们融入国际学术界，保持与国际同行的密切联系，也为他们开展国际合作、申请国际科研基金提供了便利。① 根据以色列高等教育委员会的数据，2001 年以色列学者发表的科学论文有 41.9% 是与国际同行合作完成的，2014 年这一比例为 47%。②

以色列大学采取多种措施，吸引来自世界各地的留学生尤其是犹太青年前来求学。2015/2016 学年，在以色列研究型大学学习的外国留学生平均比例为 2.1%，医学专业的比例达到 10.2%，生物科学专业的比例为 4.4%，一般人文学科的比例为 4.2%。③ 希伯来大学每年大约吸引 2000 名留学生，生源地遍布全世界 90 多个国家和地区。为了加强同中国和印度的学术交流，以色列高等教育委员会规划与预算理事会设立专项基金资助中国和印度的学生前往以色列学习。自 2012 年起，高等教育委员会规划与预算理事会每年提供 100 个奖学金名额资助中国和印度的博士后研究人员前往以色列高校做研究。此外，希伯来大学、海法大学、巴 – 伊兰大学、本 – 古里安大学都有面向中国和印度学生的暑期项目及攻读学位项目。

以色列政府也鼓励本国学生通过学生交换项目或联合培养项目赴国外高

---

① Eran Leck, Guillermo A. Lemarchand and April Tash, eds., *Mapping Research and Innovation in the State of Israel*, P.52.

② Michal Neumann and Nachum Finger, "The Israeli Higher Education System: Development, Accreditation and Evaluation," 2008 CHEA International Commission, January 31, 2008, http://www.chea.org/userfiles/Conference%20Presentations/2008_ IC_ Neumann_ Finger_ CHEA_ International_ Conference_ Presentation.pdf, accessed January 11, 2021.

③ 数据来自以色列中央统计局，http://www.cbs.gov.il/reader/? MIval = cw_ usr_ view_ SHTML&ID = 188，访问日期：2020 年 12 月 29 日。

校学习。联合国教科文组织的数据显示：1999年以色列出国接受高等教育的人数为9693人，2007年为12278人，2012年为13214人，人数不断增加。美国在吸引以色列学生方面排名第一，但近年来下降趋势明显，留学美国的以色列学生人数占以色列留学生的比例从2007年的27%下降到2012年的18%，同期留学德国和意大利的以色列学生人数持续增加。1999～2013年以色列出国接受高等教育的人数统计见表4－8。以色列出国接受高等教育的人数增加，是高等教育国际化的重要体现，但也引起了另外一种担忧，即人才流失的潜在可能性。

表4－8 以色列出国接受高等教育的人数统计（1999～2013年）

单位：人

国家	1999年	2000年	2001年	2002年	2003年	2004年	2005年	2006年	2007年	2008年	2009年	2010年	2011年	2012年	2013年
澳大利亚	117	105	—	267	327	292	268	224	202	202	191	168	156	128	314
奥地利	49	52	54	30	34	37		44	57	93	120	118	124	88	108
白俄罗斯	35	—	30	30	15	35	31	31	40	47	54	50	45	52	50
比利时	49	45	51	45	49		11	8	13		20	18	15	27	29
巴西	—	—	—	—	—	2		—	—		23	18	22	18	
保加利亚	76	62	57	54	61	69	61	77	82	72	64	61	53	52	65
加拿大	153	153	174	201	273	291	270	288	287	315	264	258	189	951	—
智利	4	2		11	11		4		5	7	2	7			
捷克	39	33	40	61	85	111	150	153	186	168	144	137	133	125	117
丹麦	36	37	39	39	49	54	39	44	39	6	12	19	16	13	46
芬兰	19	20	22	21	22	24	27		24	23	28	20	19	22	24
法国	258	260	267	251	342	343	305	299	275	284	309	256	290	267	186
德国	995	944	876	878	960	1116	1225	1223	1275	1295	1348	1500	1466	1533	1555
希腊				29	26	37	36	64	83			66	68	71	
匈牙利	334	—	578	637	664	706	741	761	754	791	795	806	794	739	739
印度	—	2	10	—	6	7	8	17				45			
爱尔兰	10	3	1	3	6	6	6	9	12	11	12	13	10	9	—
意大利	681	626	670	682	910	923	1002	1060	1121	1209	1461	1525	1626	1619	—

续表

国家	1999年	2000年	2001年	2002年	2003年	2004年	2005年	2006年	2007年	2008年	2009年	2010年	2011年	2012年	2013年
日本	31	32	27	32	32	37	37	43	38	47	46	36	33	33	
约旦	—	372	—	—	1060	716	1695	1863	2316	3086	2836	2913	2911	2876	
拉脱维亚	977	4922	6819	1940	1092	19	17	—	19	15	14	14	14	9	8
立陶宛	18	30	46	62	61	62	79	99	109	107	110	93	94	93	99
荷兰	63	67	77	96	124	87	98	84	74	70	55	61	76	114	—
新西兰	2	4	7	12	17	20	11	—	7	12	12	15	18	16	10
挪威	11	12	15	13	21	21	24	18	21	25	24	22	15	22	13
波兰	16	16	15	52	47	22	32	29	25	27	27	38	45	50	68
韩国	2	—	—	1	1	1	3	4	3	2	5	5	5		5
摩尔多瓦	—	—	45	105	61	71	8	130	175	208	300	525	766	1086	1433
罗马尼亚	590	454	453	460	471	504	592	586	527	651	612	768	939	—	
俄罗斯	—	—	—	—		—		—		407	368	—	364		
斯洛伐克	—	8	100	101	111	116	148	153	146	137	114	94	77	57	108
南非													36	20	
西班牙	78	106	75	77	82	30	36	30	25	44	48	40	48	50	107
瑞典	15	19	26	26	36	4	1	1	1	15	18	29	30	26	20
瑞士	32	35	43	40	56	57	74	73	75	86	86	98	92	93	32
泰国	2	—	3	3	—	—	6	7	8	13	9	13	12	15	—
土耳其	102	85	65	44	25	21	22	23	24	21	15	17	22	20	34
英国	2047	1770	1409	1609	1289	1300	1122	937	889	616	613	562	593	508	497
美国	2852	2989	2951	3458	3521	3474	3471	3540	3341	3007	3010	2753	2649	2412	2326

说明：本表中的国家按国家名英文首字母排序。

资料来源：Eran Leck, Guillermo A. Lemarchand and April Tash, eds., *Mapping Research and Innovation in the State of Israel*, p. 72。

二 21世纪的引智政策

作为一个典型的移民国家，以色列社会因为移民而发展，移民潮刺激了以色列的经济增长，推动了技术进步，也促进了产业结构的调整，以色列也因为成功的移民安置大获红利。但也必须看到，与移民潮相伴随的"倒移民"现象一直存在，也就是说当大批人高调进入的同时，总有人默默地选择离开。对于以色列社会而言，"倒移民"是个一言难尽的话题。虽然在建国后不久，时常会有犹太人移居国外，但真正成为一种潮流开始于 20 世纪 70 年代中期赎罪日战争之后，第二次高潮形成于 20 世纪 80 年代中期黎巴嫩战争之后。以色列官方对于"倒移民"一直没有准确的定义，以色列中央统计局的标准为离开以色列两年以上并且没有回归意向的人。美国一直是以色列"倒移民"的主要对象国，根据学术界的估算，到 20 世纪 80 年代末居住在美国的以色列人有 30 万 ~ 50 万人。[①] 20 世纪 90 年代以后，依然陆续有以色列人移居美国。2007 年，商人们发起建立了"以裔美国人委员会"（The Israeli American Council，简称 IAC），根据该委员会 2013 年的估计数据，以裔美国人及其后代的数量已高达 80 万人，主要分布在洛杉矶市和纽约州、新泽西州、佛罗里达州。[②] 导致以色列出现"倒移民"现象的原因很多，但大致可归纳如下。

第一，理想主义的热情被现实的生活所击碎。早期大多数移民是抱着犹太复国主义的理想、建设新国家的热情而来，很多人放弃了原居住国的优厚生活条件来到以色列，但他们面对的是难以想象的经济艰难与生活压力。在这个多民族、多宗教、多语言的社会里，很多移民因语言障碍或技能的缺乏成为弱势群体。

第二，战争威胁和动荡的局势使一些移民渴望安全感，向往更安定的生活。即便是 20 世纪 90 年代到来的俄裔犹太移民不再面临大的战争威胁，但相当一部分人是居住在被占领土的安置定居点，与阿拉伯人的冲突与摩擦在所难免，基本的生活安全时常得不到保障。根据巴勒斯坦研究机构的统计，1995 年以色列在约旦河西岸修建的定居点近 150 个，定居人数达 14.1 万人；加沙地带的定居点有 16 个，定居人数约 6000 人；东耶路撒冷定居点有

---

① Galla Lahav, "Asher Arian, Israelis in a Jewish Diaspora: The Dilemmas of a Globalized Group," Rey Koslowski, *International Migration and Globalization of Domestic Politics*, London: Routledge, 2005, p. 89.

② "Israeli American Council Announces Major U. S. Expansion Plan," *eJewish Philanthropy*, September 11, 2013, https://ejewishphilanthropy.com/israeli－american－council－announces－major－u－s－expansion－plan/, accessed January 19.

19 个，定居人数约 17 万人。[①] 战争、冲突与动荡的现实使很多犹太人尤其是高技术人才因向往更安定的生活而无奈选择离去。

第三，虽然以色列政府对高技术移民给予了很多特别的安置政策，但由于职位有限，仍有许多受教育程度很高的移民找不到理想的工作。有资料显示，俄裔高技术移民只有 30% 能够从事原来的行业，失业率高达 19%，女性移民的失业率是男性的两倍。[②] 例如，以特拉维夫大学为例，一个空缺的教职岗位一般会有 20 人应聘，高技术移民会与以色列本土的学者形成竞争，而前者受语言等因素的制约往往不占优势。由于科研资源有限，已经入职的移民科学家也会受到不合理的待遇甚至歧视。在特拉维夫大学出现过拒绝移民教授申请美国 - 以色列双边科学基金的事件，从而引起了媒体的巨大关注。[③] 总之，由于生活水准低下，他们很难短期内融入以色列社会，越来越向往过去的生活，身份认同的困惑与无奈在知识分子群体中表现得最为明显，而这些人与商人阶层一起也成为"倒移民"的主流。根据以色列方面的统计，1980～2003 年共有 7 万左右的俄裔犹太人返回俄罗斯。

除了"倒移民"情况以外，随着技术革命的推进与全球产业结构升级，世界范围内的人才大战越来越激烈，来自以色列的高技术人才为国际市场所青睐。许多以色列工程师、科学家受雇于外国公司，特别是跨国公司和世界著名大学。以色列中央统计局公布的一项研究显示，每 7 位以色列科学与工程学科的博士学位获得者中至少有 1 人生活在国外，1985～2005 年以色列的大学毕业生中大约有 18025 人工作在国外，占毕业生总数的 5%。导致这一现

---

① 周承：《冷战结束前后以色列新一代俄裔犹太移民的形成及影响研究》，博士学位论文，上海外国语大学，2007，第 83 页。

② 〔英〕阿伦·布雷格曼：《以色列史》，杨军译，第 220 页。

③ Alek D. Epstein and Michael Uritsky, "Cultural Values of Science and Cultural Values of Scientists: Immigrant Scholars from the Post-Soviet Countries in Israel," in Vladimir (Ze'ev) Khanin, Alek D. Epstein and Iris Geva-May, eds., *Immigrant Scientists in Israel: Achievements and Challenges of Integration in Comparative Context*, Jerusalem: Ministry of Immigrants Absorption-International Comparative Policy Analysis Forum, 2010, pp. 347-367.

象的原因是："以色列能提供给博士研究生的职业岗位不足；与欧洲及北美国家相比工资水平较低与实验室经费明显不足。"① 还有一个被年轻人多次提及的原因是"以色列——如此小的市场、如此小的国家，局限了专业发展前景。数量很少的学术机构使某些领域的研究者在大学或全国范围内成为'独行侠'（Lone Riders）"②。到 20 世纪和 21 世纪之交，人才的外流已经成为制约以色列高科技产业发展的主要因素之一，据估计当时以色列共有 25 万人直接受雇于以色列高科技行业，每年以色列需要约 8000 名新技术人才，但以色列每年培养出的能够立刻胜任高科技产业的毕业生仅有 4500 名左右，而且有相当一部分毕业生并不选择在以色列就业。2007 年，以色列学者艾里克·古德尔（Eric D. Gould）和奥默尔·莫阿夫（Omer Moav）联名发表了《以色列的人才流失》（*Israel's Brain Drain*）一文，在以色列社会引起了强烈的反应。文章指出：大约有 75 万以色列人生活在以色列本土之外，占当时以色列总人口的 12.5%，其中美国占 60%，欧洲占 20%，③ 以色列学者旅居美国的比例远远高于其他国家。此后，以色列的智库专家围绕人才流失问题发布了一系列的报告与研究成果，称人才流失是一场"输不起的战争""命运攸关的政策抉择"。针对上述情况，以色列《2028 愿景与战略》报告指出：

> 全球化进程中像以色列这样的以知识经济为导向的国家所面临的最主要的风险就是人才流失。发达国家鼓励受过教育、有技能及创业精神的劳动力移民，从而使这些人成为需求量最高的"产品"……对于以色列而言，有丰富的知识群体是她的福分，但这些人才流失于其他国家

---

① Eran Leck, Guillermo A. Lemarchand and April Tash, eds., *Mapping Research and Innovation in the State of Israel*, p. 301.

② Nir Cohen and Dani Kranz, "State-assisted Highly Skilled Return Programmes, National Identity and the Risk (s) of Homecoming: Israel and Germany Compared," *Journal of Ethnic and Migration Studies*, Vol. 41, Issue 5, 2014, pp. 795 – 812.

③ Eric D. Gould and Omer Moav, "Israel's Brain Drain," *Israel Economic Reviews*, Vol. 5, No. 1, 2007, pp. 1 – 22.

是其经济与社会的巨大损失。《2028 愿景与战略》目标之一就是提出改善经济、社会与文化环境的路径，如果实现了这一目标就会减少全球化世界对这些高技能、高知识人员的诱惑。①

2008 年正值以色列建国 60 周年之际，阿里亚与融合部发起了"建国六十年回归家园"计划（Return Home At Sixty），呼吁国外以色列人回国建设自己的国家，并在就业、税收、子女就读等方面提供优惠。一个专门的门户网站上公布了愿意回归以色列的人可以享受的优惠政策。阿里亚与融合部精心设计的一张电子贺卡上写着各种相关信息包括网站地址、优惠信息以及温馨的感召语：

> 这里是您的家——
> 一片抚养、教育孩子的乐土
> 一方落地生根的圣地
> 一个等待建设的新国家（以色列）！

2010～2012 年阿里亚与融合部希望推动以色列人回归国家，提出了"该回家了"的口号。在这一背景下，以色列政府先后推出了一系列人才引智计划，吸引世界各地的犹太人、非犹太人来以色列创业经营，谋求发展。

1. "以色列卓越研究中心计划"

20 世纪 90 年代以来，以色列高等教育改革的主要措施之一就是实施"以色列卓越研究中心计划"，建立以色列卓越研究中心。该计划由高等教育委员会规划与预算理事会提出，后来上升为国家层面的人才战略。该计划旨在从根本上提升以色列学术研究的水平、确立其在以色列国内及国际上的领先地位。"以色列卓越研究中心计划"于 2010 年 3 月被以色列高等教育

---

① Eli Hurvitz and David Brodet, eds., *Israel 2028: Vision and Strategy for Economy and Society in a Global World*, p. 54.

委员会通过，以色列政府于 2010 年 3 月 14 日发出了第 1503 号决议
（Government Resolution No. 1503），规定该计划由高等教育委员会规划与预
算理事会和以色列科学基金共同管理。其具体目标如下：

（1）加强以色列的科学研究，建立以色列作为世界科学研究领导
者的地位；

（2）着力于"人才引进"，把卓越人才带回以色列，以此作为加强
高等教育机构研究能力和学术能力的核心手段；

（3）创造一个有利的环境以增强不同机构在特定领域的相对优势，
并形成集群效应；

（4）改善和升级大学的研究基础设施；

（5）鼓励学术创新，包括不同领域的知识（多学科）之间的交叉
整合；

（6）在特定领域保持和推行先进的教学和培训计划；

（7）鼓励学术学院和大学之间的教研合作；

（8）在全国全教育系统促进科学研究；

（9）促进与全球领先的研究人员和研究机构的合作。[①]

根据决议，以色列政府要在第一个建设周期（6 年）为"以色列卓越
人才计划"投入 70 亿新谢克尔，在第二个建设周期再追加 70 亿新谢克尔预
算。预计在第一个周期内招聘 1600 名一流教员，其中大约一半职位为新设
职位，另一半将取代退休教员的职位，从而使以色列大学的师资净增 15%
以上，使师生比从 1∶24.3 上升至 1∶21.5，在技术学院要增加 400 个教职，
使师生比从 1∶38 上升至 1∶35。

"以色列卓越研究中心计划"的组织架构是由指导委员会（Steering
Committee）、科学咨询委员会（The Scientific Advisory Committee）及监督委

---

① 可参见"以色列卓越研究中心计划"网站，www.i-core.org.il，访问日期：2021 年 7 月 22 日。

员会（Monitoring Committee）组成，三个委员会的人员组成及主要职责如下。指导委员会负责设计、制定实施该计划的原则与操作方法，确定研究课题，审核科学咨询委员会的相关报告。指导委员会由 10 位著名的科研人员组成（见表 4-9）。科学咨询委员由全球范围内聘请的 12 位杰出科研人员组成（见表 4-10，包括诺贝尔奖得主），其职责是在计划的各个阶段为指导委员会提出建议，如选择课题或讨论计划的运行方式、为计划实施提供专业观点等，并协助以色列科学基金参与项目评估过程。监督委员会的负责人是高等教育委员会规划与预算理事会的主席，成员包括以色列科学和人文科学院董事长、财政部预算局负责人、总理办公室的国家经济委员会负责人、科学技术部首席科学家、移民部的负责人或个人代表、高等教育委员会的代表。监督委员会负责监督该计划的实施情况，组长每 6 个月向组员汇报一次计划实施情况。

表 4-9 "以色列卓越研究中心计划"指导委员会成员

成员姓名（英文）	个人简介
Shimon Yankielowicz	指导委员会主席，特拉维夫大学物理学与天文学院教授，曾任特拉维夫大学校长
Manuel Trajtenberg	高等教育委员会规划与预算理事会主席
Benjamin Geiger	魏兹曼科学研究院分子细胞生物学系教授，以色列科学基金学术委员会主席
Aharon Beth-Ha'Lachmi	高等教育委员会规划与预算理事会成员
Alfred Bruckstein	以色列理工学院计算机科学系教授
Ronnie Kosloff	耶路撒冷希伯来大学物理化学系教授
Rachel Levy-Schiff	巴－伊兰大学心理学系教授
Sophia Menacahe	海法大学历史系教授
Shmuel Feiner	巴－伊兰大学人文和犹太研究教授
Aviad Raz	本－古里安大学社会学和人类学系教授

资料来源："以色列卓越研究中心计划"官方网站，www.i-core.org.il，访问日期：2021 年 7 月 22 日。

表 4 - 10 "以色列卓越研究中心计划"科学咨询委员会成员

成员姓名（英文）	个人简介
Bruce M. Alberts	加州大学旧金山分校分子、细胞和发育生物学名誉教授，《科学》杂志主编
Aaron Ciechanover	以色列理工学院医学教授
David K. Cohen	密歇根大学教育学教授和公共政策教授
Linda Gregerson	密歇根大学英语语言文学教授
David J. Gross	加州大学圣巴巴拉分校 Kavli 理论物理研究所所长，诺贝尔物理学奖得主
Steven Katz	波士顿大学 Elie Wiesel 犹太研究中心主任
Roger D. Kornberg	斯坦福大学医学院结构生物学教授，诺贝尔化学奖获得者
David M. Kreps	斯坦福大学商学院教授，克拉克奖章获得者
Eric S. Lander	麻省理工学院生物学教授，Broad 研究所所长
Moshe Y. Vardi	莱斯大学计算机科学教授，哥德尔奖得者
Ada E. Yonath	魏兹曼科学研究院 Helen & Milton A. Kimmelman 生物分子结构和组装研究中心主任，诺贝尔化学奖获得者
Dan Shechtman	以色列理工学院材料科学教授，诺贝尔化学奖获得者

资料来源："以色列卓越研究中心计划"网站，www.i-core.org.il，访问日期：2021 年 7 月 22 日。

第 1503 号决议公布后，以色列政府决定五年之内投入 15 亿新谢克尔建立 30 个卓越研究中心，以优厚的待遇从欧美招聘科研人员到以色列工作。卓越研究中心旨在推进开拓性、创新性研究，提升以色列在科学研究方面的国际影响力。到目前为止，一共建立了 4 批共 16 个卓越研究中心（表 4 - 11）。

表 4 - 11 以色列卓越研究中心一览

卓越研究中心名称	主要参与机构	负责人及其所在单位或专业领域	研究重点
人类复杂疾病中的基因调控（Gene Regulation in Complex Human Disease）	希伯来大学特拉维夫大学巴-伊兰大学Sheba 医疗中心Hadassah 医疗中心	Howard Cedar 教授希伯来大学发育生物学和癌症研究部	进行融合基础科学和临床科学的研究，利用现代仪器（包括现代成像，基因组和计算设施）进行复杂人类疾病基因调控研究；破译基因的分子结构，并以此发现导致疾病的原因

以色列科研体系的演变

卓越研究中心名称	主要参与机构	负责人及其所在单位或专业领域	研究重点
认知科学（Cognitive Sciences）	魏兹曼科学研究院 巴－伊兰大学 特拉维夫大学 Sourasky 医学中心 Emek Izrael 学院	Yadin Dudai 教授 魏兹曼科学研究院 神经生物学	概念化记忆和回溯，预防和改善精神疾病和认知衰退；监测脑细胞的活动，包括大脑的思考、想象和行为
算法（Algorithms）	特拉维夫大学 魏兹曼科学研究院 希伯来大学	Yishay Mansour 教授 特拉维夫大学 计算机科学学院	计算机科学研究的核心——算法研究、设计和分析
太阳能燃料（Solar Fuels）	以色列理工学院 魏兹曼科学研究院 本－古里安大学 Migal Galilee 研究所	Gideon Grader 教授 以色列理工学院 化学工程系	利用太阳光这一可再生和可持续能源；关注植物燃料、分解水产生氢气、分解二氧化碳产生燃料等
现代犹太文化研究（Study of Modern Jewish Culture）	希伯来大学 巴－伊兰大学 本－古里安大学 特拉维夫大学	Cohen Richar 教授 希伯来大学 犹太历史和当代犹太人	探索民族故土与犹太文化之间的联系
教育与新信息社会（Education and the New Information Society）	海法大学 本－古里安大学 以色列理工学院 赫兹利亚跨学科中心	Kali Yael 教授 海法大学 教育学院	研究在技术增强型社区中共享知识和加深理解的方式，探索在技术增强型社区共享实践、标准和规范的方式技术，促进社会各个阶层人之间的学习
法律实证研究（Empirical Legal Studies）	希伯来大学 以色列理工学院	Ritov Ilana 教授 希伯来大学 教育学院	研究法律与决策之间的相互作用、评估和审查法律分析的理论范式，侧重不同法律制度及其实施的决定因素
群体创伤研究（Mass Trauma Research）	特拉维夫大学 巴－伊兰大学 希伯来大学 魏兹曼科学研究院 赫兹利亚跨学科中心	Solomon Zahava 教授 特拉维夫大学 社会学院	整合与创伤有关的各个领域（心理学、社会学、生物学）与实践之间的研究，使受到创伤的群体或个体具备适应和调整的能力

续表

卓越研究中心名称	主要参与机构	负责人及其所在单位或专业领域	研究重点
亚伯拉罕诸教研究（Abrahamic Religions）	本 - 古里安大学 巴 - 伊兰大学 希伯来大学 海法大学 开放大学	Harvey Hames 教授 本古里安大学 世界通史专业	创建数据库，记录宗教间的转化事件，使学者能够对涉及大范围地理区域和时间转换的宗教问题进行对比和分析
量子宇宙研究（The Quantum Universe）	希伯来大学 以色列理工学院 特拉维夫大学 魏兹曼科学研究院	Nir Yosef 教授 魏兹曼科学研究院 粒子物理和 天体物理学专业	基础物理学、粒子物理学、重力学、宇宙学、天体物理学等领域的问题
光与物质（Light and Matter）	魏兹曼科学研究院 以色列理工学院	Segev Mordechai 教授 以色列理工学院 固体物理学专业	从实验和理论上探索光与物质相互作用的广泛领域开发和研究成像、光谱和计量超分辨率等新技术
天体物理学：从大爆炸到行星（Astrophysics：From the Big Bang to Planets）	希伯来大学 特拉维夫大学 魏兹曼科学研究院 以色列理工学院	Piran Tsvi 教授 希伯来大学 物理研究所	有关大爆炸的起源、行星形成等天体物理学领域
核染色质与核糖核酸基因调控（Chromatin and RNA Gene Regulation）	希伯来大学 巴 - 伊兰大学 以色列理工学院 魏兹曼科学研究院 Sheba 医学中心	Friedman Nir 教授 希伯来大学 计算机科学 与工程学院	核染色质的作用，核糖核酸的变型和非编码核糖核酸在疾病中的基因表达规则
细胞的结构生物学 - 生物物理学和医疗技术（Structural Biology of the Cell-Biophysics and medical technology）	以色列理工学院 魏兹曼科学研究院 特拉维夫大学	Schreiber Gideon 教授 魏兹曼科学研究院生物化学专业	技术发展、共享基础设施和关键生物问题的多维调查，年轻一代结构细胞生物学科学家的培养
植物对环境变化的适应（Plant Adaptation to Changing Environment）	特拉维夫大学 本 - 古里安大学 希伯来大学 魏兹科学研究院	Fromm Hillel 教授 特拉维夫大学植物分子生物学与生态学专业	长期观察、研究和建模植物对于多种非生物威胁和气候变化的反应
生活系统中动态过程的物理方法（Physical Approaches to Quantifying Dynamic Processes in Living Systems）	特拉维夫大学 希伯来大学 魏兹曼科学研究院 以色列理工学院 巴 - 伊兰大学	Meller Amit 教授 以色列理工学院 生物学专业	生物分子系统，细胞过程（细胞分化和细胞 - 细胞相互作用）实验方法和技术的发展

资料来源：笔者根据"以色列卓越研究中心计划"官方网站资料整理，http：//www.i - core.org.il/the - i - cores，访问日期：2021 年 4 月 1 日。

2. "以色列国家引智计划"

2010 年"以色列卓越研究中心计划"启动后，教育部门的引智活动迅即开始，此后以色列政府就致力于把该计划延伸到整个学术界，并督促高等研究委员会、阿里亚与融合部等部门共建"海外人才数据库"。2012 年，高等研究委员会、阿里亚与融合部、财政部、经济与产业部共签协议，推进引智工作。2013 年，根据以色列政府第 1503 号决议精神，经济与产业部、阿里亚与融合部、财政部计划与拨款委员会等共同发起"以色列国家引智计划"（Israel National Brain Gain Program），该计划的指导委员会由上述单位的代表组成，在经济与产业部首席科学家办公室下运作，以色列工业研发中心作为执行部门。

该计划的内容是：为旅居国外的以色列人及其家庭回国就业提供帮助（除了数据库资源外，该计划与以色列产业界、学术界保持着密切的联系，与 180 个企业以及 7 所大学的 65 个科研机构有特殊伙伴协议，能够帮助回国人员获得就业机会）；设计回国手续的"绿色通道"、研发条件支持与税收优惠政策；在 5 年内提供 3.6 亿新谢克尔资金为回国人员及其家庭提供就业、生活帮助。申请该计划的人选必须具备以下两个条件：（1）在国外生活并有意回国的以色列人；（2）具有本科以上学历，有意向回到以色列的学术与产业部门工作。①

3. 国家引智的辅助性项目

除了"以色列卓越研究中心计划"和"以色列国家引智计划"两个国家层面的政策外，以色列各行业、组织等都推出了自己的人才引进计划，从各个方面对人才给予优厚的待遇和保障。

（1）"吉瓦希姆计划"

Gvahim 意为"高地、顶峰"，"吉瓦希姆计划"由 2006 年成立的非营利性组织"吉瓦希姆"设立。这是一个由以色列公司、商界领袖和专业人士组成的广泛的职业协会，主要针对青年技术移民（尤其是大学生）在职

---

① Israel National Brain Gain Program, https：//www. israel – braingain. org. il/article. aspx？id = 7120，accessed December 25，2019.

场规划、职业衔接、技能培训、社会融入等方面提供帮助（见表 4 - 12）。对于加入该组织的公司而言，占有了获取国际范围内高职候选人的直接渠道，大大有利于占领行业前沿地位，因此企业界的积极性也得到了充分的调动。截至 2019 年 11 月已有数万名新移民通过该项目找到了工作岗位。[①]"吉瓦希姆"主席迈克尔·本萨多恩（Michael Bensadoum）强调了该项目对吸引世界各地的毕业生到以色列工作所起的作用，他指出：

> 新移民在来到以色列时会遇到诸多挑战：适应不同的文化，根据陌生的就业市场调整自己的技能，缺乏社交网络。为了消除这些障碍，"吉瓦希姆"推出职业培训和研讨会，为新移民提供融入过程中必不可少的工具与信息。"吉瓦希姆"还使得每个参与者能享受来自人力资源顾问和以色列专业人员的个人陪同计划，帮助他们制订职业计划和确定职业目标。最后还根据不同的行业建立了职业关系网，现今拥有超过 2000 名成员，方便了交换联系方式和发展人际网络。[②]

表 4 - 12　"吉瓦希姆计划"的主要项目列表

项目名称	主要对象	项目内容
职业规划项目（Career Program）	拥有学士学位的技术新移民	举办研讨会，模拟面试，开展个人人力资源咨询，进行一对一课程指导
技术高地计划（Tech Heights）	10000 名软件工程师	在他们抵达以色列之前就发送工作相关的资料，实现工作上的无缝对接
蜂房计划（The Hive）	创业移民和回国居民	提供创业的指导和支持
蜂巢计划（The Nest）	创业移民和回国居民	提供技能培训和工作指导

资料来源：笔者根据"吉瓦希姆"官方网站信息整理，http：//gvahim. org. il/，访问日期：2020 年 10 月 22 日。

---

① 可参见吉瓦希姆官方网站，http：//gvahim. org. il/，访问日期：2019 年 11 月 12 日。

② 〔以〕顾克文、〔以〕丹尼尔·罗雅区、〔中〕王辉耀：《以色列谷：科技之盾炼就创新的国度》，肖晓梦译，第 56 页。

（2）以色列科学院项目

以色列科学院联络中心（The Israel Academy of Sciences Contact Center）致力于在旅居国外的以色列科研人员与国内学术机构之间建立直接的联系，为他们回国工作或合作科研搭建桥梁，尤其是支持那些有高等教育背景的人加盟以色列产业界。该中心紧跟国家引才计划数据库，从事各方面的联络与促进活动。联络中心在国外举办签约活动，重点联系博士研究生与博士后研究人员。迄今该计划的数据库中已有 2641 人。2010～2013 年至少有 430 人通过该联络中心回国就业，到 2016 年仅被以色列大学吸纳的高学历人员就有约 700 人。[1]

（3）部委层面的引智项目

以色列很多部委根据各自的需求设有不同类别的引智项目。例如，2012年科学、技术和空间部为归国科学家设立奖励基金（The Ministry of Science, Technology and Space Scholarships），该部与以色列癌症研究基金联合倡议，吸引国外的以色列科学家来加利利地区的科研院所和耶路撒冷希伯来大学工作。以色列高等教育委员会在"以色列卓越研究中心计划"之外，又推出了专门的高校师资引进计划（Hiring New Faculty Members at Institutions of Higher Education）。长期以来，以色列大学缺编现象严重，根据高等教育委员会的数据，以色列大学的师生比 1990/1991 学年为 1∶16，1999/2000 学年为 1∶21，2005/2006 学年为 1∶24，此后一直维持这个水平。[2] 师生比下降的原因是学生人数增多。以色列高等教育委员会规划与预算理事会制定的《高等教育改革五年规划》把引进师资作为重要的发展目标，特别欢迎从各地回到以色列的高学历人才应聘教职。高等教育委员会的目标是：2011～2013 年，高等教育机构要聘任 1000 名新员工，以补充师资缺口。此外，以

---

[1] Naama Teschner, "Information about Israeli Academics Abroad and Activities to Absorb Academics Returning to Israel," *The Knesset Research and Information Center*, January 30, 2014, pp. 1 - 10, https：//m. knesset. gov. il/EN/activity/mmm/me03375. pdf, accessed March 25, 2021.

[2] Naama Teschner, "Information about Israeli Academics Abroad and Activities to Absorb Academics Returning to Israel," *The Knesset Research and Information Center*, January 30, 2014, pp. 1 - 10, https：//m. knesset. gov. il/EN/activity/mmm/me03375. pdf, accessed March 25, 2021.

色列国家劳工基金（The Israel National Labor Federation）以及犹太代办处也设立了不同的项目，响应国家引智战略。[1]

（4）产业界的引智项目

以色列产业界尤其是一些面向国际市场的高科技产业，采用多种措施吸引国际人才，还有一些成功人士把慈善基金用于引智计划。例如新闻出版商、慈善家莫里提默尔·朱克曼（Mortimer Zuckerman）设立的"朱克曼STEM[2]引领项目"（The Zuckerman STEM Leadership Program），下设两个子项目："博士后计划"及"朱克曼学者计划"，用1亿美元支持来自美国及欧洲著名高校的博士后来以色列大学任职；为回国工作的以色列科学家设立研究基金，资助实验室建设。

以色列不同层面的引智政策取得了很大的成效，也在一定程度上缓解了人才短缺的现象。以色列中央统计局的数据显示：1984～2004年在以色列高校获得本科学位的人员中有4.9%旅居国外3年以上，硕士学位获得者中这一比例为7.2%，博士学位获得者中这一比例为10.5%；2010年以后旅居国外3年以上的以色列人约有6.7%回到了以色列，其中硕士学位获得者占总数的7.5%，博士学位获得者占4.1%。[3] 阿里亚与融合部的报告显示，2010年5月到2012年10月两年多的时间里，有22470人从美国、加拿大及欧洲国家回归以色列，仅2011年就有1.1万人。其中高学历研究人员4837

① Naama Teschner, "Information about Israeli Academics Abroad and Activities to Absorb Academics Returning to Israel," *The Knesset Research and Information Center*, January 30, 2014, pp. 1 - 10, https：//m. knesset. gov. il/EN/activity/mmm/me03375. pdf, accessed March 25, 2021.

② STEM 是由科学、技术、工程、数学（Science, Technology, Engineering, Mathematics）四个词语简称组合成的术语。该术语将这些学科组合在一起，通常用于解决学校的教育政策和课程选择问题，以提高科学和技术发展的竞争力，还对劳动力发展、国家安全问题和移民政策等产生影响。这个缩写在美国国家科学基金主任丽塔·科威尔（Rita Colwell）主持的科学教育机构会议之后就开始普遍使用。

③ Naama Teschner, "Information about Israeli Academics Abroad and Activities to Absorb Academics Returning to Israel," *The Knesset Research and Information Center*, January 30, 2014, pp. 1 - 10, https：//m. knesset. gov. il/EN/activity/mmm/me03375. pdf, accessed March 25, 2021.

人，工程师等高技术人员 2729 人，企业管理人才 681 名，平均年龄 39 岁以下。①

第四节　以色列科技事业的成就

21 世纪以来，得益于经济的平稳发展、人力资源的高度聚集、国际合作的有效开展以及较为平静的国内国际环境，以色列的科技事业快速发展，所取得的一系列前沿性成就不仅有益于以色列国内对传统产业的升级改造，助推新兴产业的集群化、科技化发展趋势，也在很大程度上引领了世界科技的潮流，使以色列成为令人瞩目的世界科技中心，获得了"第二硅谷"的美誉。截至 2013 年，在以色列设有研发中心的跨国企业有 264 家，包括苹果、谷歌、英特尔、微软、IBM、惠普、雅虎、甲骨文、西门子、通用汽车、通用电气、西尔斯和易趣等，其中世界 500 强有 80 家，这些研发中心为以色列提供了超过一半的高科技就业岗位。② 以色列在生命科学、农业科技、清洁能源、计算机等方面的技术一直处于全球领先状态，另外在医疗、能源、通信技术等方面都有亮眼表现，其最新科技成就主要集中在以下领域。③

一　生命科学和医疗领域

以色列的生命科学技术自 20 世纪 80 年代以后一直发展迅猛，2013 年

① Danielle Ziri, "Israeli Expats Returning Home in Record Numbers," *The Jerusalem Post*, October 15, 2012, https://www.jpost.com/National – News/Israeli – expats – returning – home – in – record – numbers, accessed April 30, 2021.

② 《264 家外国企业在以色列设立了研发中心》，人民网，2013 年 4 月 25 日，http://world.people.com.cn/n/2013/0425/c157278 – 21283358.html，访问日期：2021 年 3 月 22 日。

③ 本节内容主要参见张明龙、张琼妮《新兴四国创新信息》；〔以〕顾克文、〔以〕丹尼尔·罗雅区、〔中〕王辉耀《以色列谷：科技之盾炼就创新的国度》，肖晓梦译；〔美〕丹·塞诺、〔以〕索尔·辛格《创业的国度：以色列经济奇迹的启示》，王跃红、韩君宜译；王泽华、路娜编著《以色列科技概论与云из科技合作透视》；〔以〕伊扎雷尔·德罗里、〔以〕塞缪尔·埃利斯、〔以〕祖尔·夏皮拉《创新的族谱：以色列新兴产业的演进》，龚雅静译；〔以〕莱昂内尔·弗里德费尔德、〔以〕马飞聂《以色列与中国：从丝绸之路到创新高速》，彭德智译；等等。

更是成为在纳斯达克上市相关企业最多的国家。以色列拥有生命科学研究人员的比例为全球第一，从事生命科学研究的人和所有科研人员的比例是 1∶3。[①] 这得益于以色列政府对生命科学的科技研发投入一直居于高位，占所有民用研发投入的接近 50%。2015 年以色列拥有生命科学企业 1380 家，2016 年增长至近 1500 家，从业人员近 10 万人，此外还有 280 个全球跨国生命科学研发中心，吸纳了全国 45% 的高技术劳动力就业，世界上几乎所有的大型医疗科技和药品公司，都在以色列设有研发中心，例如默克（Merck）、辉瑞（Pfizer）、赛诺菲（Sanofi）等，而全球 1/4 左右的成功生物技术解决方案都不同程度地具有以色列研究背景，尤其是许多用于治疗癌症和心脏病等疾病的专利药物是在以色列研发的。[②] 以色列的生命科学产业形成了以医疗器械为主导，以医疗保健技术和数字医疗为特色的产业体系。从企业领域分布来看，医疗器械企业占比约 40%，医疗保健信息技术和制药类是以色列第二大子行业，占比约 31%。[③]

以色列理工学院研究人员研究出先进的"生物计算机"，一方面可以对生物分子进行更复杂的分析研究，采用新的溶液处理工艺，将能运行的程序（由 DNA 软件设计）增加了 1300 倍，达到 10 亿种；另一方面能加密和破译储存于 DNA 中的图像。该学院机械工程系利用从牛血中提取的天然蛋白研制成了用来生产新一代医用缝合线和绷带的纳米纤维，该纤维具有生物兼容性好和持久耐用的特点，而且在电子、服装等其他领域具有广泛应用前景。化学工程系的科研人员开发出了一种可以探测早期肺癌、乳腺癌、前列腺癌和结肠癌的纳米电子鼻，这种电子鼻嵌入有纳米颗粒碳基感应器，利用呼气

---

① 刘洪洁、高亢：《2015~2016 年的以色列高科技产业》，载张倩红主编《以色列蓝皮书：以色列发展报告（2017）》，第 192 页。

② 《专家：四分之一生命科学创新技术源自以色列》，《以色列时报》2016 年 3 月 13 日，http://cn.timesofisrael.com/专家：四分之一生命科学创新技术源自以色列/，访问日期：2018 年 12 月 5 日。

③ 火石研究院：《以色列生命科学产业发展现状分析》，前瞻经济学人网站，2018 年 11 月 21 日，https://www.qianzhan.com/analyst/detail/329/181121-e0c664dd.html，访问日期：2021 年 1 月 25 日。

微粒检测癌症。[1]

在基因科学领域，以色列科研人员的主要成果有：发现了人的表情来自遗传；破译了决定核小体如何在 DNA 链上进行定位的基因代码；发明了使用铁蛋白推进基因治疗的技术；开发出了能区分真假 DNA 的检测技术；等等。在蛋白质领域，科研人员发明了利用植物重组胶原蛋白修复人体伤口的技术；发现了控制胚胎细胞发育的特殊蛋白、确保遗传安全的蛋白质、可引导癌细胞自杀的新奇蛋白质、对减肥起关键作用的蛋白质；从豌豆中分离出微小蛋白结晶；等等。在细胞科学领域，科学家发现了胚胎干细胞分化的控制机制；发现了促使 β 细胞再生的机理；发现能"识别"和"消灭"癌细胞的特殊细胞；发现了猪的干细胞可以用来生成人类器官；发明了利用干细胞修复撕裂的肌腱或韧带的技术、用胚胎干细胞培育血管的技术；利用了间叶干细胞培育出人骨；等等。以色列科研人员还从甜叶菊中提取出新型甜味剂，掀起了制糖业的革命。[2]

以色列在医用机器人领域的科研成果同样丰硕，魏兹曼科学研究院研发出了新型的"生物分子计算机"，能同时自动探测多种不同类型的分子；以色列理工学院机械工程系研制出了微型机器人，可操纵柔性的针来绕过人体内部的各种障碍，提取目标部位的肌体组织，还可以穿行于脊椎管里的脊髓中，协助进行外科脊椎手术。2007 年，以色列理工学院的科研人员还研制出了当时世界上体积最小的机器人，可进入人的血管并到达人体各处，协助投送药物。2011 年，以色列、英国、德国和意大利四国科学家合作发明了一款神经外科手术机器人，可完成 13 种精细动作模式，并能感知手术部位的情况并调节力度，能减小手术过程中患者的创伤。马佐尔（Mazor）公司发布的外科手术引导软件（Mazor X Align），具备术前解剖识别和图像处理等功能，外科医生可以据此生成特定的三维脊柱位置图，有助于更好地矫正

---

① 张明龙、张琼妮：《新兴四国创新信息》，第 307 ~ 321 页。

② Tol Staff, "Israeli Company Touts Sweeter, Healthier Sugar Substitute," *The Times of Israel*, April 6, 2017, http://www.timesofisrael.com/israeli - company - touts - sweeter - healthier - sugar - substitute/, accessed March 25, 2021.

脊柱畸形以及脊柱位置的相关手术。[①]

癌症的预防和治疗一直是困扰世界的医学难题，以色列科研人员在这一方面也有许多重要的成果：发现了使用放射法治疗儿童头癣可能引发甲状腺癌；研制出了肺癌检测芯片（只需一滴血）和结肠癌检测芯片；发现了治疗癌症的新方法（利用自身免疫系统中的抗病毒细胞）；发现了破坏癌细胞通信网络的新方法；发现提高化疗效果的新方法；发现了抑制癌细胞生长和扩散的新方法；发现了癌细胞分裂"制动系统"的相关基因；研制出了癌症通用疫苗；等等。在免疫系统神经和心脑血管方面，科研人员发现高升糖指数食品容易增加患心脏病风险；用浓缩西红柿制成了降血压药丸；研制出了高频心电图机；发现了与记忆有关的控制机制，并解释了气味能激发回忆的原因；发现了治疗脑外伤的新方法；研制成了帮助脑损伤者行走的训练鞋；研制出了治疗神经变性疾病的新药物；发现了抗肌体老化的新方法；发现了运用人工合成分子治疗自身免疫类疾病的方法；等等。

另外，全球最大医疗设备公司美敦力（Medtronic）已经与以色列医药科技公司 DreaMed Diabetes 签署协议，同意在自己的产品美敦力胰岛素泵中使用后者的 MD-Logic 人工胰腺算法程序。通过计算机控制程序将葡萄糖传感器和胰岛素泵相连，利用葡萄糖动态传感器中获取的血糖水平信息，对其进行分析，进而指导胰岛素泵向体内注射准确剂量的胰岛素，保持血糖平衡。[②] DreaMed Diabetes 公司还开发出一款云软件，以机器学习等技术帮助医生和医疗保健专业人士更好地监控Ⅰ型糖尿病患者的身体情况，该公司已获得欧盟 CE 许可，其首个产品 GlucoSitter 也已授权美敦力销售。[③] 生物技术公司 Pluristem Therapeutics 与美国国立卫生研究所合作，研发了急性辐射综合征（ARS）的治疗方法。以色列医药研发公司 Foamix 发现了泡沫的数

---

① 刘洪洁、高亢：《2015～2016年的以色列高科技产业》，载张倩红主编《以色列蓝皮书：以色列发展报告（2017）》，第193页。

② 《盘点：以色列生物医药技术》，《以色列时报》2015年5月17日，http：//cn. timesofisrael. com/盘点：以色列生物医药技术/，访问日期：2018年12月5日。

③ 《以色列智能软件可自动分析海量血糖数据》，《以色列时报》2018年2月22日，http：//cn. timesofisrael. com/以色列智能软件可自动分析海量血糖数据/，访问日期：2018年12月5日。

十种有益用处，其中最有前景的一种是用于治疗痤疮，还为皮肤、子宫、阴道和身体其他敏感部位的感染或者疼痛提供治疗方案。[①] 以色列的医疗器械公司发明了新型电磁治疗设备，可用于戒赌、戒烟等，对抑郁症、精神分裂等精神类疾病也有一定疗效。以色列红利生物集团（Bonus BioGroup）全球首创了利用细胞制造骨头的技术，通过抽脂从患者身上抽出脂肪活细胞，造出人工骨头移植物进而植入人体内。[②] Rewalk 公司研发的轻量可行动外骨骼，瘫痪病人穿戴后可摆脱轮椅，正常走路，转弯、坐、站、甚至还能够上下楼梯。Biop Medical 公司与 IBM 共同开发了宫颈癌的早期诊断设备，可对100 个不同部位进行检验，准确率达90% 以上。Arzim Mobile 自主研发的"盲文平板"可以安装大部分应用，能进行双向沟通，让盲人可以用文字、语音等在互联网上与人沟通，甚至轻松进行电子商务等工作。[③]

2010 年希伯来大学科学家培育出能够生产人类胶原蛋白的烟草，主要用于外科植入和创伤修复。同年该校的研究人员还发现了一组人体中用于控制骨密度的特殊物质，进而开发出了可预防骨质疏松和其他骨科疾病的新药物。以色列脑科技企业 ELMindA 公司发明了自动显示脑补活动功能的方法，即大脑活动网络，能够自动揭示特定大脑活动过程的多维模式，在诊断和治疗大脑紊乱和脑颅损伤方面发挥了重要作用。[④]

二 清洁能源领域

由于石油、煤等传统能源的稀缺性、不可再生性、利用效率低和造成环境污染等缺陷日益暴露，大力发展现代清洁能源已经成为世界范围内的共

---

① 《盘点：以色列生物医药技术》，《以色列时报》2015 年 5 月 17 日，http：//cn. timesofisrael. com/盘点：以色列生物医药技术/，访问日期：2018 年 12 月 5 日。

② "Bonus BioGroup Announces Revolutionary Medical Breakthrough," *Bonus Bio-Group*, December 3, 2016, http：//www. bonusbiogroup. com/index. php/press – room/press – releases, accessed Decembe 5, 2018.

③ 《以色列 20 年科技成果，"黑科技"绝对颠覆你的想象》，搜狐网大数据实验室，2018 年 5 月 16 日，http：//www. sohu. com/a/231744742_ 236505，访问日期：2021 年 3 月 21 日。

④ 王泽华、路娜编著《以色列科技概论与云以科技合作透视》，第 59～61 页。

识。以色列国自然环境恶劣，资源供应极为有限，这些都成了国家经济发展和稳定的不安定因素。以色列自建国起就十分注重清洁能源的发展，之后又出台法律保障清洁能源的使用。[①] 2002 年，以色列政府将清洁能源相关政策引入电力部门，对使用清洁能源电力的用户实行金额补贴，有力地促进了新能源的开发和利用。以色列的风能、太阳能等能源的利用技术具有很高的市场占有率，光伏、氢能利用、潮汐能利用和能源污染治理等方面的技术也十分先进。2013 年以色列有 5 家公司上榜全球清洁技术公司 100 强，2014 年以色列在全球清洁技术创新指数中排名首位。[②]

以色列具有丰富的日照资源，平均每年光照时间超过 300 天，其太阳能利用的技术研发早在建国后不久后就开始启动，目前的太阳能产品可以在低温的情况下收集足够的热量，非常适合高纬度地区的使用。[③] 而以色列对太阳能的利用也是自上而下不遗余力，早在 1986 年就颁布特别法令，要求所有新建筑都必须安装太阳能热水器。[④] 以色列年均太阳能热水器的总功率高达 82.4 亿千瓦时，是全球人均太阳能利用率最高的国家。[⑤] 2015 年 3 月以色列议会启用了议会大厦及其周边建筑屋顶占地 4560 平方米的太阳能发电板，这项始自 2014 年的绿色议会项目包含了 13 个不同的生态项目，使其成

[①] 以色列现行的环境立法包括保护自然和自然资源（空气、水和土壤）的法律，减少和预防环境损害（防止空气、噪声、水和海洋污染）的法律，以及安全处理沾染物和污染物（有害物质、固体及液体废弃物等）的法律等，对鼓励使用更加节能高效且低污染的新兴可再生能源也起到了重要作用。参见《以色列可再生能源发展情况介绍》，中华人民共和国驻以色列大使馆经济商务参赞处，2009 年 7 月 30 日，http://il. mofcom. gov. cn/aarticle/ztdy/200909/20090906531161. html，访问日期：2018 年 12 月 15 日。

[②] 〔以〕顾克文、〔以〕丹尼尔·罗雅区、〔中〕王辉耀：《以色列谷：科技之盾炼就创新的国度》，肖晓梦译，第 114 页。

[③] Ammon Einav, "Solar Energy Research and Development Achievements in Israel and Their Practical Significance," *Journal of Solar Energy Engineering*, Vol. 126, No. 3, 2004, pp. 921 – 928.

[④] 王新刚：《以色列：大力推进能源多元化》，《光明日报》2010 年 8 月 18 日，第 8 版。

[⑤] 《以色列可再生能源发展情况介绍》，中华人民共和国驻以色列大使馆经济商务参赞处，2009 年 7 月 30 日，http://il. mofcom. gov. cn/aarticle/ztdy/200909/20090906531161. html，访问日期：2018 年 12 月 5 日。

为"全球最环保的议会"。① 以色列的太阳能企业吉瓦国际（Gigawatt Global）长期致力于在世界各地推广利用太阳能的技术，尤其是在卢旺达阿格霍兹－沙洛姆（Agahozo-Shalom）青年村建立的太阳能发电站是东非首个此类设施，满足了卢旺达 6% 的总用电需求，该公司也因此获得了 2015 年诺贝尔和平奖的提名资格。② 巴－伊兰大学研制的低成本太阳能光电池材料，其光电转换率与传统硅材料光电池相当，但造价降低 40%。耶路撒冷绿色阳光（GreenSun）公司研发了彩色太阳能电池板，能够吸收太阳光光谱中不同颜色的太阳光能，达到最高 20% 的转换率。以色列开发出的高效能太阳能电池板含有智能芯片，能够远程监测设备的运行状态，还可以逐个关闭太阳能发电系统的高压直流电，减轻系统安装和检修的风险。2009 年，以色列正式启用世界上首个太阳能混合热电站，利用太阳能将空气加热成高温高压蒸汽，从而推动汽轮发电机发电。2010 年，以色列纽姆（Nueme）公司研发了新型的太阳能空调系统，夏季日光充足时，可减少 85% 的电力消耗。以色列的 3G 太阳能公司研发出第三代太阳能发电技术——燃料敏化太阳能电池。其优势不仅在于原材料二氧化钛比传统硅制电池板低廉，且因二氧化钛的敏光性强而提升了光能合成的效率，这项新技术可在未来大量投入家用电器、物联网以及传感器市场中。③ 2017 年在内盖夫沙漠内建造的全球最高的塔式光热电站高 240 米，年发电量高达 121 兆瓦，可满足一座城市 11 万户家庭的用电需求。④ 飞能（Phinergy）公司发明了能应用于电动汽车上的铝空气电池，可以成倍数加大行驶里程，并且做到二氧化碳零排放。索尔芯片（Sol Chip）和赛勒吉（Cellergy）两家企业共同研发出了一种太阳

① 《以色列议会成全球最环保议会》，《以色列时报》2015 年 4 月 9 日，http：//cn. timesofisrael. com/以色列议会成全球最环保议会/，访问日期：2018 年 12 月 5 日。

② 《以色列太阳能企业能否摘得诺贝尔和平奖？》，《以色列时报》2015 年 10 月 8 日，http：// cn. timesofisrael. com/以色列太阳能企业能否摘得诺贝尔和平奖？/，访问日期：2018 年 12 月 5 日。

③ Ehud Zion, "Israeli Company Leading Next Generation of Solar Technology," *The Jerusalem Post*, December 3, 2008, http：//www. jpost. com/printarticle. aspx？ id = 122949 accessed December 5, 2018.

④ 《以色列沙漠建全球最高塔式光热电站》，《以色列时报》2016 年 6 月 20 日，http：// cn. timesofisrael. com/以色列沙漠建全球最高塔式光热电站/，访问日期：2018 年 12 月 5 日。

能采集技术，可用于为无线传感器供电，之后索尔公司还推出了世界上第一个能自我充电的太阳能电池。[①]

在氢能利用方面，魏兹曼科学研究院利用太阳能技术，通过创造容易储存的中间能源的方法，使利用氢能变得更加便捷。继而又发明了水制氢的装置，可以在汽车上通过水产生氢从而驱动汽车，使之成为零排放交通工具。本－古里安大学与美国埃克森美孚（Exxon Mobil）公司以及加拿大企业合作开发了车载制氢系统，可直接把汽油、柴油、乙醇等转换为氢供燃料电池使用。特拉维夫大学研究的利用微藻类植物大规模制氢的方法，比传统方式产量高出5倍。

在废料处理方面，以色列环境能源资源公司（EER）联合以色列理工学院和俄罗斯库尔恰托夫研究院（Russia Kurchatov Institute）共同开发了一种可用于安全处理放射性核废料的新技术。该技术基于等离子体气化熔化（PMG）原理，首先将部分核废料转化为高度电离的气态物质，再经过最高7000℃的高温分解、固化、熔融、玻璃化等处理流程，处理过后的核废料在冷却后最终可转变成十分稳定且安全的玻璃态物质，可以被铸成瓦片、砖块或者板材用于建筑行业，也可以用于道路铺设，实现了核废物的充分利用。[②] 提帕（TIPA）公司研发的100%生物可降解包装袋非常受欢迎。自2015年投入市场以来，该产品延伸的相关产业估值高达650亿美元。[③] 沃尔特（Walter）公司研发了针对重油等燃料的降污节能装置——"分子加速器"，不仅能清除燃油燃烧后产生的污染物，还能降低燃料的消耗，提高使用效率。以色列还利用厌氧细菌的组合，开发了一种农业有机肥料处理技术，可用于油料及肉食加工等含高浓度有机废料的领域。

---

① 王泽华、路娜编著《以色列科技概论与云以科技合作透视》，第62~63页。

② 《以色列开发核废料处理新技术》，中华人民共和国科学技术部，2017年12月19日，http：//www.most.gov.cn/gnwkjdt/201712/t20171219_136886.htm，访问日期：2018年12月5日。

③ Jenna Shapiro, "How TIPA's 100% Biodegradable Packaging Plans to Solve the Food Waste Problem," *Geek Time*, June 21, 2015, http：//www.geektime.com/2015/06/21/how－tipas－100－biodegradable－packaging－plans－to－solve－the－food－waste－problem/, accessed October 29, 2019.

此外，以色列自 20 世纪 80 年代就开始小规模开采页岩油①，但受限于技术和成本，产量一直很低。直到 20 世纪末才发明了更为先进的提取技术，即将含油的页岩与传统石油提炼的残渣混合在一起，涂上沥青，然后再相对低压的情况下经过催化转换而得到页岩油。这项技术使页岩油的开采成本降低至以前的 1/3。

三 农业技术领域

以色列的滴灌技术、水资源利用技术和农产品培育技术是农业技术的集中体现，以色列在上述领域拥有全球独一无二的技术知识。② 耐特菲姆公司的滴灌技术对提高全世界的作物产量产生了深远影响，将耗水量减少了50% ~ 70%，经过不断的技术改良，现代的滴灌技术已经遍布上百个国家，惠及数亿人口。此外还有各种不同的农用机械和计算机传感设备，可获取土壤中的温度、湿度和营养水平等数据，判断植物是否需要浇灌或进行其他处理。③ 以色列约 60% 的农田使用滴灌方式，其本土企业掌控全球滴灌技术市场销售额超过 50%。科研人员还研制出减少水资源浪费的封堵水管渗漏技术，可减少 30% 以上的渗漏。④ 此外以色列在人工降雨、废水循环利用、海水淡化、水量计算系统、水过滤、供水系统、精准农业等领域都具有世界先进水平，同时它还是重要的肥料、除草剂、杀虫剂、种子和农业机械出口国。⑤

2017 年，以色列在国际水技术展览上展示了其在水资源循环利用和智能化管理方面的成就，包括适合各种地形和作物条件的节水设备，低压滴灌

①　页岩油是指以页岩为主的页岩层系中所含的石油资源，主要分布在泥页岩的孔隙和裂缝、泥页岩层系中的致密碳酸岩或碎屑岩邻层和夹层中，是一种人造的石油资源。

②　参见〔以〕顾克文、〔以〕丹尼尔·罗雅区、〔中〕王辉耀《以色列谷：科技之盾炼就创新的国度》，肖晓梦译，第 119 页。

③　《以色列滴灌专家称其技术喂饱 10 亿人口》，《以色列时报》2015 年 4 月 27 日，http://cn. timesofisrael. com/以色列滴灌专家称其技术喂饱 10 亿人口/，访问日期：2018 年 12 月 5 日。

④　张明龙、张琼妮：《新兴四国创新信息》，第 301 页。

⑤　〔以〕顾克文、〔以〕丹尼尔·罗雅区、〔中〕王辉耀：《以色列谷：科技之盾炼就创新的国度》，肖晓梦译，第 120 ~ 121 页。

实现统一灌水量，真正实现水肥一体化、地下埋管技术的大面积应用，帮助实现农业节水精准自动化的智能节水灌溉系统，等等。[①] 水创（Watergen）公司 2014 年研发了直接从空气中提取淡水的设备，利用冷却空气、压缩水蒸气的原理从空气中提取水源。根据温度与湿度的变化，该设备每日的淡水产量范围在 250～800 升，每升水生产成本约为 2 美分。[②]

以色列政府早在 1972 年就制定了"国家污水再利用工程计划"，计划将城市的污水至少回收利用一次，目前以色列 100% 的生活污水和超过七成的城市污水得到再利用，其研发出"土壤蓄水层处理"技术，将污水通过土壤和砂层的过滤注回蓄水层，每年可获得一亿吨净化水。此外，以色列的科研人员还研发出可以净化有机物、生物和化学污染的便携式净水器；可以利用生物滤膜净化雨水的新技术，能有效去除雨水中蕴含的重金属离子、有机残留物和土壤颗粒；水中硝酸盐的新过滤技术，可用于清除水井或地下蓄水层中过量的硝酸盐。[③]

以色列还是欧美市场的主要西红柿供应国，其研制的"水滴番茄"（Drop Tomato）和蓝莓差不多大，有红色和黄色两种。[④] 以色列还培育出能散发柠檬和玫瑰气味的转基因西红柿。希伯来大学的科研人员发现柚子果汁可以提高肝的解毒能力，增强肝解毒酶的活力。该校农作物科学和遗传研究所的科研人员成功使目前无法进行有性繁殖的大蒜植株恢复了有性繁殖能力，被称为"里程碑式的研究"，开启了对大蒜这一世界性重要蔬菜进行全新生理学和遗传学研究的可能性。农业研究中心的科研人员发现，新鲜的红色栗子中富含非常丰富的抗氧化剂，其含量是石榴的 3 倍，是苹果、香蕉和

① 《以色列农业节水技术创新引人注目》，中华人民共和国科学技术部，2017 年 11 月 8 日，http：//www. most. gov. cn/gnwkjdt/201711/t20171108_ 136078. htm，访问日期：2018 年 12 月 5 日。

② Giovanna Rajao and Michael Schwartz，"This Machine Makes Drinking Water from Thin Air，" CNN，April 24，2014，http：//edition. cnn. com/2014/04/24/tech/innovation/machine – makes – drinking – water – from – air/，accessed January 29，2019.

③ 张明龙、张琼妮：《新兴四国创新信息》，第 303～305 页。

④ 《以色列研究出世界上最小的西红柿》，搜狐中以商务，2018 年 1 月 10 日，https：//www. sohu. com/a/215724933_ 375613，访问日期：2021 年 2 月 25 日。

红酒的 5 倍多。①

以色列的温室农业起步于 20 世纪 80 年代，经历多次技术革新后，目前的温室能够进行智能化控制水、肥料、光线、温度、湿度等。温室外覆盖的塑料薄膜可抵抗除虫剂中的硫化物，并能过滤紫外线，给植物提供最佳的生存环境。特拉维夫大学地理系科研人员研制出光学土壤检测仪，将导管状的检测仪插入土壤，可获取土壤成分、物理和化学特性、是否污染等信息，还可利用飞机或卫星无线遥控检测。以色列 FieldIn 公司的"田地侦查员"软件基于大数据的信息，通过手机监控软件检查作物健康情况，并发送反馈给相关负责人，以此软件为基础打造的智慧农场可大大提高农作物的产量。②

四 电子业和计算机技术

以色列的电子元件生产、半导体和计算机技术一直处于世界先进水平，也是世界上最重要的电子技术输出国之一。以色列最著名的两家芯片企业是英特尔和高塔（TOWER）半导体公司。1974 年，英特尔的第一家海外研发工厂就设在以色列，曾研发了 8088 处理器、MMXX 架构、首枚手机芯片（Manitoba）、迅驰处理器、酷睿 2 代和 3 代处理器、奔腾处理器、采用 32 纳米制程的 Sandy Bridge 处理器、USB3.0 等产品和技术。高塔芯片公司曾以逻辑芯片工艺名噪一时，现在主要从事芯片代工，如 CMOS 影像感应器、混合信号芯片、内嵌式非挥发性储存器等。以色列的迈帕尔（Mempile）公司发布了 1TB 的超大容量的 DVD 光盘技术，可以在一张 DVD 光盘上读取和刻录 100 层数据。魏兹曼科学研究院材料系的科研人员首次成功在分子电子学领域实现了"掺杂"③，研制出了由碳基有机单分子层组成的电子器件，

---

① 张明龙、张琼妮：《新兴四国创新信息》，第 322~323 页。

② 《智慧农场：以色列 FieldIn 系统追踪作物生长，提高种植效率》，《以色列时报》2016 年 10 月 9 日，http：//cn. timesofisrael. com/智慧农场：以色列 FieldIn 系统追踪作物生长 - 提高种植效/，访问日期：2018 年 12 月 5 日。

③ 掺杂是指多种物质混杂在一起，在化工、材料等领域中，掺杂通常是指为了改善某种材料或物质的性能，有目的在这种材料或基质中掺入少量其他元素或化合物。掺杂可以使材料、基质产生特定的电学、磁学和光学等性能，从而使其具有特定的价值或用途。

这类电子器件价格低廉，而且可以生物降解，还具有用途广泛和易于操作的特点。此外以色列应用材料公司主要生产先进光学科技、高速影像处理、动态控制系统。以色列 ITH 公司专门对无线通信、多媒体、智能卡、网络等各式电子元件提供分析定制和测试服务。Negevtech 公司采用透射式暗场成像和电子束多重透射成像技术设计的 Step & ImageTM 晶圆检测系统可测量 90 纳米甚至 65 纳米的工艺晶圆，是世界上首次将电子束、亮场和暗场的检测手段整合的技术。[①]

以色列的 Compulab 公司于 2006 年就开发出了体积仅有银行卡 2/3 的微型无线计算机，采用英特尔 XScale 处理器，还配置闪存、内存、声卡、无线接口、数据总线和 USB 接口。2011 年，以色列的视觉（Eye Sight）公司和原动力（Prime Sense）公司联合推出了"免触屏"技术，该技术利用三维摄像机和内置的软件捕捉用户的手势和表情，从而发出操作指令，能够分析用户的表情和手势。2011 年本 – 古里大学的研究小组开发出了通过思维控制计算机的装置，可帮助无法使用鼠标和键盘的残疾人操作计算机。该系统包括记录和分析脑电图的专用头盔、人机界面和一个能把思维转化为计算机操控动作的程序。该技术不仅可应用于残疾人和运动神经元疾病患者，也可应用于双手被占用时的计算机操作。

希伯来大学计算机科学与工程学院的研究人员改良了电脑染色（即把黑白照片或影片转换为彩色）技术，通过研发的互动色化处理程序，可以极大提高电脑染色的效率。Fixico 公司是首家把电脑修复技术应用于私人市场的企业，该公司的系统将 IBM 的终端管理系统应用于私人系统，能够监控计算机的磁盘健康状态、软件程序状态等各项功能，自动修复电脑出现的 80% 以上问题。[②]

---

① 蒋宾：《以色列的半导体产业》，《集成电路应用》2005 年第 1 期。

② 《以色列企业利用 IBM 技术自动修复电脑》，《以色列时报》2015 年 7 月 14 日，http：// cn. timesofisrael. com/以色列企业利用 IBM 技术自动修复电脑/，访问日期：2018 年 12 月 5 日。

五　信息通信与互联网

移动终端、社交网络、云技术、大数据、物联网等是当今社会的主流，以色列在这些领域成绩斐然。根据世界经济论坛发布的《全球信息技术报告 2016》（*The Global Information Technology Report 2016*）显示，以色列的"网络就绪"指标排全球第 21 名，被认定为"发达型经济体"，其中"环境"排第 24 名，"就绪度"排第 37 名，"应用"排第 15 名。次级指数中，"移动网络覆盖率"为 100%，位列全球第一；"创新能力"排第 3 名；"《专利合作条约》（PCT）框架下的信息技术创新专利比（每百万人口）"为 117.5 人次，排第 4 名。根据世界经济论坛 2020 年发布的《网络就绪指数 2020》（*The Networked Readiness Index 2020*），以色列位列全球第 24 位，其中一级指标中，"人力"排第 17 名，"影响力"排第 19 名，"技术"排第 23 名，"管理"排第 29 名；二级、三级指标中，"企业研发支出""电子商务立法""维基百科编辑度""对新兴技术的投资"等指标位列全球前 5 位。[①] 自 20 世纪 90 年代开始，以色列政府就利用大数据与互联网技术推进电子政务工程（E-Government Project），1996 年在财政部总会计师办公室成立了"电子政务分队"（E-Government Unit），1997 年政府建立了"特西拉分队"（TEHILA Unit，TEHILA 即"因特网时代的政府基础设施"）。2003 年以色列政府正式启动包括 5 个层次的"电子政务工程"。2002 年，以色列政府通过《第 B/84 号特别决议》（*Special Resolution B/84*），明确保护以色列计算系统的责任，决定建立国家信息安全局（The National Information

---

① 《全球信息技术报告》由世界经济论坛发布，对全球 100 多个主要经济体利用信息和通信技术推动经济发展及竞争力的成效进行打分和排名，是国际上评估信息与通讯技术领域对各地目标和社会生活影响最全面和最权威的报告之一。"网络就绪指数"是世界经济论坛推出的指标体系，最初作为《全球信息技术报告》中的重要组成部分，2017 年开始发布独立子报告《网络就绪指数 2017》，每年的相关分指数不尽相同。可参见 Silja Baller, Soumitra Dutta and Bruno Lanvin, eds. , *The Global Information Technology Report 2016：Innovating in the Digital Economy*, Geneva：World Economic Forum, 2016；Soumitra Dutta and, Bruno Lanvin, *The Network Readiness Index 2020*, Geneva：World Economic Forum, 2020。

Security Authority，简称 NISA），以规范和保护信息安全领域的重要设施。[①]
2013 年 12 月，以色列政府又通过了"数字以色列国家倡议"（Digital Israel：
The National Initiative），决定成立专门委员会，由总理办公室主任哈雷尔·
洛克（Harel Locker）为总指挥，在政府治理、社会服务、基础设施等领域
推进数字化建设。在此背景下，占全国人口 40% 的特拉维夫率先推进"智
慧城市"（Smart City）建设，着力打造"市民一卡通"（Digital Tel Residents
Card）、智能交通（Intelligent Transportation）、智慧设施（Smart
Infrastructure）、城市生态系统（City Ecosystem），并取得了显著的成效，
2014 年在巴塞罗那举行的"智慧城市世界博览会"（Smart City Expo World
Congress）上，特拉维夫获得"世界最佳智慧城市"称号。[②] 2017 年 6 月，
以色列政府推出了"数字以色列国家计划"（The Digital Israel：The National
Program of the Government of Israel），由社会平等部部长古拉·加姆里尔
（Gila Gamliel）负责推进，其目标是让以色列成为"数字化革命"的全球引
领者。

以色列是仅次于美国的网络产业强国，网络产业在整个科技研发产
业中占重要地位，其网络安全产业出口额更是占全球市场的 10%。贝尔
谢巴的"网络火花产业园"（Cyber Spark）是以色列网络技术创新商业
化的主体力量。目前，网络火花产业园区内既包括诸如洛克希德·马
丁、德国电信、思科、易安信等 20 余家跨国公司设立的研发中心，也
包括 200 多家网络初创企业。[③] 以色列的虚拟专用网络服务商"你好"
（HOLA）每天有超过 10 万的用户注册，其免费 VPN 用户超过 5200 万，
其技术可将视频的传输成本降低 90%，同时提高速度和可靠性，并能向

---

①　艾仁贵：《特拉维夫的智慧城市模式及其建设路径》，载张倩红主编《以色列蓝皮书：以色
列发展报告（2018）》，第 174 页。

②　"Tel Aviv Awarded Title of World's Smartest City at 2014 Smart City Expo," Ministry of Economy
and Industry, December 24, 2014, https：//itrade. gov. il/romania/2014/12/24/tel － aviv － awarded －
title － worlds － smartest － city － 2014 － smart － city － expo/, accessed April 25, 2021.

③　刘洪洁、高亢：《2015～2016 年的以色列高科技产业》，载张倩红主编《以色列蓝皮书：以
色列发展报告（2017）》，第 207 页。

各个服务器的观众发送视频。现代通信技术的发展使得语音识别系统得到了广泛应用，以色列 PERSAY 公司通过生物语音差异来实现对个体语音的识别，能够大大提高安全性、成功率和准确性，该技术目前已被广泛应用，如美国国土安全部用以识别临时访问者的电话，掌握他们的位置和滞留情况。

以色列科研人员还研发出基于超级宽带技术的雷达系统，通过无线电波可以从 20 米外观察障碍物后的武器并生成三维影像，该技术可以运用到反恐、救灾等行动中。以色列公司 ELTA Systems 研制了一款小型便携式移动传感器，这款名为 ELK – 7065 – 3D 的高频通信情报传感器天线直径仅为 1.2 米，能够快速截取并甄别高频信号，从而绘制出可靠的电子信号图谱，进行精确定位。

六 仪器、新材料和制造业

以色列具有高水平、高技术的材料制造业，尤其是其纳米技术享誉全球。科研人员通过对负微分电阻金属线和碳基有机分子之间联系的研究，给化学黏合物施以不同电压，制造出了新型的纳米级微型电路开关，可用于纳米级的电子储存器和电感应开关等；利用纳米技术制造的蒲公英状电子纤维能够有效干扰雷达，从而使导弹失准，其原理是在导弹来袭时释放比钻石还要坚硬上百倍的电子纤维来干扰其制导系统。以色列理工学院材料工程系的科研人员发现材料间的纳米薄层，具有一种介于液态和固态之间的独特性质，可显著降低两种不同材料间的界面能，从能使它们更稳定地结合在一起。这种技术在生产金属产品的切削工具、喷气式飞机的发动机叶片、降低陶瓷材料在高温下的力学性能等方面具有广泛用途。此外，还研制出了能够帮助神经组织快速修复的可降解纳米纤维技术，使无人驾驶更精确的纳米传感技术，能够用意念控制释放药物的人体纳米机器人以及帮助盲人重见光明的纳米仿生视网膜等技术等。[①] 以色列 Cimatron 公司生产出了完整的工模具

①　参见张明龙、张琼妮《新兴四国创新信息》，第 268 ~ 272 页。

行业设计和制造系统设计程序，该程序是一个高级的工具设计程序，支持实体、曲面和线框混合造型（设计者可轻松导入数据和创建零件的设计概念），同时支持复杂的加工，涵盖工具制造的完整流程。该系统也奠定了思美创公司在工模具行业中的领导者和开发者地位。

声光电学方面，以色列理工学院科研人员发明了嘈杂环境中可清晰通话的光学麦克风，这种麦克风通过捕捉声带的震动信息，将背景噪音隔离后转化为电子信号传播到电话的另一端；发明了利用光束形成气体储存图像的技术，成功在原子蒸气上实现了图像储存，是人类首次利用气体充当储存载体，气体图像储存技术可应用在图像处理的相关领域。以色列 Nexense 公司研制出了能接受各种电磁、声学等传感器信号的新型传感器，能够极大地改善信号和降低噪声，以此为基础研制的医学传感器能够无接触远距离测量呼吸、体温、脉搏等生命体征。[1] 以色列光学公司 Lumus 在 2016 年获得中国盛大投资和水晶光电 1500 万美元 B 轮融资，其主要生产面向增强现实（AR）、混合现实技术（MR）和智能眼镜的高端透明近眼式显示器。该公司的主要技术之一是波导光学元件（Light-guide Optical Element Waveguide），也就是将画面投射到特殊透明屏幕上的技术，可用于智能眼镜等各种头显。该公司被认为代表了波导光学技术的世界最高水平，美国 F-16 和 A10 战斗机飞行员头盔的光学模组都由其研发。[2]

材料研究方面，希伯来大学在 2004 年与慕尼黑大学、牛津大学一起利用遗传学工程，研制出了世界上首个人造蜘蛛网，这种蜘蛛网的强度非常高，同样直径下的强度是钢纤维和尼龙丝的 6 倍，可用于制造防弹背心，可用作手术缝合线、钓鱼线等。以色列瑞珍提斯生物材料公司开发了一种软骨修复水凝胶材料，由聚乙烯醇和一定比例的纤维蛋白原构成，可促进骨细胞再生和周围组织的自然融合。魏兹曼科学研究院有机化学系的科研人员研制了测量物质中痕量水的仪器——便携式水分子检测仪，可以准确发现物质中

① 参见张明龙、张琼妮《新兴四国创新信息》，第 273～274 页。

② 《看好 AR：这家以色列光学公司获 1500 万美元 B 轮融资》，搜狐网，2016 年 6 月 18 日，https://www.sohu.com/a/84252246_325474，访问日期：2021 年 3 月 22 日。

含量极低的水分子存在，且速度快，成本低。物理系科研人员发现了分析材料裂化的新方法，将裂缝表面划分为可进行数学测定的象限，然后对于每个象限裂缝形成的不同特征进行测量和评价，最后综合所有象限得到的综合信息，进而进行复杂的数据处理和分析，这种方式大大加深了科学家对材料裂化过程的理解。[①]

　　除上述领域外，以色列基础科学的研究成果同样不容忽视。巴－伊兰大学的数学家艾夫拉汉·特雷特曼（Avraham Trahtman）2008 年破解了困扰科学界 40 余年的路线着色谜题[②]。此外该校的科研人员利用美国国家航空航天局的气候遥感卫星，收集了以色列北部地区 10 年的数据，并根据地形用数学方法把数据分解为基于温度差异面积为 1 平方公里的气候区域，发现小范围的"微型气候"会对粮食产量产生影响。魏兹曼科学研究院建成了大型粒子探测器，这是一种用于重现宇宙最初始物质试验计划的新型探测器。该院的科研人员还首次证实了带有 1/4 电荷准粒子的存在，为此制造了世界最纯净的半导体材料砷化镓，该发现为制造出功能更强大、性能更稳定的异性量子计算机迈出了第一步。[③] 该院环境研究所和能源研究所的科研人员发现空气中的细微颗粒物气溶胶是造成气候变化的主要原因，其对气候的影响甚至超过温室气体。以色列理工学院的科研人员创造了一个可以捕获声音而不是光线的人造黑洞，并试图借助这个黑洞探测理论存在的"霍金辐射"[④]。特拉维夫大学与奥地利维也纳大学的科学家成功为一种染料分子拍摄到一段量子电影，解释了分子物质波图案逐渐增强的形成过程，把物质的波动性和粒子性、随机性、决定性、定域和非定域性形象地展示出来。该校科研人员

---

　　① 张明龙、张琼妮：《新兴四国创新信息》，第 286～287 页。

　　② 路线着色谜题（Road Coloring Problem）是图论中最著名的猜想之一，由本杰明·韦斯（Benjamin Weiss）及罗伊·阿德勒（Roy Adler）于 1970 年提出，原意是找出地图指引及计算机自动除错程序的设计方式。要解决这一难题，涉及图论、群论、矩阵论、代数学、概率论、拓扑学、数值分析等多个数学分支学科。

　　③ 冯卫东：《以色列科学家首次发现带有 1/4 电荷的准粒子》，科学网，2008 年 6 月 7 日，http://news.sciencenet.cn/htmlnews/200867113741695207623.html，访问日期：2021 年 6 月 12 日。

　　④ 霍金辐射（Hawking Radiation）理论是英国著名物理学家斯蒂芬·霍金（Stephen Hawking）于 1975 年提出的，是解释有关黑洞热力学性能的理论预测。

还发现飓风强度与闪电频率有关，这个研究理论有助于提高飓风天气预测的准确率。①

　　以色列前总理西蒙·佩雷斯曾在2010年指出，未来10年将是科技和工业领域发展最为惊叹的10年。他认为过去25年计算机技术的迅猛发展为人工智能的兴起奠定了基础，世界上将出现越来越多的科学家和科学发现。②而以色列正是这股席卷全球的创新大潮的弄潮儿，尤其是进入21世纪以来，得益于政府的高投入和研发体系的日益完善，以色列科技研发事业蒸蒸日上，迈上了创新驱动型经济的发展道路，高科技产业的创新优势转化为国家的竞争优势。以色列在诸多领域代表着国际先进水平，具有行业领导性，如上述的生命科学、清洁能源、农业科技、医疗器械制造和电子元件生产等，特拉维夫也成为世界科技的晴雨表之一。但是，以色列受制于国内市场和资金体量的狭小，其科技研发和高科技产业高度依赖国外的资金和市场，尤其是对美国的技术、资金非常依赖。以色列作为外向型经济体，需要进一步融入全球化进程，继续保持对科技研发和教育的高投入，不断提升自己的整体实力，以降低对国际社会的依赖度。近年来"向东看"成为中东大多数国家的发展趋势，以色列的科技事业也不例外，不断加大与中国、韩国、日本的科技合作，国际研发合作的渠道有了新的拓展，但面临的竞争对手越来越多，保持竞争优势的难度也越来越大。

---

① 关于以色列在基础研究方面的进展，可参见张明龙、张琼妮《新兴四国创新信息》，第348~357页。

② 〔美〕丹·赛诺、〔以〕索尔·辛格：《创业的国度：以色列经济奇迹的启示》，王跃红、韩君宜译，序言。

第五章　以色列科研体系的特征

经过半个多世纪的探索与实践，以色列形成了一套政府主导、层级鲜明的科研体系。在顶层设计层面，政府提供政策导向与法律支撑，多部委协同推进与多方发力，为科研创造了必要的政策环境；在实施层面，科研院所、高等学校、科技型企业、军队系统齐头并进，形成了实力雄厚的研究主体，从而保证了科研体系的有效运转。在经合组织国家中，以色列科研体系的有效性获得一致认可。以色列的科研事业之所以能够较好地促进产业的升级改造、成为经济发展的引擎与动力，得益于 SETI 体系的有效运转，知识产权保护体系的完善，技术转移与企业的集群化发展，孵化器与风投行业的勃兴，以及科技创新的文化基金。

第一节　SETI 体系的有效运转

第二次世界大战结束后兴起的科技革命被认为是人类历史上规模最大、影响最为深刻的科技革命①。以色列科技事业的发展首先得益于世界科技革

---

① 关于第二次世界大战结束后世界科技革命的分期学者有不同看法，一种观点是第三次科技革命始于战后初期一直延续至今，20 世纪 70 年代初期达到高峰，从此进入一个新阶段。另一种观点认为第三次科技革命发生于 20 世纪 40～60 年代，70 年代以后的科技革命是第四次工业革命（或称"新科技革命"），以新能源技术、新材料技术、信息技术、生物技术等为主要标志。

命所带来的历史性机遇。换句话来说，以色列建国以后，凭借其领导人的远见卓识与科教立国的战略布局，顺应了世界科技发展的潮流，发挥政府的主导作用，及时调整产业结构，发展以出口为导向的外向型经济，并通过提升人力资本的优势，克服资源贫乏的瓶颈，把科学技术作为经济发展的重要因素，以技术进步促进产业结构升级，从而使以色列成为世界科技中心与新产业的摇篮。丹·布莱兹尼茨在《创新和国家（地区）：以色列、中国台湾和爱尔兰的政治选择及策略》（*Innovation and the State：Political Choice and Strategies for Growth in Israel，Taiwan，and Ireland*）一书中分析了以色列、中国台湾、爱尔兰三个国家或地区的创新模式，他以 1968 年、1973 年以及 20 世纪和 21 世纪之交等几个主要的时间为坐标，分析了以色列 IT 工业的奇迹性发展，强调以色列道路离不开"理想主义、意识形态所起的关键作用"，更不能忽视"政治选择与政治策略"的作用，如果没有政治精英的谋划、没有国家主导，也就没有今天的以色列奇迹。[1] 不可否认，技术进步与创新发展使以色列步入了"高收入的国家"，获得了"中东的瑞士""西亚的日本"等称号。一方面，以色列的科技发展一直面向国际化，深受国际社会尤其是美国的影响，受惠于世界科技进步所带来的一系列效应；另一方面，以色列的科技成就丰富了世界科技革命的内涵，以色列以科技进步为主导的经济发展道路，尤其是研发体系的"以色列模式"也为亚非拉国家提供了成功的经验。以色列的科研体系经历了建国初期到 20 世纪 60 年代末的初创时期，20 世纪七八十年代在首席科学家制度的框架下得以确立与发展，20 世纪和 21 世纪之交伴随着高科技产业的兴起与国家创新体系的建构而逐渐完善。在以色列的 SETI 体系中，"科学 - 工程 - 技术 - 创新"形成了一个互相依托、前后衔接的链条，这一体系的有效运转得益于政府的主导作用、相对充足的经费保障以及研发部门的主动意识等诸多方面的因素。

---

[1]　Dan Breznitz，*Innovation and the State：Political Choice and Strategies for Growth in Israel，Taiwan，and Ireland*，p. 46；pp. 198 - 200.

一 科技研发的创新贡献率

以色列科研体系中诸多要素的配置相对合理，其科研人员占比、科研机构的水平、研发指数及研发效率等获得了国际社会的普遍认可。当今在全球范围内有关创新指数的排名不少，但最有影响的是《全球创新指数》（*The Global Innovation Index*）[①]、《彭博创新指数》（*Bloomberg Innovation Index*）[②] 及《全球竞争力报告》（*The Global Competitiveness Report*）[③] 中的排名。在此主要依据《全球创新指数》的数据，并参照《全球竞争力报告》及《彭博创新指数》的相关信息对以色列科技研发的创新贡献率进行梳理与分析。

《全球创新指数》将创新效率作为衡量国家创新指数的重要指标，创新效率分为创新投入与创新产出两大指标，两大指标之下又包含制度、人力资本与研究、基础设施等 7 个分指标（见图 5 - 1）。根据这一指标体系，以色列自 2011 年起的创新指数排名一直处于世界前列，2011 年排全球第 14 名，2012 年排第 17 名，2013 年排第 14 名，2014 年排第 15 名，2015 年排第 22 名，2016 年排第 21 名，2017 年排第 17 名，2018 年排第 11 名，2019 年排第 10 名，2020 年排第 13 名。部分指标表现极为出色，例如，"研发"指标的排名，2011 年排全球第 1 名，2012 年排第 1 名，2013 年排第 3 名，2014

[①] 《全球创新指数》由世界知识产权组织（World Intellectual Property Organization，简称 WIPO）、美国康奈尔大学（Johnson Cornell University）和英士国际商学院（The Business School for the World，简称 INSEAD）共同发布，通过评估制度和政策、创新驱动、知识创造、企业创新、技术应用与知识产权等，提供企业领袖与政府决策者了解提升一国竞争力可能面临的缺失与改进方向，以及人力技能来衡量一个经济体广泛的经济创新能力。

[②] 《彭博创新指数》是由美国彭博社发布的衡量经济体创新力水平的指标体系，包括研发强度、制造业附加值、生产效率、高科技公司密度、高等教育效率、科研人员比率、专利注册等参数，其数据来源于世界银行、国际货币基金组织、世界知识产权组织等，对全球 200 多个经济体进行创新综合评价，但只公布创新排名前 50 位的国家。

[③] 《全球竞争力报告》是达沃斯世界经济论坛（World Economic Forum，简称 WEF）和瑞士洛桑国际管理学院（IMD）发布的衡量国家中长期经济增长能力的年度报告。该报告将国家整体竞争力细化为制度、基础设施、宏观经济环境、健康与基础教育、高等教育与培训、商品市场效率、劳动力市场效率、金融市场成熟度、技术准备度、市场规模、商业成熟度和创新 12 个支柱指数，后又将"可持续发展竞争力指数"纳入衡量标准。

年排第 7 名，2015 年排第 1 名，2016 年排第 3 名，2017 年排第 2 名，2018
年排第 3 名，2019 年排第 2 名，2020 年排第 3 名；"商业成熟度" 2011 年
排全球第 13 名，2012 年排第 19 名，2013 年排第 5 名，2014 年排第 3 名，
2015 年排第 11 名，2016 年排第 6 名，2017 年排第 5 名，2018 年排第 3
名，2019 年排第 3 名，2020 年排第 3 名；"创新关联" 2011 年排全球第
41 名，2012 年排第 66 名，2013 年排第 2 名，2014 年排第 4 名，2015 年
排第 1 名，2016 年排第 3 名，2017 年排第 2 名，2018 年排第 1 名，2019
年排第 1 名，2020 年排第 1 名；"知识传播" 2011 年排全球第 8 名，2012
年排第 12 名，2013 年排第 2 名，2014 年排第 3 名，2015 年排第 9 名，
2016 年排第 14 名，2017 年排第 8 名，2018 年排第 6 名，2019 年排第 4
名，2020 年排第 2 名（见表 5 - 1）。

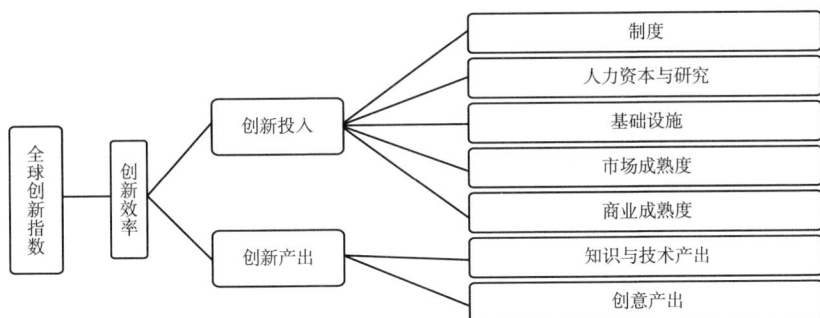

图 5 - 1　《全球创新指数》指标体系

资料来源：笔者根据《全球创新指数》绘制。

在《全球竞争力报告》中，以色列 2011/2012 年度至 2017/2018 年度的
综合排名一直居于全球前 30 名，2017/2018 年度首次进入全球前 20 名，排
第 16 名，其中 "创新" 指标自 2012/2013 年度以来一直排在全球前 3 名
（2016/2017 年度排第 2 名）。"技术准备度" 和 "金融市场成熟度" 也一直
居于世界前列（见表 5 - 2）。如表 5 - 3 所示，在主要次级指数方面，以色
列的 "科研机构质量" 得分一直排全球前 3 名，"创新能力" 排在全球前 6
名，"大学与产业的研发合作" 排在全球前 8 名，"企业研发支出" 排在全球

表 5－1 《全球创新指数》中以色列主要指标得分和排名（2011～2020 年）

主要指标	2020年		2019年		2018年		2017年		2016年		2015年		2014年		2013年		2012年		2011年	
	得分	排名	得分	排名	得分	排名	得分	排名	得分	排名	得分	排名	得分	排名	得分	排名	得分	排名	得分	排名
GDP（亿美元）	3542		3361		3156		3117		2961		3038		2915		2468		2453		1954	
人均GDP（美元）	34153.8		37972.0		36340.1		33656.1		33656.1		35658.7		34770.1		32212.0		31004.6		27759.2	
创新指数	53.6	13	57.4	10	56.8	11	53.9	17	52.3	21	53.5	22	55.5	15	56.0	14	56	17	54.0	14
创新产出	45.7	13	51.6	8	50.8	11	46.8	14	46.8	16	48.6	16	49.1	13	52.1	9	50.5	13	48.9	8
创新投入	61.4	17	63.2	17	62.8	19	61.0	20	57.8	22	58.5	22	61.8	17	59.8	19	61.5	17	59.1	20
制度	75.6	35	77.9	31	74.3	34	67.9	49	67.0	52	67.9	54	67.7	54	65.7	56	67.2	47	72.1	46
政治环境	75.8	32	78.6	24	57.7	40	57.1	53	54.7	55	55.7	56	60.3	59	57.6	62	58.4	64	55.7	63
监管环境	67.6	57	72.6	44	72.6	43	67.8	49	36.1	58	68.7	59	68.1	61	70.1	52	69.1	62	79.7	24
商业环境	83.4	24	82.5	26	78.7		78.7	35	78.2	37	79.2	32	74.6	30	69.5	50	74.1	25	80.8	61
人力资本与研究	55.1	15	54.5	14	55.3	14	56.5	15	55.4	16	55.9	11	61.9	5	59.5	8	66.5	4	69.8	2
教育	53.5	43	55.6	42	53.2	46	54.0	44	53.3	45	50.3	51	49.7	51	60.5	46	61.8	29	68.0	30
高等教育	34.7	59	29.7	72	33.1	61	36.1	62	33.0	73	31.5	72	63.0	6	42.5	36	43.2	43	47.7	16
研发	77.0	3	78.2	2	79.3	3	79.4	2	80.1	3	85.8	1	73.1	7	75.5	3	94.3	1	93.7	1
基础设施	51.1	40	56.1	33	58.6	25	57.8	28	56.1	25	54.1	26	53.7	20	49.4	23	54.2	21	38.4	25
信息通讯技术	80.7	31	80.6	31	81.1	20	78.1	24	77.3	16	78.0	13	77.2	12	74.6	10	76.1	9	54.4	25
活力	—		—		—		—		—		—		—		—		—		27.7	24
普通基础设施	31.5	43	37.9	51	44.7	44	43.7	42	40.0	4	36.4	52	37.5	53	37.3	37	43.7	38	32.9	83
生态可持续性	41.0	36	50.0	30	50.0	252	51.5	42	50.9	37	47.9	35	46.4	38	36.4	44	42.6	35	—	—
市场成熟度	61.4	14	61.4	16	61.1	13	61.5	15	56.5	22	60.5	21	67.5	12	69.8	13	64.9	9	58.6	17
信贷	49.3	38	47.7	37	46.0	36	45.5	39	45.2	34	46.8	29	58.0	20	65.9	21	29.8	18	61.7	24
投资	64.1	12	66.5	14	69.6	6	71.2	6	58.1	15	58.9	11	68.8	8	62.3	11	66.7	9	56.0	11

续表

主要指标	2020年 得分	2020年 排名	2019年 得分	2019年 排名	2018年 得分	2018年 排名	2017年 得分	2017年 排名	2016年 得分	2016年 排名	2015年 得分	2015年 排名	2014年 得分	2014年 排名	2013年 得分	2013年 排名	2012年 得分	2012年 排名	2011年 得分	2011年 排名
GDP（亿美元）	3542		3361		3156		3117		2961		3038		2915		2468		2453		1954	
人均GDP（美元）	34153.8		37972.0		36340.1		33656.1		33656.1		35658.7		34770.1		32212.0		31004.6		27759.2	
贸易、竞争和市场规模	70.7	33	69.8	34	57.8	39	67.7	44	66.3	49	75.9	75	75.7	69	81.1	29	68.1	40	58.0	35
商业成熟度	63.7	3	66.5	3	64.5	3	61.5	5	53.9	6	54.1	11	58.2	3	54.6	5	54.8	19	56.8	13
知识型工人	61.4	12	63.4	19	62.7	19	63.0	18	60.5	18	611.1	21	88.7	1	69.9	11	83.2	4	86.6	4
创新关联	81.6	1	82.5	1	77.9	1	67.8	2	57.4	3	64.9	1	59.4	4	67.6	2	35.8	66	37.2	41
知识吸收	48.2	18	53.7	15	52.9	10	53.5	9	43.7	16	36.5	56	26.4	63	26.3	73	45.4	30	46.7	21
知识与技术产出	55.6	4	56.9	7	57.4	7	49.6	9	47.8	12	53.6	9	54.3	7	56.0	3	57.2	10	57.5	4
知识创造	52.9	12	56.7	10	56.8	10	54.6	11	46.4	10	56.5	9	51.5	12	51.9	11	72.9	6	77.4	2
知识影响	40.9	17	48.0	21	50.6	15	37.2	42	40.8	45	47.1	30	48.7	32	50.6	20	40.8	41	33.1	58
知识传播	72.9	2	65.9	4	56.9	6	57.1	8	46.2	14	57.2	9	62.6	3	63.6	2	57.8	12	62.0	8
创意产出	35.9	26	46.3	14	46.9	15	43.9	30	45.8	26	43.6	29	43.9	30	48.2	23	43.8	27	40.4	37
无形资产	27.6	65	49.1	39	49.0	43	49.3	40	50.3	34	42.4	86	41.7	84	39.1	88	43.7	57	51.8	34
创意产品和服务	30.8	24	28.4	34	40.9	15	33.2	24	38.5	19	39.1	20	31.4	38	49.2	21	28.4	52	28.9	43
网络创意	57.6	13	58.8	5	48.7	11	43.7	25	43.9	21	50.3	21	61.0	17	65.6	16	59.4	19	—	—

资料来源：笔者根据2011～2020年的《全球创新指数》整理。

前 8 名，"科学家与工程师的可用性"排在全球前 10 名。与中东地区其他国家相比，以色列除了在"市场规模"和"商品市场效率"指数方面持平外，其他指数处于全面的领先地位，尤其是"技术准备度"、"商业成熟度"、"金融市场成熟度"和"创新"等指数具有显著优势（见图 5-2）。

表 5-2　《全球竞争力报告》中各项指数排名对比（2011/2012 年度至 2017/2018 年度）

年度	2017/2018		2016/2017		2015/2016		2014/2015		2013/2014		2012/2013		2011/2012	
主要指标	排名	得分	排名	得分	排名	得分	排名	得分	排名	得分	排名	得分	排名	得分
综合	16	5.3	24	5.2	27	5.0	27	4.9	27	4.9	26	5.0	22	5.1
分指数 A：基本条件	28	5.5	28	5.4	38	5.1	36	5.1	39	5.1	37	5.1	35	5.2
制度	29	4.9	31	4.8	41	4.4	43	4.3	40	4.6	34	4.8	33	4.8
基础设施	25	5.4	28	5.3	32	4.9	34	5.0	35	4.9	36	4.9	33	5.0
宏观经济环境	39	5.2	48	5.1	50	5.0	50	5.1	72	4.7	64	4.7	53	5.0
健康与基础教育	27	6.3	28	6.3	39	6.2	44	6.1	38	6.1	40	6.0	36	6.1
分指数 B：效率增强因子	19	5.1	25	5.0	27	4.8	26	4.8	26	4.7	27	4.8	21	4.9
高等教育与培训	21	5.4	24	5.4	28	5.1	36	5.0	34	5.0	28	5.1	27	5.0
商品市场效率	30	4.8	32	4.7	57	4.4	79	4.2	68	4.3	43	4.5	33	4.7
劳动力市场效率	18	4.9	21	4.8	45	4.4	53	4.3	57	4.4	40	4.6	24	4.8
金融市场成熟度	11	5.1	19	4.9	26	4.6	20	4.9	22	4.8	17	5.0	10	5.3
技术准备度	7	6.2	22	5.8	20	5.7	15	5.8	23	5.6	29	5.2	21	5.1
市场规模.	56	4.3	57	4.2	54	4.3	48	4.4	49	4.3	51	4.3	51	4.3
分指数 C：复杂因素	7	5.5	8	5.4	8	5.3	10	5.2	8	5.2	8	5.3	7	5.3
商业成熟度	15	5.3	21	5.1	23	4.9	26	4.8	23	4.9	16	5.1	16	5.1
创新	3	5.8	2	5.7	3	5.6	3	5.6	3	5.6	3	5.6	6	5.5

注：《全球竞争力报告》所采用的是前一年度的统计数据。

资料来源：笔者根据 2011/2012 年度至 2017/2018 年度《全球竞争力报告》整理。

表 5 – 3 《全球竞争力报告》中以色列主要次级指数得分和排名
(2011/2012 年度至 2017/2018 年度)

年度	2011/2012		2012/2013		2013/2014		2014/2015		2015/2016		2016/2017		2017/2018	
指数	得分	排名	得分	排名	得分	排名	得分	排名	得分	排名	得分	排名	得分	排名
创新能力	5.3	6	5.4	6	5.6	4	5.8	3	5.9	3	5.3	4	5.9	3
科研机构质量	6.3	1	6.3	1	6.4	1	6.3	3	6.2	3	6.2	3	6.3	3
企业研发支出	5.1	8	5.4	6	5.4	6	5.6	7	5.5	5	5.7	3	5.8	3
大学与产业的研发合作	5.4	7	5.4	8	5.4	8	5.5	7	5.5	7	56	3	5.7	3
政府采购的先进技术产品	4.8	6	4.6	6	4.5	9	4.3	9	4.4	8	4.4	9	4.4	11
科学家与工程师的可用性	5.3	10	5.2	9	5.3	8	5.2	10	5.2	8	5.3	8	5.3	6

注：本表得分区间为 1 ~ 7，7 分为最高分。
资料来源：笔者根据 2011/2012 年度至 2017/2018 年度《全球竞争力报告》整理。

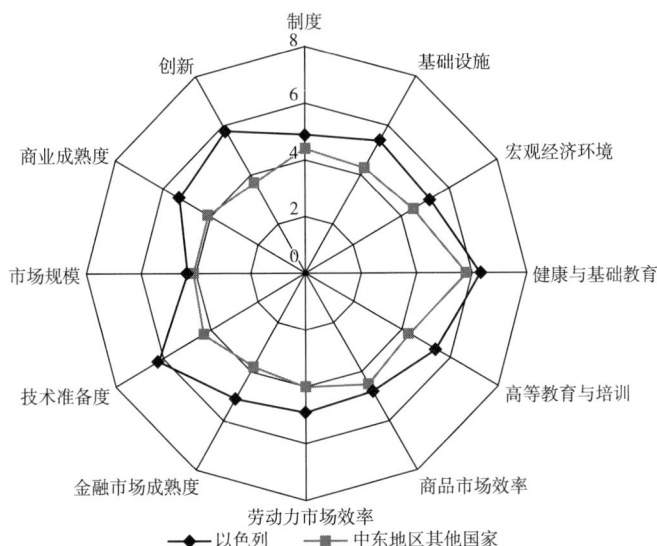

图 5 – 2 《全球竞争力报告》中以色列主要指数与中东
地区其他国家对比（2016 年）

资料来源：*The Global Competitiveness Report*，2017/2018，p. 154.

在《彭博创新指数》中，以色列在研发支出与高素质人才方面具有绝对优势。根据 2015 年《彭博创新指数》中的数据，以色列的创新总指数排全球第 5 名。具体而言，研发支出占 GDP 的比例排第 2 名，高等学历者和科研人员占总人口的比例均排第 4 名，高科技公司的总数量排第 11 名，生产制造能力排第 21 名，发明专利的数量排第 31 名。① 在 2017 年《彭博创新指数》中，以色列创新总指数排第 10 名。其中科研人员密度（第 1 名）、研发强度（第 2 名）和高科技公司密度（第 3 名）都位居世界前列，专利注册（第 18 名）和高等教育效率（第 20 名）排名也比较靠前，但制造业附加值（第 30 名）和生产效率（第 30 名）排名不高。② 2018 年的数据是：创新总指数仍然排第 10 名，其中科研人员密度（第 1 名）、研发强度（第 1 名）、高科技公司密度（第 5 名）、专利注册（第 19 名）、高等教育效率（第 41 名）、制造业附加值（第 27 名）、生产效率（第 9 名），都与上年浮动不大。③ 2019 年的最新数据显示，以色列创新总指数的排名已上升至第 5 名，其中研发强度排全球第 1 名，科研人员密度（第 2 名）、高科技公司密度（第 5 名）和专利注册（第 4 名）都排在前 5 名。由此可见以色列的科研工作产生了很大的效益，不仅为国家的创新发展奠定了坚实的基础，也为以色列赢得了很高的国际声誉。

二 政府主导与风险分担

以色列政府对科研管理的主导作用一以贯之，建国之初以色列科学委员会的成立标志着新政府把科研事业纳入行政管辖之下。但以色列学界普遍认为，1949～1959 年的以色列科学委员会时期并没有制定出国家层面的科学政策，因而也没能有效地管理国家的研发事业。④ 究其原因是以色列政界

---

① Niv Elis, "Israel Ranked 5th in Bloomberg Innovation Index," *The Jerusalem Post*, February 1, 2015, http：//www. jpost. com/Israel – News/New – Tech/Israel – ranked – 5th – in – Bloomberg – innovation – index – 389639, accessed January 20, 2021.

② Bloomberg, "Bloomberg Innovation Index 2017," Bloomberg, 2017.

③ Bloomberg, "Bloomberg Innovation Index 2018," Bloomberg, 2018.

④ 在最初的 4 年间，以色列科学委员会 70% 的预算用于支持当时已有的学术机构（希伯来大学，以色列理工学院、魏兹曼科学研究院、农业研究站、标准研究所和工业实验室），30% 用于新建国家级研究机构，所余部分用于普及科学知识、学术会议及支持科学家参与国际交流活动。参见 Ari Barell, "The Failure to Formulate a National Science Policy：Israel's Scientific Council, 1948 – 1959," *Journal of Israeli History：Politics, Society, Culture*, Vol. 33, No. 1, 2014, pp. 85 – 107。

（包括本－古里安总理）与科学界之间的意见分歧，以及自伊休夫时期就开始主持研发事业的老一代科学家在国家意识形态、政治与科学之关系等问题上的观点差异。[①] 直到1959年国家研究与发展委员会建立，政府对科学事业的管理职能才得以逐步实现。整体来看，20世纪60年代以后以色列政府不断强化国家对科技研发工作的统一管理，并积极主导基础研究向应用研究转型。20世纪70年代，随着自由主义的推进与私有化改革的开展，[②] 以色列政府推行了首席科学家制度，实际上是授权不同部委共同行使科研管理职能，形成了各部委多管齐下的管理模式，但政府的主导性作用并没有大的改变。以色列内阁多次就教育与科技问题召开听证会和专门议事会，并就特定主题对相关部门进行督促与质询。首席科学家制度有效管理了科研事务，保证了国家政策的落实，促使了科学事业的发展，但同时也暴露出一些问题，如不同部委之间沟通不畅、研发经费重复投入，政府的规划往往在落实的时候被打了折扣。因此，从20世纪90年代开始，以色列政府又采取措施强化了对科研事务的整体主导，对国家研发导向及关键研发领域的重点把握，国家研究与发展基础建设论坛、国家民用研究与发展委员会的设立，强化了政府的管理职能，这两个机构与首席科学家办公室共同承担了国家科研管理工作。特别是2016年以来设立的以色列国家技术创新局替代经济与产业部首席科学家办公室，标志着政府的科研管理工作进入了新的阶段。以色列国家技术创新局下设多个研发委员会，具体负责各领域的创新项目，以确保研发工作的时效性与灵活性，及时满足以色列高新企业的新需求。[③] 用以色列国家技术创新局首任局长阿维·哈森的话来说："以色列需要一个能有效管理国家最重要的资源——研发创新——的中央机构，它将有效扶植、引导进军

---

① Ari Barell, "The Failure to Formulate a National Science Policy: Israel's Scientific Council, 1948 – 1959," *Journal of Israeli History: Politics, Society, Culture*, Vol. 33, No. 1, 2014, pp. 85 – 107.

② 建国之后以色列存在三种所有制形式：国营企业（控制国家重工业与基础工业部门）、总工会企业与私营企业。随着市场经济的推进，私营企业迅速增长，到20世纪七八十年代，私营企业在国民经济中的占比已达到50%以上。参见 Paul Rivlin, *The Israeli Economy*, p. 60。

③ Niv Blis, "Reinventing Innovation," *The Jerusalem Post*, September 13, 2014, http://www.jpost.com/Business – and – Innovation/Reinventing – innovation – 416084, accessed March 25, 2021.

全球市场的以色列初创企业。"① 以色列国家技术创新局的设立旨在强化以色列政府对研发工作的全局把握，推进国家创新体系建设，巩固其创新国度的世界优势地位。

在半个多世纪的历程中，以色列政府对科技研发事业的管理政策因时而变，不断调整，并有完备的法律条文作保障。1984 年的《产业研发促进法》被多次修订，21 世纪以来陆续通过的《以色列税收改革法》《天使法》《产权法》《版权法》《专利法》《以色列国家研究与开发理事会法》等政策法规已成为对科技研发给予鼓励与引导的重要支撑，科技事业的立法体系越来越健全。在这些政策法规的规范下，以色列政府建立了比较齐全的基础研究设施，研发体系的改革不断推进，市场化、出口化导向也越来越明晰。

以色列政府主导、推动研发事业的重要举措就是强化政府责任，分担研发风险。风险共担是《产业研发促进法》的基本理念，以法律的形式规定了政府资助经费的返还制度是以色列科研制度的一大特色。具体做法是政府对从事高科技研发的企业给予匹配的补助金，若研发失败无须承担责任，若成功则按规定归还补助本金和利息，以此来分担研发项目中的固有风险，降低研发成本。此后，首席科学家办公室的很多重点研发项目都体现了风险分担原则，航天局、国防部的一些重大科研专项也都明确了研发风险的分担比例。就政府对私有企业的研发资助导向而言，20 世纪 90 年代以前主要倾向于大企业，但随着高科技产业的兴起，中小企业的数量和研发比率迅速上升，考虑到小企业的研发风险明显高于大企业（主要原因是资金不足、信息的不对称、社会支持率低、研发的技术强度有限等），因此以色列政府调整了现行政策，"减少了对大企业的研发支持而更多地转向小企业"②，从而实现了对小企业研发风险的分担。

---

① Avi Hasson, "*National Authority for Innovation Established*," Israel Economic and Trade Mission to the UK, February 29, 2016, https://itrade. gov. il/uk/2016/02/29/national – authority – for – innovation – established/, accessed February 22, 2021.

② Manuel Trajtenberg, "R&D Policy in Israel: An Overview and Reassessment", *Innovation Policy in the Knowledge-based Economy*, 2001, pp. 409 – 454.

除了政策保障与风险分担，以色列政府主导研发的另一举措就是对科研经费的投入与布局。研发经费是国际上公认的衡量国家研发规模、评价创新能力的重要指标。21世纪以来，以色列的研发经费占 GDP 比例也一直居于世界前列，近年来，除个别年份略低于 4% 之外，基本在 4% 以上。①研发经费在不同国家有不同的分配趋向，联合国教科文组织把科学技术活动区分为研发、科技教育与培训和科技服务三个层面，研发活动是其中非常重要的组成部分，进一步可区分为基础研究、应用研究和实验发展。②以色列的基础研究一直处在相对稳定的规模，应用研究的上升趋势明显，2006年、2013年两个年份以色列研发投入的领域分布见图5－3。

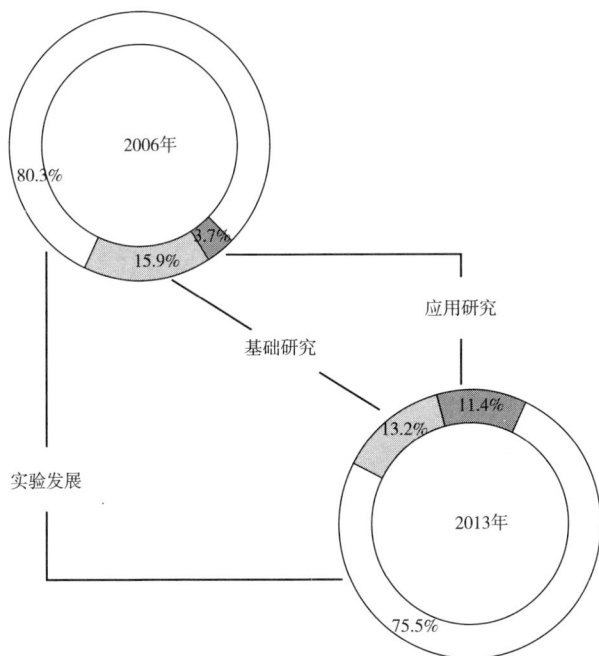

图5－3　以色列研发投入的领域分布（2006年和2013年）

说明：该数据不包括国防支出。

资料来源：UNESCO，*UNESCO Science Report：Towards 2030*，p. 414.

---

①　此数据根据《全球创新指数》年度报告整理。中国的研发支出占 GDP 的比例约为 2%，排全球第 15～20 名。

②　陈宇学：《创新驱动发展战略》，第91页。

"政府干预与严格的规章"是以色列科研事业发展的根本保障，也是"国家经济政策的基石"，"政府干预和引导对塑造产业发展的几乎任何方面都极具影响力，包括产业结构、所有制模式、创业模式及政策激励层次。政府的高干涉度和建设国家的强烈使命感共同构成了以色列建国初期的特征，塑造了国家技术产业的领域广度"。[①]

三　研发支持返还制度

研发经费的返还制度（The Payback Scheme/Recoupment），即经费回收率，是《产业研发促进法》的一项主要内容。该法规定凡政府支持下的应用项目研发成功并投放市场之后，要以"专利权费"（Royalties Payments）向首席科学家办公室返还项目支持经费。关于费用返还具体额度的规定是：前 3 年偿还销售收入的 3%，第 4~6 年提到 3.5%，第 7 年开始为 5%，直到返还总额达到政府给予的资助本金加上以美元计算的利息，政府所得返还经费仍然用于统筹、支持其他的科技研发。关于具体的返还周期与比例后来有多次的调整，实际执行过程中也有上下浮动的现象。[②] 以政府主导的科技企业孵化器为例，若创业失败，无须偿还研发费用，但成功进入市场的企业每年要偿还 3%~5% 的研发费用，直到投入的资金和利息全部收回。[③] 表 5-4 显示了 1988~2000 年首席科学家办公室的预算及资金返还情况。数据显示，企业返还资金在首席科学家办公室的预算中所占比重越来越高，由 1988 年的 7% 上升到 20 世纪 90 年代末期的 30% 以上，这也意味着首席科学家办公室有 1/3 的预算经费来自"高科技部门的资金再回收（Recycling of Funds within the High-Tech Sector），而不是来自政府的研发补贴"。

---

① 〔以〕伊斯雷尔·德罗里、〔以〕塞缪尔·埃利斯、〔以〕祖尔·夏皮拉：《创新的族谱：以色列新兴产业的演进》，龚雅静译，第 147 页。

② 财政部长期以来一直向首席科学家办公室施加压力，希望增加返还的费用，把前 3 年的比例提升到 4.5%。财政部甚至希望实现利息返还，并且一直在强化这样的观点：政府拨款已经转变为有条件的贷款，而不是直接的研发补贴。

③ Avi Fiegenbaum, *The Take-off of Israeli High-Tech Entrepreneurship during the 1990s: A Strategic Management Research Perspective*, p. 66.

表 5 - 4   首席科学家办公室经费预算及资金返还情况（1988～2000 年）

单位：百万美元，%

年份	研发资金	企业返还资金	企业返还资金占研发资金的比例	净资金	磁石计划	孵化器计划
1988	120	8	7	102	—	—
1989	125	10	8	115	—	—
1990	136	14	10	122	—	—
1991	179	20	11	159	0.3	3.6
1992	199	25	13	174	3.7	16
1993	231	33	14	198	4.6	23
1994	316	42	13	274	10	28
1995	346	56	16	290	15	31
1996	348	79	23	269	36	30
1997	397	102	26	295	53	30
1998	400	117	29	283	61	30
1999	428	139	32	289	60	30
2000	395	128	32	267	70	30

注：净资金指研发资金减去返还资金。其中 2000 年数据为估算。

资料来源：Manuel Trajtenberg, "R&D Policy in Israel: An Overview and Reassessment," *Innovation Policy in the Knowledge-based Economy*, 2001, pp. 409 - 454。

　　整体来看，以色列的资金返还制度是非常成功的，与研究成果市场化后每年产生的销售收益相比需返还的金额只占较少的比例，不会给企业造成太大压力。同时，该制度体现了这样的理念：政府分担研发风险，有效降低企业需承担的相关费用。事实表明，政府研发补贴所提供的有条件的无息贷款确实起到了降低企业研发风险的作用，[①] 而且拓展了资金来源渠道，可以为更多的项目提供资助。但也必须看到资金返还制度所暴露出的一些不足之处。由于偿还的资金来源于项目的销售份额，这就产生了道德风险问题，如项目本身的界定、产品销售额的认定等，由此引起了首席科学家办公室与企业之间的情感对立。不仅如此，由于返还资金在首席科学家办公室的资金中所占的比例急剧增长而产生了"政治机会主义"的真正危险，即实际的研发

---

① Manuel Trajtenberg, "R&D Policy in Israel: An Overview and Reassessment," *Innovation Policy in the Knowledge-based Economy*, 2001, pp. 409 - 454.

支持可能会减少。短期而言，"对返还资金的依赖可能给新项目的支持打了折扣"①。

四　科研人员的高素质

以色列有三大研发系统：政府和公共研究机构系统（由政府部门和公共机构主导的科研机构来实施）、高校系统、企业系统（分为民用、军用两部分）。以色列的大学自成立之日起，就承担了几乎所有的基础研究项目与相关培训项目，80%可以发表的研究项目是在大学中完成的，基础研究的项目经费主要由以色列科学基金提供。那些需要多部门协同攻关的大项目往往需要通过"国家研究与发展基础建设论坛"来协调解决。以色列大学的研究涉及所有学科领域，基础研究水平获得国际社会认可。以色列"自然科学、工程、农业和医药领域里出版著作的人数在其劳动大军中所占的比例大大高于其他国家，以色列科学家与其他国家科学家合著的出版物在该国的出版物中占相当大的份额"②。以色列大学在开展自身的科研活动的同时，也促进了国家的科学技术发展。

> 大学里的跨学科研究和试验机构正在对国家工业至关重要的各种科学与技术领域发挥着作用，它们作为国家的一些应用研究与开发中心，为建筑、运输、教育等领域服务。除此以外，有很大比例的大学教员以顾问身份为产业部门提供技术、行政、财务和经营管理方面的咨询服务。③

企业是以色列开展科研活动的另一主要部门。以色列的传统企业具有重视科学研究的优良传统，整个 20 世纪五六十年代，传统企业主导的应用研究在国家的科研体系中发挥着重要作用。到 20 世纪八九十年代，科学研究直接

---

① Manuel Trajtenberg, "R&D Policy in Israel: An Overview and Reassessment," *Innovation Policy in the Knowledge-based Economy*, 2001, pp. 409 – 454.

② Israel Information Center, *Fact about Israel (2003)*, p. 168.

③ Israel Information Center, *Fact about Israel (2003)*, p. 169.

促进了高科技企业的兴起，继而高科技企业又成为技术进步的主要推动力。以色列的大量案例充分证明了高科技企业是科学研究、技术转移与应用的核心力量。根据《全球竞争力报告》的数据，以色列的企业研发支出在全球排名比较靠前，2011/2012 年度得分 5.1（总分值为 7），排全球第 8 名；2012 ~ 2013 年度、2013 ~ 2014 年度得分 5.4，连续 2 年排全球第 6 名；2014 ~ 2015 年度得分 5.6，排全球第 7 名，2016 ~ 2017 年度得分 5.7，排全球第 3 名，2017 ~ 2018 年度得分 5.8，排全球第 3 名。[①] 不仅如此，以色列的企业研发指数，尤其是企业研发强度指数在经合组织主要国家中表现十分亮眼（见表 5 – 5）。

表 5 – 5　经合组织主要国家企业研发指数（2013 年）

国家	企业研发强度指数	500 强研发投资指数	三方专利强度指数	商标强度指数
瑞士	145.19	182.35	169.50	200.00
丹麦	140.41	164.93	134.34	113.63
卢森堡	101.74	200.00	100.09	160.30
加拿大	78.84	46.94	102.09	126.55
美国	138.46	115.82	119.84	101.42
德国	133.55	120.20	151.71	105.78
法国	110.93	124.56	124.60	102.08
韩国	170.19	107.16	137.65	65.39
日本	157.49	147.54	200.00	52.69
以色列	200.00	110.68	144.50	115.90
经合组织样本国家中位数	100.00	100.00	100.00	100.00
经合组织前 5 位国家	150.97	147.54	148.20	119.64

资料来源：陈宇学：《创新驱动发展战略》，第 122 页。

在以色列的企业研发中，军工领域独树一帜，成就辉煌，为以色列高科技产业的兴起奠定了坚实的基础。以色列的国防工业发展迅速，到 20 世纪 70 年代末，已建起了一批具有研究设计和生产改造能力的综合军工企业。20 世纪八九

---

① 数据来源于各年度《全球竞争力报告》。

以色列科研体系的演变

十年代，以色列军工企业引入市场竞争机制，扩大出口并促进军转民项目的发展。由于大量现代技术的运用，以色列武器装备的现代化水平居于世界前列，尤其是网络安全、无人机驾驶、空中预警系统等领域的技术水平可谓世界顶尖。除国有的以色列军事工业公司、以色列航空工业公司等作为以色列军事工业的支柱产业外，还有大批专业化程度较高的私营军工企业，共同承担着以色列的军工研发任务。20 世纪 90 年代以来，以色列国家着力推动军民融合发展，使国防工业成为以色列国民经济的支柱产业，也为第一代高科技产业奠定了基础。

以色列实行义务兵役制，年满 18 周岁的公民须入伍按期服役，期满后转为预备役。以色列国防军拥有领先世界的技术精英部队，如 8200 部队（Unit 8200）、塔楼部队（Talpiot）和马拉姆部队（Mamram）等。现实的安全需求迫使以色列长时间保持军用研发的巨大投入，掌握着大量尖端的技术。以色列的所有工业都必须在战时为军队服务，而安全威胁缓解之后军队也可为民用工业服务。军工业和民用制造业之间没有明显的界限，关系密切，科学家和工程师也经常在军队和企业之间流动。以色列几大主要的军工企业都向民用领域销售军用的高科技产品，尤其是在航空领域、电信领域以及安全领域。以色列国防军特别注重培养士兵的创新精神与领导力，士兵在部队虽然能接触到许多尖端科技，但一般不可以申请专利。所以当士兵们退役后，许多人选择集体创业，成为传播尖端技术的媒介，他们会把军中所学的先进技术带进大学或者初创企业，从而给以色列社会带来"人才外溢"和"军民融合"效应。相同的背景和相似的关系网使得他们之间的交流和合作非常自然。"军队和私营企业之间的相互合作是以色列模式的关键特征，以色列的工业和军事之间的关系与其他国家大有不同。"[①] 以战略新型产业为首的高科技领域是以色列军转民的重要切入点，许多行业的领导者都是国防军退役的士兵，例如以色列安全情报部队的退役士兵基本垄断了以色列的信息通信行业。其中较出名的例子就是网络安全企业捷邦（Check

---

[①] 〔以〕顾克文、〔以〕丹尼尔·罗雅区、〔中〕王辉耀：《以色列谷：科技之盾炼就创新的国度》，肖晓梦译，第 82 页。

Point）公司。捷邦公司的三位创始人几乎同一时期在以色列情报部队服役，退役后于 1993 年共同创立了捷邦公司。受益于他们在军队的训练和掌握的技术，捷邦公司现在已发展为全球首屈一指的网络安全问题解决方案供应商，其防火墙系统的全球市场占有率接近 100%。①

以色列研究创新问题的学者伊斯雷尔·德罗里（Israel Drori）（著有《创新的族谱：以色列新兴产业的演进》）、索尔·辛格（Saul Singer）（与人合著有《创业的国度：以色列经济奇迹的启示》）都把"国防遗产与军队角色"作为以色列国家的创新基因。伊斯雷尔·德罗里这样写道：

> 以色列军队处于高技术发展的前沿，特别是无线通信、网络、数据安全和解码方面。私有的产业能够变现这种创新，并在这些领域成为龙头老大。除了密码领域，军队并不限制那些退役后的军官和士兵在原先的技术专业继续工作。例如，电光学于 20 世纪 60 年代率先由军队的研发部门推出，随后派生了一批私有机构。截至 20 世纪 90 年代，约有 150 家以色列公司专攻这一领域。②
>
> ……
>
> 这些特殊的军队部门的遗产在于令人叹为观止的人才库。这是这一智库赋予创业者和企业家去建立创业企业的主要动力。为了军用而开发的技术很容易就转化到民用和商业用途，并创造大量的机遇。而且，由于在这些部门服役往往涉及一定的战略和辨识轨迹，所以这就成为持续筛选过程的温床，在这个环境中招募的新兵很可能就成为以色列创业舞台上的主角。③

---

① 可参见捷邦公司官方网站，https：//www.checkpoint.com/，访问日期：2017 年 12 月 30 日。
② 〔以〕伊斯雷尔·德罗里、〔以〕塞缪尔·埃利斯、〔以〕祖尔·夏皮拉：《创新的族谱：以色列新兴产业的演进》，龚雅静译，第 151 页。
③ 〔以〕伊斯雷尔·德罗里、〔以〕塞缪尔·埃利斯、〔以〕祖尔·夏皮拉：《创新的族谱：以色列新兴产业的演进》，龚雅静译，第 153 页。

以色列科研体系的演变

　　长期以来，完善的教育体制、政府的大力扶持以及浓厚的科技氛围使以色列拥有了一支高素质的科技人才队伍，产业就业人口的技术密集度与技术人员数量（科学家与工程师）自20世纪70年代中期就位居世界前列。[①] 80年代中期，以色列每万名劳动人口中获得自然科学、工程学学位的人数在发达国家一直排在前列。[②] 国家"科学和技术成果主要靠大批合格人才取得（24%的民间劳动力具有16年以上学习经历）"[③]。2012～2020年，以色列高等教育入学率超过62%，2015年接近68%。以色列的教育支出占GDP的比例也常年保持在5.5%以上（见表5-6）。

表5-6　以色列的创新指数——人才与教育指标体系（2012～2020年）

指标	2012年	2013年	2014年	2015年	2016年	2017年	2018年	2019年	2020年
教育支出占GDP的比例(%)	5.7	5.7	5.6	5.6	5.6	5.9	5.7	5.9	5.8
预期受教育年限(年)	15.7	15.7	15.7	16	16	16	15.9	16	16.2
高等教育入学率(%)	62.5	62.5	62.4	67.9	66.3	66.2	64.2	62.7	63.4
QS高校排名（前三位平均分）	—	51.1	56	57.5	56.1	48.4	48.6	42.6	42.2

资料来源：笔者依据2012～2020年《全球创新指数》整理。

　　总之，以色列社会的教育文化环境塑造了研发人员的科学素养，科技人力资本是以色列社会创造奇迹的最重要的资源，借用西蒙·佩雷斯的话来说："科技代表着我们共同的未来。尽管自然资源匮乏，以色列丰富的人力资源通过他们的创新、远见、创造和勇气，使我们在新的科学时代站在了全球的前沿。"[④]

---

　　① 当时的数据显示以色列每万人中拥有40名技术人员，仅次于美国（同时期美国的数据是每万人中有42人）。

　　② 〔以〕莫里斯·托伊贝尔：《以色列创新体系：状况、绩效及突出的问题》，载〔美〕理查德·R.尼尔森编《国家（地区）创新体系：比较分析》，曾国屏、刘小玲、王程铧、李红林等译，第607页。

　　③ Israel Information Center, *Fact about Israel（2003）*，p.165.

　　④ 〔以〕阿姆农·弗伦克尔、〔以〕什洛莫·迈特尔、〔以〕伊拉娜·德巴尔：《创新的基石：从以色列理工学院到创新之国》，庄士超译，封底。

第二节　知识产权保护体系的完善

在当今时代，知识产权①是保护研发者权益、捍卫国家利益、推动科技发展与经济转型升级的重要保障手段，也是创新型国家的直观表现。一个国家的创新竞争力背后有多方面的支撑，而完善的知识产权保护体系是不可忽略的要素。习近平总书记指出：

> 创新是引领发展的第一动力，保护知识产权就是保护创新。全面建设社会主义现代化国家，必须更好推进知识产权保护工作。知识产权保护工作关系国家治理体系和治理能力现代化，只有严格保护知识产权，才能完善现代产权制度、深化要素市场化改革、促进市场在资源配置中起决定性作用、更好发挥政府作用……知识产权保护工作关系国家对外开放大局，只有严格保护知识产权，才能优化营商环境、建设更高水平开放型经济新体制。知识产权保护工作关系国家安全，只有严格保护知识产权，才能有效保护我国自主研发的关键核心技术、防范化解重大风险。②

创新是引领发展的核心动力，知识产权则是创新的重要前提，先进技术和高科技产业都高度依赖于知识产权的有效保护。以色列之所以成为"创业的国度""创新型经济体"，在很大程度上得益于对知识产权的高度重视，在建国后的70余年时间里建立了适合本国国情、具备较稳定的知识产权交

---

① 知识产权（Intellectual Property）是指"知识（财产）所有权"或"智慧（财产）所有权"，也称"智力成果权"或"无形财产权"，是人们对其智力劳动成果所享有的民事权利。知识产权贯穿技术研发与应用的全过程，狭义的知识产权主要包括两部分内容：文学产权（Literature Property，包括著作权及与著作权有关的邻接权）和工业产权（Industrial Property，又称为产业产权，主要是专利权和商标权）。

② 习近平：《全面加强知识产权保护工作　激发创新活力推动构建新发展格局》，《求是》2021年第3期。

易市场及高度国际化特征的知识产权保护体系。完善的知识产权立法、深度融入国际知识产权保护体系是以色列经验之所在。自中国和以色列确立"创新全面伙伴关系"以来，两国在高科技领域的合作已成为热点。以色列知识产权保护制度的法制建构及其国际化特征，对于加强双边的知识产权和技术合作，提升我国的知识产权竞争力、建设创新型国家具有一定的启示作用。

一 以色列的知识产权创造力

以色列拥有比较完善的专利制度[①]和知识产权保护体系，也有比较稳定的知识产权交易市场。根据以色列专利局公布的数据，2015 年以色列专利局受理的专利申请总数保持在稳定增长的状态，其中 2015 年 6904 项，2016 年 6425 项，2017 年 6805 项，2018 年 7363 项，2019 年 7738 项（见图 5 - 4）。近年来，以色列的专利申请和科学出版物主要出自围绕大城市和大学形成的产业集群，其中以"特拉维夫 - 耶路撒冷集群"表现最为强劲。2020 年的《全球创新指数》显示，"特拉维夫 - 耶路撒冷集群"在科学出版物和专利申请方面排名全球第 24 名，其中 PCT[②] 框架下的专利申请数为 7076 项，全球占比为 0.68%，科学出版物数量为 31086 部，全球占比 0.36%。[③] 如果将考察时段进一步放宽，1970 ~ 1979 年以色列在 PCT 框架下的专利申请总数仅占全球的 0.2%，1980 ~ 1989 年上升至 0.3%，1990 ~ 1999 年该比例翻倍至 0.6%，2000 ~ 2004 年增至 0.9%，2005 ~ 2009 年达到最高的 1.2%，之后稳定回落至 1.1% 左右。[④] 结合以色列占全世界不到

---

① 专利制度是保护知识产权的最重要内容，即利用国际上通行的法律和经济手段确认持有人对其发明创造的专有权。

② PCT 是《专利合作条约》（Patent Cooperation Treaty）的缩写，是自《巴黎公约》以来最重要的国际专利合作条约，隶属于日内瓦的世界知识产权组织管辖，截至 2013 年已有 148 个成员。

③ Soumitra Dutta, Bruno Lanvin and Sacha Wunsch - Vincent, *Global Innovation Index 2020*, WIPO, 2020, p. 44.

④ 该数据是世界知识产权组织基于全球专利统计数据库、PCT 数据和 Web of Science 统计。WIPO, *World Intellectual Property Report 2019：The Geography of Innovation：Local Hotspots，Global Networks*, Geneva：World Intellectual Property Organization, 2019, p. 35.

0.1% 的人口比例，上述数字还是非常可观的，也反映了以色列较强的知识产权创造力。

图 5 - 4　以色列专利局受理的专利申请总数
（含要求优先权的申请，2015～2019 年）

资料来源：笔者根据 2015～2019 年《以色列专利局年度报告》整理，https：//www.justice. gov.il/En/Units/ILPO/About/Pages/Annualreport.aspx，访问日期：2021 年 2 月 22 日。

2012～2020 年的《全球创新指数》显示，以色列在 PCT 框架下的专利申请量的评估结果分别排全球第 7 名（2012 年）、第 11 名（2013年）、第 11 名（2014 年）、第 8 名（2015 年）、第 7 名（2016～2019年）、第 6 名（2020 年）；同时期，以色列科技论文发表量的评估状况分别排全球第 1 名（2012 年）、第 10 名（2013 年）、第 16 名（2014 年）、第 11 名（2015 年）、第 10 名（2016 年）、第 11 名（2017 年）、第 13名（2018 年）、第 14 名（2019 年）、第 16 名（2020 年）。此外，若按被引用文献 H 指数评估，2013 年以来以色列维持着全球前 16 名的水平（见表 5 - 7）。

专利申请数量是经济走势的直接表象，通过对以色列专利局 2002～2016 年所受理的专利申请进行总体归类可以看出，专利申请集中于医疗技术（16%）、计算机技术（14%）、制药（9%）等行业，反映出以色列在这些领域研发的强势表现力（见图 5 - 5）。

表 5 - 7 2012～2020 年以色列的知识创造与专利认证指标

指标	2012年 数值	2012年 排名	2013年 数值	2013年 排名	2014年 数值	2014年 排名	2015年 数值	2015年 排名	2016年 数值	2016年 排名	2017年 数值	2017年 排名	2018年 数值	2018年 排名	2019年 数值	2019年 排名	2020年 数值	2020年 排名
本国人专利申请量/十亿购买力平价美元 GDP	6.6	29	5.7	29	5.1	27	4.7	22	4.1	29	4.5	26	4.3	28	4.5	25	5.4	25
PCT框架下的专利申请数/十亿购买力平价美元 GDP	6.2	7	5.6	11	5.3	11	5.9	8	6.0	7	6.2	7	5.8	7	5.7	7	5.7	6
科技论文发表量/十亿购买力平价美元 GDP	30.4	1	46.6	10	42.9	16	46.4	11	45.8	10	45.8	11	26.9	13	24.2	14	24.9	16
被引用文献 H 指数	—	—	393.0	15	414.0	15	456	15	496.0	15	47.4	16	46.6	16	57.1	16	57.4	16
ISO9001质量认证/十亿购买力平价美元 GDP	37.1	9	31.7	11	32.0	13	34.8	5	32.6	6	31.8	6	33.6	4	27.1	5	23.3	7

注：①购买力平价（Purchasing Power Parity，简称 PPP）在经济学上是根据各国不同的价格水平计算出来的货币之间的等值系数，以对各国的国内生产总值进行合理比较。

②H 指数是混合量化指标，用于评估科研人员的学术产出数量与产出水平。

资料来源：笔者根据 2012～2020 年《全球创新指数》整理。

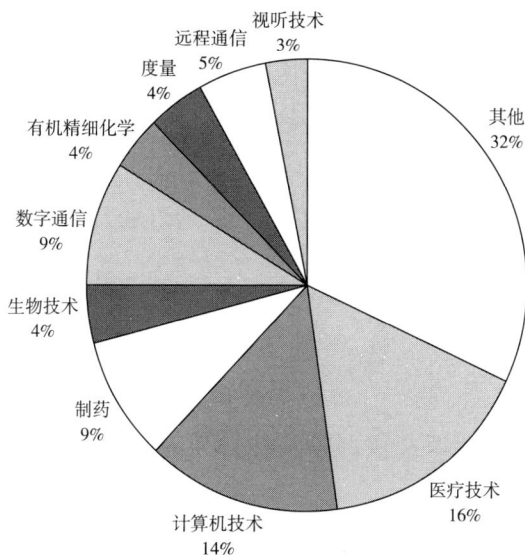

图 5 – 5　以色列专利申请技术领域排名（2002～2016 年）

资料来源：世界知识产权组织，http：//www. wipo. int/ipstats/en/statistics/country_ profile/profile. jsp？code = IL，访问日期：2021 年 3 月 20 日。

此外，产业技术专利的市场活跃程度也是衡量创新机制的一个因素，以色列在产业知识产权的销售收入与专利费总额方面表现良好。2014 年，以色列技术专利的总收益额为 17. 02 亿新谢克尔，相比 2013 年 17. 46 亿新谢克尔的收益略微萎缩。就技术专利的销售去向而言，以色列国内是主要收购地，贡献了 81% 的销售额，高达 13. 87 亿新谢克尔。"这表明绝大多数的以色列技术专利在本国实现了商业化生产，有力提升了国内经济的技术程度。"[1] 此外，若就技术专利对高科技产业贡献度的来源而言，以色列的大学依然是技术创新转移至商业化生产的主要阵地。欧盟的一份报告显示，2006～2016 年，以色列 4 家高等教育机构及公司名列欧洲专利局"最活跃的 100 所高等教育机构之列"——魏兹曼科学研究院、耶路撒冷希伯来大学的伊萨姆技术转移公司（Yissum Technology Transfer Ltd. ）、以色列理工学

---

① 刘洪洁、高亢：《2015～2016 年的以色列高科技产业》，载张倩红主编《以色列蓝皮书：以色列发展报告（2017）》，第 197 页。

院研究与开发基金有限公司（Technion Research and Development Foundation Ltd.）和特拉维夫大学的拉莫特有限公司（Ramot at Tel Aviv University Ltd.）。[①] 根据世界知识产权组织 2018～2020 年的统计，以色列在 PCT 框架下的主要申请人中，以色列理工学院以 47 人（2018 年）、68 人（2019 年）和 61 人（2020 年）位列以色列国内第一，希伯来大学以 41 人（2018 年）、40 人（2019 年）和 38 人（2020 年）位列第二，耶达公司以 41 人（2018 年）、25 人（2019 年）和 30 人（2020 年）位列第三。除此之外，特拉维夫大学、本－古里安大学均榜上有名。[②]

二 以色列的知识产权保障法律体系

以色列的知识产权立法受现代西方国家尤其是英美法系的影响，早在委任统治时期，英国的一些工业专利保护措施就被复制到巴勒斯坦地区，1940 年伊休夫就有了《商标规则》（Trademark Regulation）。以色列建国后，继承和沿用了英国托管时期的知识产权保护法规，包括专利、设计、商标和版权等。以色列所颁布的一系列基本法，如《基本法：议会》（Basic Law: The Knesset，1958 年颁布，2015 年修订）、《基本法：土地》（Basic Law: Israel Lands，1960 年颁布，2011 年修订）、《基本法：人类尊严和自由》（Basic Law: Human Dignity and Liberty，1992 年颁布，1994 年修订）等 10 个法律文本中都涉及知识产权保护的内容。而以色列关于知识产权保护的专门法有以下 12 部。

（1）《外观设计法》（Designs Law，5777 - 2017，2018 年颁布）

（2）《专利法》（Patent Law，5727 - 1967，1967 年颁布，2014 年修订）

（3）《专利（PCT 体系下的以色列专利局规则）9 号修正案》〔Patents (Regulation of Israeli Patent Authority under the PCT) Amendment Law No. 9,

---

① Eran Leck, Guillermc A. Lemarch and April Tash, eds., *Mapping Research and Innovation in the State of Israel*, pp. 59 - 60.

② 参见国际知识产权组织官方网站，https://www.wipo.int/ipstats/en/statistics/country_profile/profile.jsp? code = IL，访问日期：2021 年 1 月 9 日。

5771 - 2011，2012 年颁布〕

（4）《专利法第 10 号修正案》（*Patent Law，Amendment No.* 10，2012 年颁布）

（5）《原产地名称和地理标志（保护）法》〔*Appellations of Origin and Geographical Indications（Protection）Law*，5725 - 1965，1965 年颁布，2012 年修订〕

（6）《版权法》（*Copyright Act*，2007 年颁布，2011 年修订）

（7）《商标条例（新版本）》〔*Trade Marks Ordinance（New Version）*，5732 - 1972，1972 年颁布，2018 年修订〕

（8）《知识产权修改法》（为实施《与贸易有关的知识产权协定》而进行的修改）〔*Law to Amend Intellectual Property Laws（Modifications to Implement the Provisions of the TRIPS Agreement）*，5760 - 1999，2000 年颁布〕

（9）《集成电路（保护）法》〔*Integrated Circuits（Protection）Law*，5760 - 1999，1999 年颁布〕

（10）《植物育种者权力法》（*Plant Breeders Rights Law*，5733 - 1973，1973 年颁布，1996 年修订）

（11）《表演者和广播员权益法》（*Performers' and Broadcasters' Rights Law*，5744 - 1984，1984 年颁布，2015 年修订）

（12）《残疾人作品、表演与广播法》（*Law for Making Works，Performances and Broadcasts Accessible for Persons with Disabilities*，5774 - 2014，2014 年颁布）

此外以色列还有知识产权相关法律文本 23 个，实施细则和规定 36 条。就法律内容而言，大致可以归纳为以下几类。

第一，专利权。以 1967 年颁布的《专利法》为基本，适用于所有具有新颖性、效用性和发明性的产品和程序。保护期 20 年（自申请之日起计算），但药品专利的保护期在满足一定条件时可延长 3 ~ 5 年。

第二，商标权。适用范围包括商品商标、服务商标、集体商标和证明商标（不包括违反道德或公共政策的标识、欺骗性和不具显著性的标识），保护期一般为 10 年（自申请之日起计算），若商标仍在继续使用，可以再延长 10 年。

第三，著作权及相关权利。适用范围包括文学作品、戏剧、音乐与艺术作品（含计算机程序、影片、录音），以及著作权的邻接权。作者原创作品的著作权保护期为 70 年，始于作品诞生之日；摄影者权和表演者权的保护期均为 50 年。

第四，工业设计。适用于具有新颖性或独创性，且未在以色列发表过的工业技术设计（非商业使用），保护期自申请之日起最高 15 年。

第五，其他类。包括地理标志和原产地名称、集成电路布图、植物新品种及未公开的商业秘密等。①

蓬勃发展的高科技事业对知识产权保护不断提出新要求，鉴于大量出现的知识产权侵害案件和法律纠纷，以色列在知识产权保护方面采取的是以司法保护为主导的模式，延续了建国之初就确立的司法独立制度，将司法救济作为最权威的手段，但同时也高度重视行政保护。以色列司法部履行知识产权行政保护的主要职责是：负责提出知识产权法律修改案，并组建部长级特别委员会及知识产权保护特别警察部门。隶属于司法部的以色列专利局负责专利注册、设计、商标和原产地名称，受理知识产权保护业务以及相关管理业务，并负责向公众提供知识产权信息。以色列专利局下设专利部、设计部、商标部和《专利合作条约》部等部门，其组织架构见图 5-6。

以色列对知识产权的保护也延伸至科技研发的过程之中，尤其在科研成果的技术转移中体现得最为明显。以色列在每所大学都设立了专门的技术转移办公室（或公司），专门负责协助将科研人员的研究成果商业化。其中关键的一步就是在对科研人员申请的科研成果进行筛选和考察后，由专人协助科研人员进入专利申请程序，指导专利申请、商标注册等事宜。待专利或商

---

① 中华人民共和国驻以色列大使馆经济商务处：《以色列知识产权法律制度介绍》，中华人民共和国商务部网站，http://il.mofcom.gov.cn/article/ztdy/201307/20130700202737.shtml，访问日期：2019 年 11 月 20 日。

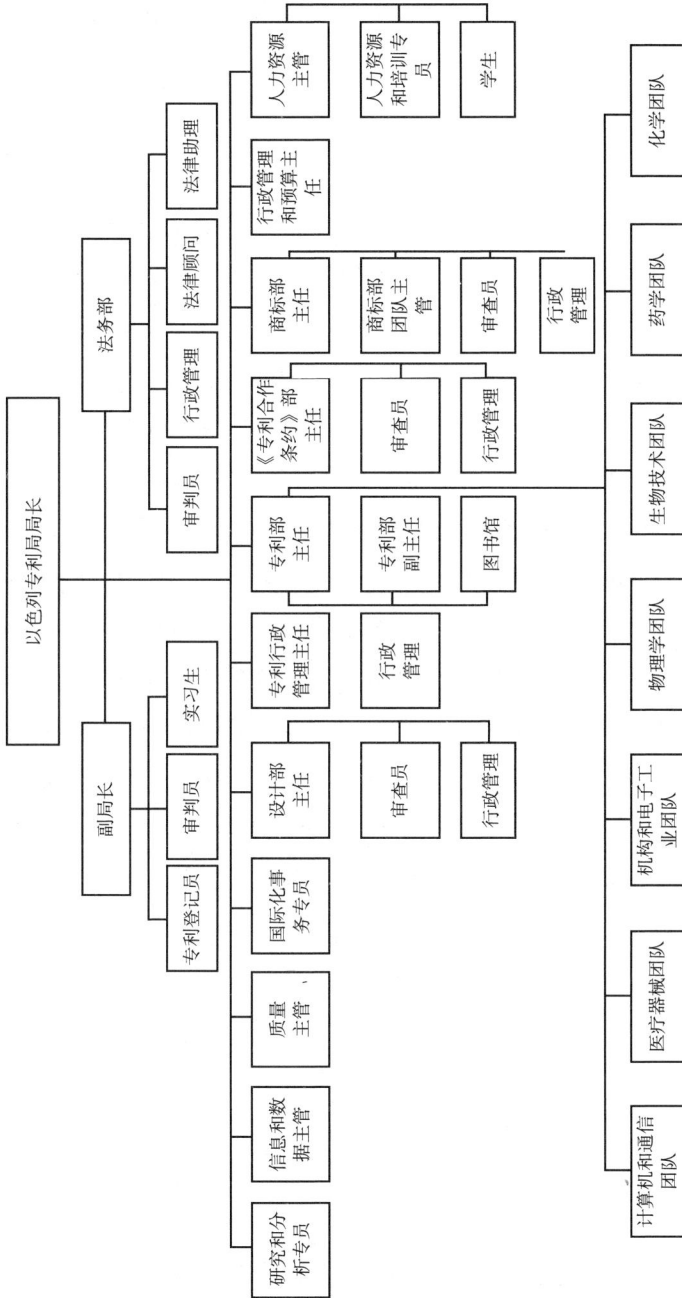

图 5－6　以色列专利局组织架构

资料来源：Israel Patent Office, *Israel Patent Office Annual Report 2019*, p. 62。

标申请成功且确定不存在相关纠纷后，技术转移办公室随即联系有意向的企业商定专利授权费用。以色列的几大技术转移机构在整个知识产权体系中占据重要位置。

三 知识产权保护的国际化

大量高科技产品的输出使以色列始终面临知识产权保护的国际压力，因此以色列政府非常重视对国际知识产权保护体系的参与。作为《专利合作条约》与世界知识产权组织（World Intellectual Property Organization，简称 WIPO）的成员，以色列签署了大部分主要的知识产权国际条约，是 49 个国际条约和协定的签约方或成员，在专利、商标、外观设计及版权等方面履行国际标准。如，以色列 1950 年加入《保护文学和艺术作品伯尔尼公约》（*Berne Convention for the Protection of Literary and Artistic Works*）、《商标国际注册马德里协定》（*Madrid Agreement Concerning the International Registration of Marks*）和《保护工业产权巴黎公约》（*Paris Convention for the Protection of Industrial Property*），1961 年加入《商标注册用商品和服务国际分类尼斯协定》（*Nice Agreement Concerning the International Classification of Goods and Services for the Purposes of the Registration of Marks*），1975 年加入《国际专利分类斯特拉斯堡协定》（*Strasbourg Agreement Concerning the International Patent Classification*），1978 年加入《保护录音制品制作者防止未经许可复制其录音制品公约》（*Convention for the Protection of Producers of Phonograms Against Unauthorized Duplication of Their Phonograms*），1979 年加入《国际植物新品种保护公约》（*International Convention for the Protection of New Varieties of Plants*），1996 年加入《国际承认用于专利程序的微生物保存布达佩斯条约》（*Budapest Treaty on the International Recognition of the Deposit of Microorganisms for the Purposes of Patent Procedure*）和《保护原产地名称及其国际注册里斯本协定》（*Lisbon Agreement for the Protection of Appellations of Origin and their International Registration*），2002 年加入《保护表演者、录音制品制作者和广播组织罗马公约》（*Rome Convention for the*

Protection of Performers, Producers of Phonograms and Broadcasting Organization），2016 年加入《关于为盲人、视力障碍者或其他印刷品阅读障碍者获得已出版作品提供便利的马拉喀什条约》（*Marrakesh Treaty to Facilitate Access to Published Works by Visually Impaired Persons and Persons with Print Disabilities*），2020 年加入《工业品外观设计国际注册海牙协定》（*The Hague Agreement Concerning the International Deposit of Industrial Designs*）。尤其是 1970 年其加入《建立世界知识产权组织公约》（*Convention Establishing the World Intellectual Property Organization*）和《专利合作条约》是里程碑式的事件，以色列的知识产权保护得以与国际社会高度接轨，使以色列成为《专利合作条约》申请中心与权威检索地。[①] 此外，以色列与其他国家签订的很多双边协定，如《欧洲－地中海协定》《美国贸易代表办公室－以色列政府协定》《以色列与德国知识产权领域合作协定》等也都包括知识产权相关条款。

以色列拥有世界上最密集的研发企业，竞争性拨款和税收激励是政府支持研发企业的两项基本政策。由于政府的鼓励、高水平劳动力资本的聚集，以色列成为国际跨国公司的研发中心，以色列的研发创新也高度依赖跨国公司及企业研发投入，因此知识产权保护的国际化趋势也表现得特别明显。

专利的外国申请人高占比是以色列知识产权保护的一个显著特点，1996～2012 年，以色列专利局受理的专利申请中，以色列申请人的专利申请数量基本稳定在 1200～1600 项（2007 年、2012 年除外），但外国申请人的专利申请数量从 1996 年的 3256 项增长至 2012 年的 6019 项（见图 5－7）。特别是 2000 年以后，外国申请人在以色列申请专利的数量有了大幅度的提升，一方面是因为以色列加入了《专利合作条约》，采用国际通用的 PCT 模式；另一方面与外资企业增长引起的企业构成变化有关。整体估算，2002～

---

① 以色列加入各专利条约或协定的时间可参见世界知识产权组织官方网站，https：//wipolex. wipo. int/en/treaties/ShowResults? country_ id＝79C，访问日期：2021 年 1 月 9 日。

2012 年，以色列专利局受理的外国申请人专利申请数量占到总数的 80% 左右。① 同时以色列申请人在国外申请专利的数量也不断提升，从而体现了以色列经济的外向性。出现这种情况的直接原因在于以色列云集了大批的跨国公司和外资企业，而且也有很多以色列人在国外（尤其是美国）开办企业。20 世纪 60 年代末，以色列申请人在美国申请的专利数量仅有 50 项左右，1983 年为 151 项，1987 年为 295 项，1991 年为 312 项，到 1995 年，这一数字上升到 613 项。② 2012 年，以色列申请人在美国专利商标局（United States Patent and Trademark Office，简称 USPTO）的外国专利申请数量中排名第 10 位，其中专利年申请数量最多的是拥有以色列研究中心的跨国公司，这些跨国公司拥有以色列知识产权和技术转让成果的比例比过去 10 多年大幅增加。"2001 ～ 2011 年，在以色列的外国研发中心提交了至少 9800 项不同的专利申请。在 1990 ～ 2010 年，由于收购或兼并，至少有 1360 项独立发明从以色列公司或初创企业转移到拥有以色列研究中心的跨国公司……通过创造就业机会和其他手段，以色列经济从跨国公司的子公司的活动中受益。"③

根据以色列专利局公布的数据，2015 年以来，外国申请人向以色列专利局申请专利的总数也是稳定增长，2015 年为 6074 项、2016 年为 5621 项、2017 年为 5929 项、2018 年为 6427 项、2019 年为 7113 项，其所占比例基本稳定在 80% 左右。这些外国申请人绝大部分是在 PCT 框架下申请专利，主要来自美国，欧洲专利组织（EPC）成员国，亚洲的中国、日本、韩国等。④ 2015 ～ 2019 年以色列专利本国申请人与外国申请人占比见图 5 - 8。

① Earn Leck, Guillermc A. Lemarch and April Tash, eds., *Mapping Research and Innovation in the State of Israel*, p. 111.

② Manuel Trajtenberg, "R&D Policy in Israel: An Overview and Reassessment," *Innovation Policy in the Knowledge-based Economy*, 2001, pp. 409 – 454.

③ Manuel Trajtenberg, "R&D Policy in Israel: An Overview and Reassessment," *Innovation Policy in the Knowledge-based Economy*, 2001, pp. 409 – 454.

④ Israel Patent Office, *Israel Patent Office Annual Report 2019*, pp. 13 – 15.

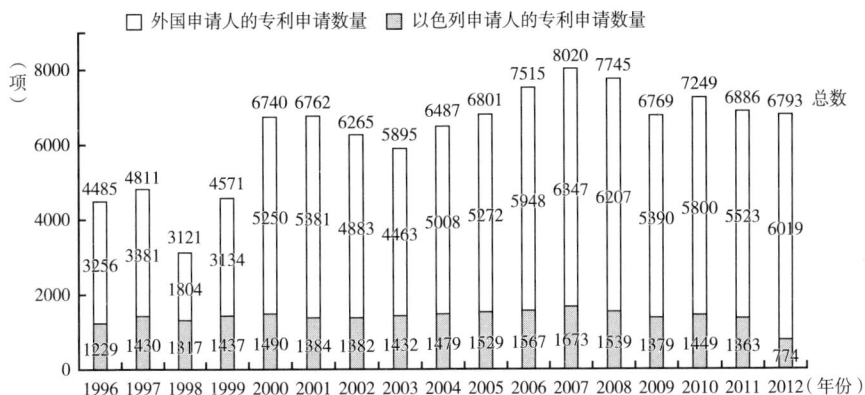

图 5 - 7　以色列专利局受理的专利申请数量（1996～2012 年）

说明：1998 年专利申请数量的突然下降很大原因在技术操作层面，因为以色列专利局使用专利递交、申请的自动化系统代替了以前的人工系统。

资料来源：UNESCO，*UNESCO Science Report：Towards 2030.*

图 5 - 8　以色列专利本国申请人与外国申请人占比（2015～2019 年）

资料来源：Israel Patent Office，*Israel Patent Office Annual Report 2019*，pp. 13 - 15.

商标注册也是知识产权保护的重要举措，国际市场上著名的商标，尤其是一些跨国公司的商标往往在多国注册。商标分为"注册商标"与"未注册商标"，按照国际惯例，只有注册商标才受所在国法律的保护。2010 年以来，以色列政府大力鼓励国外新企业进驻以色列并在以色列注册商标和申请专利。特别是 2016 年 12 月以色列政府通过的《经济安排法》（*The Economic Arrangements Law*）① 提出了一系列税收改革，以吸引外国公司或大型跨国公司在以色列注册商标和申请专利。《经济安排法》提出了"创新一揽子计划"，把总收入超过 26 亿美元的企业的所得税率下调至 6%，总收入在 26 亿美元以下的企业的所得税率则下调至 12%（以色列现行的企业所得税率在 16% ~ 25%），股息预扣税率也从当时的 20% ~ 25% 下调至 4%。② 随着以色列经济的国际化趋向越来越明显，以色列专利局受理的国际商标注册申请数量连年增加，由 2010 年的 463 件上升到 2015 年的 5691 件（2016 年略有下降，为 4917 件），国内的商标注册申请呈上下波动但缓慢减少趋势，从 2010 年的 7554 件下降至 2016 年的 4391 件（见图 5 - 9）。从以色列商标申请的来源国看，根据 2016 年的数据，除以色列之外（25.1%），美国排在第一位（占比 21.4%），德国第二位（占比 6.8%），中国占第三位（占比 5.8%），也从侧面反映出中资企业在以色列的增长与影响，此外瑞士和法国也占约 5% 的比例（见图 5 - 10）。

在设计专利方面，近年来以色列申请人与外国申请人的申请比例大致各占一半。根据 2019 年以色列专利局的数据，设计专利的以色列申请人占 55%，外国申请人占 45%，其中外国申请人主要来自美国和法国，分别占 15% 和 10%（见图 5 - 11）。自 2020 年 1 月以色列正式加入《工业品外观设计国际注册海牙协定》后，其在"海牙体系"（Hague System）③ 框架下的外观设计申请数从 2011 ~ 2019 年的平均每年 1 个增至 2020 年的 49 个，其中

---

① 《经济安排法》是以色列政府每年同预算法案一起向议会提交的一种政府法案，主要围绕当年的预算调整或经济政策调整而制定。2016 年财政部起草的《经济安排法》中改革税率是最主要的内容之一。

② Shoshanna Solomon, "Israel Dangles Tax Cuts to Attract Multinationals," *The Times of Israel*, 2016 - 12 - 11, https：//www.timesofisrael.com/israel - dangles - tax - cuts - to - attract - multinationals/, accessed December 25, 2020.

③ 海牙体系依托于《工业品外观设计国际注册海牙协定》，是对工业品外观设计的国际注册的专门规定，是《巴黎公约》成员缔结的专门协定之一。通过《海牙协定》建立起了一个国际注册体系，由世界知识产权组织负责管理，缔约方申请人只需提交一份国际申请，便有可能获得在所有缔约方的工业品外观设计专利保护，不必针对不同国家反复提交，节约了申请费用和时间。

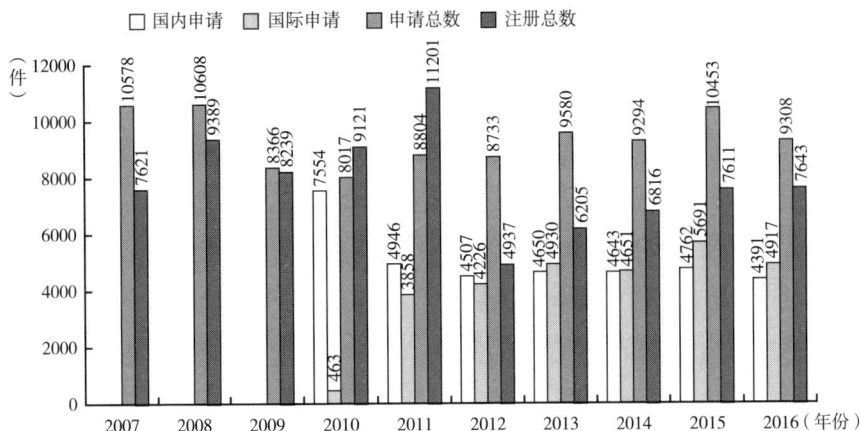

图 5 - 9 以色列专利局接受的商标注册申请及注册商标数据（2007～2016 年）

资料来源：Israel Patent Office，*Israel Patent Office Annual Report 2016*，p. 50。

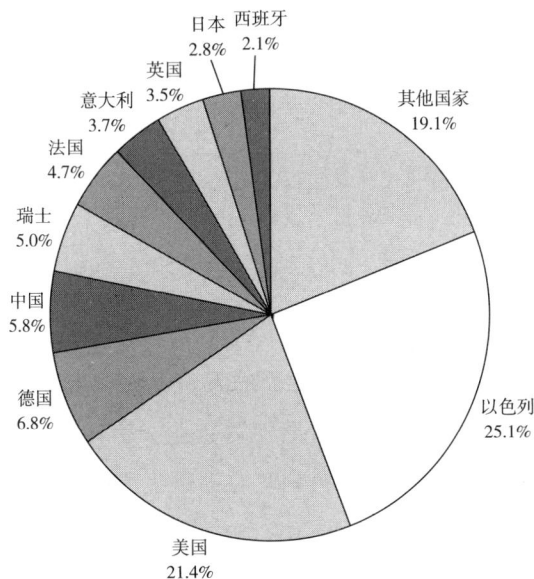

图 5 - 10 以色列商标注册申请来源国分布（2016 年）

说明：本表数据基于申请人的国籍信息。

资料来源：Israel Patent Office，*Israel Patent Office Annual Report 2016*，p. 51，http：∥www. justice. gov. il∕En∕Units∕ILPO∕About∕Pages∕Annualreport. aspx，accessed February 21，2021。

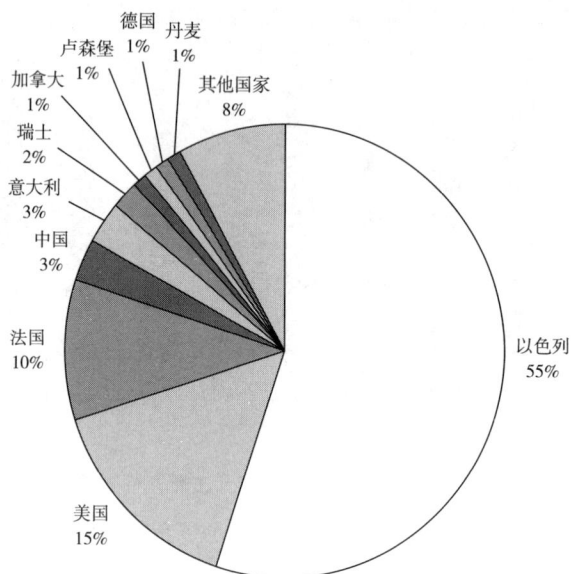

图 5 - 11　以色列设计专利申请 TOP 10 国家占比（2019 年）

资料来源：Israel Patent Office, *Israel Patent Office Annual Report 2019*, p. 48。

LIGHTRICKS 公司就申请了 27 个，ISCAR 公司和 EIN GEDI 化妆品与制药公司也都申请了 10 个以上。[①]

专利是"科学"与"技术"之间的连接点，也是"研究"与"发展"之间的桥梁，对专利的认识水平与认定管理程序标志着一个国家的知识产权保护水平。以色列在知识产权保护方面的表现力与影响力已远远超出了它的幅员与人口占比。一方面，以色列把外资企业、跨国公司纳入知识产权主场；另一方面，在 PCT 框架下以色列政府提供优质的知识产权服务。因此，以色列建立的既适合本国国情又与国际接轨的知识产权保障体系具有很高的国际影响力。

中国的知识产权事业在近二三十年获得了跨越式的发展，基本形成了比

---

①　参见世界知识产权组织官方网站，https：//www. wipo. int/ipstats/en/statistics/country _ profile/profile. jsp？ code = IL，访问日期：2021 年 1 月 9 日。

较健全的保障体系，但毕竟起步较晚、基础薄弱。① 因此，研究以色列的知识产权保护机制及其特色，对我国具有一定的启迪与借鉴意义。

首先，应重视知识产权保护司法体系建设。以色列建国初期，主要汲取了欧洲尤其是英国的立法范式与传统，但并非完全照搬，而是根据以色列的实际情况加以改造运用。20 世纪 80 年代末以来，随着自由经济的发展、高科技产业的兴起以及以色列经济的转型升级，以色列的知识产权战略更多地吸取了国际经验，立足本土，面向国际市场，服务于外向型经济。其次，应注重知识产权损害赔偿制度。"全面赔偿"、"法定损害赔偿"和"惩罚性赔偿"共同构成了以色列的知识产权损害赔偿体制。中国目前的基本理念与以色列相似，但"惩罚性赔偿"的案例较少。因此宜借鉴以色列经验，适当提高法官的自由裁量权及"法定赔偿"额度上限，提升"惩罚性赔偿"的采用率。最后，要注重培养专业的知识产权人才队伍。目前中国虽然相关从业人员超过 100 万人，但就其数量和质量来说，尚不能满足作为创新型国家建设的需要。② 因此建立专业化、高水准、具备国际视野的复合型人才培养体系是知识产权事业发展的当务之急和重中之重。2017 年中以"创新全面伙伴关系"建立以来，中国学术界、从业人员、企业界人士加强了对以色列知识产权保护政策、法规体系以及实际运作模式的研究，两国在知识产权领域的交流越来越多，在知识产权保护的条件互惠、政策优先及体系创新方面有着越来越广阔的合作前景。

---

① 2005 年初，国务院成立了国家知识产权战略制定工作领导小组，2008 年 4 月 9 日，国务院常务会议审议并通过了《国家知识产权战略纲要》（简称《纲要》）。《纲要》"序言"强调：我国知识产权制度仍不完善，自主知识产权水平和拥有量尚不能满足经济社会发展需要，知识产权制度对经济社会发展的促进作用尚未得到充分发挥。此后，在国务院的大力推动及国家知识产权局得力谋划下，我国知识产权事业发展迅速，成绩斐然。2020 年 4 月，世界知识产权组织的公报显示，2019 年中国已超过美国成为 PCT 框架下国际专利申请量最多的国家。但与发达国家相比，我国的知识产权保护依然存在一系列的薄弱环节，如社会公众知识产权意识比较薄弱、立法分散且审批过程繁杂、市场主体运用知识产权能力不强、侵犯知识产权现象比较突出、知识产权服务体系及专业人才队伍建设滞后等。

② 孔宪香：《顺应国际竞争新趋势，建设复合型知识产权人才队伍》，人民网，2020 年 2 月 4 日，http：// zj. people. com. cn/n2/2020/0204/c186947 - 33761948. html。

第三节　技术转移与企业的集群化发展

如前所述，以色列政府自上而下建立起了卓有成效的 SETI 体系，政府、高校、科研机构和企业之间密切合作，共同保障科技研发体系的良性运转。以色列的高校和科研机构承担了几乎所有的基础研究和相当一部分的应用研究，但科研成果（尤其是应用研究）待在实验室里终究是一纸空文，只有进入市场，才能够对国家经济社会生活产生作用，也就是说知识创新、技术进步与产品之间还有一定的距离。与企业以及企业家相比，大学和科研机构的科研人员通常不熟悉商品市场的规律，在寻求科研成果进入市场的过程中往往会遭受挫折，这既降低了科研成果商业化的成功率，又耽误了其宝贵的科研时间，甚至还会挫伤其科研积极性。为了最大限度避免上述情况，以色列政府在各个大学和科研机构都成立了技术转移办公室（Technology Transfer Office，TTO），专门负责科研成果的商业化活动。技术转移办公室是连接高校、科研机构和企业之间的桥梁和黏合剂，帮助各个研发主体各司其职，提高了产学研的结合度，也使之成为以色列科技研发的一大特色，更是极大地推进了以色列企业集群的出现和发展。此外，以色列政府通过有力的公共政策引导国家经济发展，鼓励在不同地区形成技术集群，而许多企业以及企业家为方便与技术转移办公室联系，尽快获得高校相关研究的最新情况，往往选择就近开办企业，进一步促成了以色列产业技术集群的产生。

一　科研成果的技术转移

犹太人最早的技术转移案例可追溯至 20 世纪初期。魏兹曼在 1915 年开发了一种新的生物技术，利用发酵从淀粉中生产丙酮（Acetone），1916 年他将此项发明申请了专利。第一次世界大战爆发后，英国的炸药生产供不应求，当时魏兹曼被任命为英国海军实验室的负责人，他将丙酮生产的新工艺用于爆炸物的研发，短期内解决了炸药的短缺问题。劳合·乔治（Lloyd George）在其《战争回忆录，1915～1916》（"War Memories，1915－1916"）

里记录了他和魏兹曼的一段对话。

> 你为国家做出了巨大的贡献，我要请求首相陛下给予你荣誉。
>
> 我个人什么都不需要。
>
> 那我们该如何来认可你对国家所付出的重要帮助？
>
> 好，那我希望你们为我的民族做点什么。[①]

劳合·乔治认为这次谈话是英国对犹太人在巴勒斯坦建立民族家园承诺的起点，他当上首相之后也积极配合了魏兹曼等的活动，这才有了之后《贝尔福宣言》的发表。以色列魏兹曼科学研究院在 1959 年就成立了以色列第一个技术转移机构耶达（研究与发展有限责任公司，简称耶达）。耶达的创立很快取得了好的效果，也成为以色列技术转移办公室的标杆，其他大学也纷纷效仿。

以色列的技术转移办公室虽然是隶属于所在大学或科研机构的商业部门，但它是具有独立法人资格的营利性机构，在机构的运营方面具有自主权（一般都会成立为×××技术转移公司）。每个技术转移公司的人数不等，少则十余人，多则数十人。公司设有董事会，负责统筹管理机构的工作重心和发展，董事会成员通常由学校领导、业内著名专家和企业高管构成，日常工作则由不同部门各司其职，负责寻找客户、制订合同、申请专利、管理财务等工作。由于技术转移工作十分复杂，牵扯面广，涉及基础研究、专利扩散及商业化，是科研、生产与市场之间的互动，需要灵活性和创造性，所以从业人员通常是具有较高素质的复合型人才，大多有理工学科硕士以上学位，熟悉相关的科研领域，同时具有一定的商业背景，了解市场运作规律，擅长与企业界打交道，能够将学术界的不同领域和企业界结合起来。

以色列技术转移公司科研成果的技术转化有一系列规范的流程，从成果

---

① David Lloyd George, "War Memories, 1915 – 1916," Jehuda Reinharz, *Chaim Weizmann: The Making of a Statesman*, Oxford: Oxford University, 1993, pp. 67 – 68.

提交到生产、收益大致需经历 7 个环节（见图 5 - 12）。科研人员一旦决定将科研成果提交并进入转移程序，则技术转移公司随即开始对成果进行评估和筛选。其标准与风投行业选择投资时的考察相似，主要观测点是创新程度和市场潜力，最终形成可行性报告。一旦通过初步筛查，需与科研人员签署委托协议并进入专利申请程序。由技术转移公司的专利部门帮助科研人员填写各项表格，在国内或国外申请专利。成功申请专利后，技术转移公司开始向企业推介成果，并与企业商讨预算等生产相关的细则。若企业同意，则双方签署协议，商定专利授权费用，成果开始投入生产。待商品生产完毕开始销售后，企业需按协议支付给技术转移公司专利授权费用，由技术转移公司按标准进行分成。技术转移公司得到属于自己的收益后，拿出一部分作为日常开销，其余部分通常投入设立的相关基金，继续支持学校和科研机构的科研工作。只要成果提交技术转移公司成功申请专利，专利所有权即归公司所隶属的大学或科研机构所有，技术转移机构只有授权使用的权利，无权将专利出售给第三方，而大学和科研机构也不可委托其他的商业机构运营。如果成果未通过评估和筛查，则返还给科研人员，由其自行处置——继续研究或是以个人名义申请专利。

科研人员在完成专利申请后，只需负责与企业保持沟通，帮助解决生产各环节的技术难题，并监督生产和销售。而企业只需与技术转移公司保持联系，寻找感兴趣的成果，谈妥并签署协议，随即投入生产即可。其余的所有复杂的事务性工作都由技术转移公司来完成，大大提高了双方的效率。技术转移公司与企业的联系是双向的，既会上门推介已完成的科研成果，也会邀请企业来观摩了解各个项目的科研进展，同时企业也会上门咨询，寻找感兴趣的项目。受限于以色列狭小的市场，技术转移公司更加关注国外的企业，着重将科研成果推向全球。同时，技术转移公司还会向社会募集风险投资资金支持大学和科研机构的科技研发，成功转移成果后自己的收益也会拿出一部分投入研发基金。技术转移公司还会推动企业与大学和科研机构的科研联合，申请政府设立的资助基金和鼓励项目。

耶达是隶属于魏兹曼科学研究院的商业部门，与研究院签有独家协议，

图 5 - 12　以色列技术转移公司科研成果技术转化流程

负责将该校的科研成果商业化，产生的收益用于进一步支持基础研究和科学教育。耶达的宗旨是：确定和评估具有商业潜力的研究项目，保护研究院及科学家的知识产权，与企业建立联系并向它们推介该研究院的发明和技术，引导工业基金回流研究项目。耶达关注的主要领域是：生物技术、制药、生物信息学、蛋白质组学、生物学、医疗设备、可再生能源、生物燃料、清洁技术、环境科学、农业和植物遗传学、化学、纳米技术、物理学、光电学、数学和计算机科学等。耶达拥有世界畅销的三大药物的专利——雪兰诺（Serono）公司生产的干扰素利比（Rebif）、梯瓦制药公司生产的多发性硬化症药物醋酸格拉替雷（Copaxone）和英克隆公司（ImClone Systems）生产的抗癌药（Erbitux），每年能产生数十亿美元的专利授权费。仅 2013～2015年，耶达就向企业推介了 4500 多种技术，签署了 80 多个新的许可证和协议，首席科学家办公室还通过耶达资助了魏兹曼科学研究院的 90 多个研究项目（包括耶达自己资助的）。2001～2004 年，耶达的专利收取的专利授权费高达 2 亿多美元，到 2006 年更成为全球此类收入最高学术机构。[①] 耶达最近的技术转移项目有通过衰氨酶提高植物产量、能促进根部定植的生物防治增强剂、碳氢化合物的可持续加工、热点转换技术、从电子废物和矿石中提取黄金、用于癌症的生物药物等。[②]

　　以色列另一家较为著名的技术转移办公室是 1964 年成立的伊萨姆技术转移公司，其隶属于耶路撒冷希伯来大学。该机构通过长期的产学合作、创业和支持、大学内外的教育和培训等途径，利用创新、协作和运营等方面的专业知识推动希伯来大学科研成果的商业化。自成立以来，伊萨姆已经注册

---

① 〔美〕丹·赛诺、〔以〕索尔·辛格：《创业的国度：以色列经济奇迹的启示》，王跃红、韩君宜译，序言。

② 可参见耶达研究与发展有限责任公司官方网站，https://www.yedarnd.com/，访问日期：2021 年 4 月 22 日。

超过 10750 项专利（含 3000 多项发明），授权许可了超过 1050 项技术，成立了 170 多家衍生公司。由于希伯来大学的农学院实力非常强劲，所以农业技术一直是伊萨姆关注的重点，其他领域还有化学和材料、清洁技术和环境、计算机科学与工程、食物和营养、人文与社会科学、生命科学与生物技术、微型计算机和光电、电子工业等。畅销欧美的樱桃番茄培育技术就是由伊萨姆负责转移的，该品种也成为今天世界领先的温室作物和欧洲的行业标准。① 2009 年，希伯来大学在全球生物科技排行榜中排第 12 名，仅次于 10 所美国大学和 1 所英国大学。②

除此以外，以色列的技术转移机构还有隶属于哈达萨医疗中心的哈达萨技术转移公司，隶属于本－古里安大学的内盖夫本－古里安科技和应用有限公司，隶属于以色列理工学院的以色列理工学院技术转移公司和 Biorap 科技，隶属于海法大学的海法大学卡梅尔经纪公司，隶属巴－伊兰大学的BIRAD 研究与开发有限责任公司，隶属于特拉维夫大学的拉莫特有限公司，隶属于 MIGAL 加利利医疗中心的 Gavish 加利利生物技术有限公司，隶属于拉莫特医疗服务组织的摩尔研究应用有限公司等。③

截至 2020 年年底，上述技术转移公司中加入两大行业组织——以色列先进技术产业组织（Israel Advanced Technology Industries，简称 IATI）④ 和以色列技术转移合作组织（Israel Technology Transfer Organization，简称ITTN）的共有 20 多家，其中大部分是以色列先进技术产业组织成员。以色列技术转移合作组织是由以色列多家主要技术转移机构组成的非营利性联盟，其负责管理的董事会成员来自各成员机构，目的在于推动以色列技术转

---

① 参见伊萨姆官方网站，http：//www. yissum. co. il/，访问日期：2018 年 1 月 4 日。

② 〔美〕丹·赛诺、〔以〕索尔·辛格：《创业的国度：以色列经济奇迹的启示》，王跃红、韩君宜译，第 212 页。

③ 可参见以色列先进技术产业组织官方网站，http：//www. iati. co. il/category/24/1/technology－transfer－offices－tto&http：//www. ittn. org. il/index. php，访问日期：2021 年 4 月 22 日。

④ 以色列先进技术产业组织是以色列高科技、生命科学和其他先进技术行业的综合型组织，有来自各个层面的数百个会员，包括风险投资基金、以色列跨国研发中心、初创企业、孵化器、技术转让组织、学术机构、医院、服务供应商等。通过这些会员，该组织成为连接以色列的科技生态系统、提供各级解决方案和支持的重要载体。

移机构与全球同行的合作，并提高以色列公众对以色列大学和科研机构开展的科研成果转化活动的接受度。

大学及科研机构是国家重点支持的实体，其工作重点是长期进行能推动社会进步的基础研究和应用研究，缺少或是没有精力和能力将成果推向市场。而对于承担产品市场化社会责任的企业来说，除了个别大型企业具有完成从产品研发到投产整个过程的实力外，大部分中小企业无法独立完成这一过程。诞生在实验室里的新技术、新成果通常只停留在开发的最初理论阶段，没有经过市场实证，而且每项成果都属于不同的领域，具有其独立性。科研人员研究出来的成果不一定都具备市场价值，而社会和市场的需求动向科研人员又不一定能够及时把握，技术转移办公室正好在研究成果与市场之间搭建了桥梁。以色列的技术转移办公室具有规范的科研成果转移流程，其拥有的多重背景的复合型从业人员能够将大学及科研机构和企业有机联系在一起。有了技术转移办公室，一方面可以使科研人员能够专注于科学探究和发展；另一方面可以将科研成果与企业需求结合起来，使新科研成果产生市场效益。成果商业化带来的丰厚收益不仅使科研人员的付出得到回报，提高了其科研积极性，而且也使企业获得了赖以生存的技术和产品。同时，技术转移办公室将科研成果推介向国际企业，推动产业和研发的国际合作，不但获得了大批研发经费，更帮助以色列企业打开国际市场，扩大出口，促进了出口导向型经济的发展。仅2009年一年，以色列技术转移办公室就建立了151家公司，受理科研人员和在校学生的专利申请超过1000项，人均专利收入领先世界。①以色列已探索出了一条依托技术转移机构实现学术成果产业化的完整动态路径，促进了以色列科学研究、产品开发，实现了社会经济持续的强劲增长。

二　企业集群化发展模式

企业是产学研体系的重要组成部分，企业的健康发展与否决定了科技

---

① Hagit Messer-Yaron, "Technology Transfer Policy in Israel – from Bottom-up to Topdown?" *6ᵗʰ Meeting of the European TTO Circle*, January 21, 2014, https：//ec. europa. eu/assets/jrc/events/ 20140120 – tto – circle/jrc – 20140120 – tto – circle – messer. pdf, accessed April 22, 2021.

研发体系是否健全和完备。"越来越多的集群——相关公司和组织的区域集中化——被认为是经济增长的核心。"① 当今社会产业发展状况在很大程度上取决于国家和地区层面上的企业集群的发展状况。企业集群中的企业布局在相对集中的地理位置上，一方面理念与技术可以得到很快的分享与创新；另一方面可以降低物质资源、物流等方面的成本，体现了协同合作的精神。企业集群的核心是一流大学，进而带来跨国公司、风险投资产业，以及能够支撑经济全局、支持竞争情报研究和具有强大关系网络的政府。② 以色列的大学和科研机构都是国家重点支持的研发中心，具有极强的科研能力。重视科研的氛围也在几十年间通过以色列历届政府的一系列措施而营造起来，大学和科研机构一直是研究主体，魏兹曼科学研究院和耶路撒冷希伯来大学多次被《美国科学家》（American Scientist）杂志评为全球最适合学术工作的场所之一。大学和科研机构具有最完备的基础设施和健全的技术转移部门及机制，因此它们周围吸引了一大批中小企业和供应商等，形成了大学科技园，并以此吸引配套产业和设施的出现。而相同或相近领域的企业往往聚集在一起，方便互相交流和合作，进而形成企业集群。另外，以色列政府、大学和科研机构极其重视科技研发的国际合作，完善的基础研究也吸引了大量国际企业和风险投资者的关注和加盟。以色列拥有 200 多个国际企业的研发中心和数十个国际风投基金，其中绝大多数集中在产业园中，方便与大学和科研机构展开合作。在企业集群中，大型企业可以更容易地了解学术界最新的技术趋势和研究前沿，把握科研人员的研究动向，并以此制定自己的发展目标。中小企业则有了更多接触国际先进技术和经营理念、获得投资和开拓国际市场的机会。反之学术界也能更迅速地把握市场的需求。

发展人际网络，接受外部的思想碰撞和弥合研究与生产之间的差距是

---

① Pontus Braunerhjelm and Maryann P. Feldman, *Cluster Genesis: Technology Based Industrial Development*, Oxford: Oxford University Press, 2006, p. 1.

② 〔以〕顾克文、〔以〕丹尼尔·罗雅区、〔中〕王辉耀：《以色列谷：科技之盾炼就创新的国度》，肖晓梦译，第 22 页。

激发新科研和创新灵感的重要方式，这不是简单的见面寒暄、互递名片，而是建立在互惠互利基础上的知识与信息的交融和传播。在这一方面，以色列社会形成的崇尚科学、鼓励创新的文化和相对宽松的科研环境可谓得天独厚。很多来自企业集群内大学及科研机构的毕业生和科研人员都会选择在附近的产业园中创业，相同的背景使得他们具有天然的亲近感和极易融合的朋友圈，他们可能来自同一院系、同个实验室，甚至同个项目组等。以色列对科研人员的管理十分宽松，政府建立的许多科研机构同时服务于大学和企业，因此科研人员可以在教室、实验室和企业之间自由切换，自由安排工作。这就使得以色列大学、科研机构和企业之间的关系更密切，交流也更加容易。

总而言之，政府长期引导所形成的创业精神、大学和科研机构扎实的基础学科研究、军事技术的"外溢"、开放的国际市场入口等因素共同促成了以色列高度发达的企业集群。目前，以色列全国已形成了以海法、耶路撒冷、赫兹利亚、特拉维夫和贝尔谢巴为核心的五大技术集群（见表5-8），包含27个覆盖各行业各领域的高科技园区，极大地促进了地区性科技生态系统的形成和完善。

表5-8　以色列主要的技术集群

集群	中心	主要企业
海法集群	以色列理工学院 海法大学	马塔姆科技工业园，包括英特尔、谷歌、雅虎、NDS集团、埃尔比特系统等跨国企业的研发中心； 海法生命科学园，包括拉帕波特家族医学研究所、兰巴姆医疗卫生圆等生命科学企业和科研机构； 约克尼穆工业园，包括英特尔、松下、Given Immaging、Mellanox技术、美满技术、Lumenis等企业
耶路撒冷集群	耶路撒冷希伯来大学 耶路撒冷技术学院	IBM、亮源能源灯跨国企业的分支机构，NDS条件接收系统公司和众多初创企业
赫兹利亚集群	赫兹利亚跨学科研究中心	全国最大的技术集群，建有七个高科技工业园，包括苹果、CA、西门子、微软、RSA等跨国企业和Verint、Matrix等科技公司

集群	中心	主要企业
特拉维夫集群	特拉维夫大学 巴-伊兰大学	谷歌、Facebook 等国际企业分支机构 赖阿南纳高科技工业园，包括 Amdocs、耐斯系统等
贝尔谢巴集群	本-古里安大学 索罗卡医疗中心	德国电信、EMC、Ness、DbMotion、甲骨文、洛克希德马丁、IBM、RAD、奥科语音等

资料来源：〔以〕莱昂内尔·弗里德费尔德、〔以〕马飞聂：《以色列与中国：从丝绸之路到创新高速》，彭德智译，第 105 ~ 107 页。

第四节　孵化器与风投行业的勃兴

孵化器①这一概念最早发源于 20 世纪 50 年代末，1959 年在纽约开设的巴达维亚（Batavia）工业中心被认为是最早的企业孵化器。20 世纪 70 年代的能源危机塑造了美国的经济模式，美国政府需要改善经济状况，创造新的就业机会，逐渐认识到创建和培育新的中小型企业对市场经济的价值，孵化器这种刺激中小型企业发展的模式逐渐在美国发展起来。后来，欧洲国家也纷纷效仿。从 20 世纪 60 年代末到 80 年代末，这一时期的孵化器是一种规模经济的表现，主要作用是提供低成本的办公空间和一部分的资源共享，例如复印机、秘书服务、电话接听、会议室、停车场等。从 20 世纪 80 年代末到 90 年代初期，孵化器产业有了长足的发展，开始提供创业辅导和商业相关的知识培训。20 世纪 90 年代创业浪潮席卷全球，面对中小企业在初始阶段资金短缺、资源匮乏、市场竞争压力大等问题，孵化器又被赋予了新的使命，开始为初创企业提供外部资金，帮助初创企业得到技术和知识支持，以度过创业艰难期。这些资金一方面来自政府的投入，另一方面则来自私营部门或企业的风险投资。风险投资同样起源于 20

---

①　孵化器（Technology Incubator）本意指孵化禽蛋的专用设备，后用于商业和企业。本书中的孵化器均指企业孵化器或技术孵化器。

世纪 60 年代的美国，与传统的抵押贷款不同，风险投资不需要抵押和贷款，如果投资成功，则能赚取数倍甚至数十倍的利益回报，如果失败则自负其责。风险投资基金是一种"专家理财、集合投资、风险分散"的现代投资机制，吸纳私人或机构的资金进行统一投资。风险投资基金对科技企业的投资以资金方式进入，以"风险投资退出"① 结束，并开始进行下一轮新的投资。自 20 世纪 70 年代末以来，以色列政府已经采取了许多措施来吸引外国的风险投资，包括税收激励、刺激资本投资的政策和激励措施。如果说以色列从一而终的科研政策和完善的科研体系奠定了高科技行业的爆发式发展，那么以色列 20 世纪 90 年代初确立的孵化器计划和同时期兴起的风险投资产业则是助推高科技产业的两大支柱。

一　孵化器计划

20 世纪 80 年代末，大批俄裔犹太人移民以色列，人口激增导致社会就业饱和，再加上政治文化等因素，他们很难找到适合自己的工作，更难以融入以色列社会。在这种背景下，许多人纷纷开始创业，但由于不熟悉市场和商业化的规律，面临缺乏启动资金和商品推广途径等方面的困难。于是首席科学家办公室于 1991 年适时地推出了孵化器计划（最早建立了 6 个孵化器），希望充分利用高科技移民的技术优势，为其提供急需的资金支持和技术环境，帮助他们度过创业初期的艰难阶段，协助其完成技术理念的商业化进程。

孵化器计划极大地推进了技术移民的人力资源优势融入以色列社会和经济，其作用也从主要服务于移民而转向为全社会的初创企业提供服务。为了在有限的预算内尽可能地支持有潜力的项目，首席科学家办公室根据实际需要，主要资助环境、水资源利用、生命科学、医疗、软件、信息和通信技术

---

① "风险投资退出"指的是，当该风险投资项目发展至一定阶段时，投资者通过资本市场将所投的风险资金退出，以达成资本增值或减小损失的目的，为投资下一个项目做准备。风险投资退出的方式有三种：1. 风险企业的公开上市，其拥有的私人股权将转换为可交易转手的公共股权；2. 风险企业兼并或收购；3. 破产清算。

等领域。由于需求激增，单靠政府的投入已很难满足需求，于是首席科学家办公室顺应潮流，在21世纪初开始推进孵化器的私有化进程。孵化器的新股东包括风险投资公司、私人投资者、投资公司、高科技企业、地方当局和大学等，① 它们通过竞标可以从首席科学家办公室获得孵化器8年的特许经营权，第7年时首席科学家办公室将进行下一批特许经营权的招标。首席科学家办公室还鼓励外国实体对孵化器进行投资，这些来自私营部门富有经验的专业人员不仅能够向在孵企业提供资金，提供来自相关行业的先进技术、理念和人脉等，加快孵化速度和研发产品的市场化进程，还能帮助在孵项目产品获得国际市场的关注和认可，强化孵化器的融资能力，增加在孵项目的曝光率和成功率。另外，首席科学家办公室支持在欠发达地区建立孵化器，同时鼓励少数族裔进行创业活动，进而推动这些地区的经济发展。首席科学家办公室还为建立在欠发达地区的孵化器和在孵项目提供额外的资金支持。

　　每个孵化器都是一个独立的非营利组织。首席科学家办公室每年向每个孵化器拨付资金用于孵化器的日常运营，创业者可直接向孵化器提交项目申请。孵化器的相关管理工作由项目委员会负责，其人员组成颇为广泛，包括来自大学和学术机构的科学家、工业和高科技企业的高管或研发负责人，还有一些行业内的公众人物等。项目委员会通常要求申请的项目必须是具有创新性且知识产权归属清晰的高科技项目，最好具有较大的市场潜力和出口价值，该委员会还会结合可用资源和申请者的个人情况评估项目潜在竞争对手、所需资金等，最终形成可行性报告。通过审查的项目再上报至首席科学家办公室做最后裁定。该委员会负责项目孵化阶段的监管、引导研发和提供相关咨询。一旦项目通过了首席科学家办公室的批准，随即独立的股份有限公司会登记成立，该项目也被转入相应的孵化器进入"在孵"状态。由孵

---

① 〔以〕顾克文、〔以〕丹尼尔·罗雅区、〔中〕王辉耀：《以色列谷：科技之盾炼就创新的国度》，肖晓梦译，第94页。

化器提供需要的研发设施和场所等基础设施，并配备数名员工[①]，提供相应的行政服务（秘书、会计、法律等）、技术和业务指导、监管援助等。[②] 孵化器会全权管理在孵项目的财务，并协助其融资、制订研发计划和制作商业企划书，并设定监管和考核节点，协助其商业洽谈、市场开发、寻找合作伙伴和潜在客户等业务。孵化期一般为 2 年，生命科学类项目最长可达 3 年。"在孵化过程中，以色列政府的作用是'全面的伙伴（A Full Partner）'。在技术孵化器这一框架下，政府为孵化企业提供广泛的帮助，包括财政支持、职业指导和管理帮助。在为期 2 年的孵化过程中，初创企业逐渐站稳脚跟，这意味着被孵化项目已经将其抽象的概念转化为被证明是可行的、具有创新优势、在国际市场上有竞争力的产品。企业在科技孵化器中的经历会使其具有一种名正言顺的优势，即在 2 年孵化期满后为扩大生产、改进产品吸引更多的财政投入。"项目在孵期间不允许转让股权和期权。为保证质量，每个孵化器每年只能孵化不超过 15 个项目。政府还对成功孵化的企业进行了股权分配：创业者占 50%，孵化器占 20%，私营投资方占 20%，企业员工占 10%。[③] 这种股权分配的方式兼顾了各方利益，也调动了社会力量支持初创企业的积极性。

在孵项目的平均预算为 50 万美元，由政府提供 80%，而生物科技类的项目预算最高达 75 万美元，政府同样提供 80%。孵化器项目的主要优势体现在投资者在孵化期间能以 20% 的投资占有 50% 的股份，创业风险大多由政府承担，如果失败，不需要承担任何责任。一旦成功，首席科学家办公室仅以该项目每年销售额的 3% ~ 5% 回收初始的资金投入和利息。孵化结束后，成功的优质项目还有资格继续申请政府的其他资助，如以色列 – 美国双边工业研究与开发基金等。1995 年，以色列已拥有 26 个技术孵化器，成功

---

① 当时的孵化器为每个项目配备 3~4 名员工，每个孵化器大约有 40 名员工，且超过 70% 为来自苏联的移民。

② "Technological Incubators," Israel Innovation Authority, http://www.nbn.org.il/aliyahpedia/employment – israel/business – entrepreneurship/technological – incubators/, accessed December 4, 2017.

③ Avi Fiegenbaum, *The Take-off of Israeli High-Tech Entrepreneurship during the 1990s: A Strategic Management Research Perspective*, p. 66.

孵化了数百个初创企业，成功率约 45%。① 到 2002 年，孵化器在孵项目
200 个。10 年间有 735 个项目完成孵化，其中获得进一步投资的有 399
个，得以存活的项目有 280 个。②

2011 年，以色列的 24 个孵化器中自 2007 启动的 750 个项目完成了
63%，60% 的项目被认可为独立企业，雇用了约 2000 名员工。③ 由于生物
科技类的项目投资风险更高，资金回收周期更长，所以私营部门对生物和医
药类的投资有所下降，信息通信类投资比例大幅上升。这一年的孵化项目占
比是医疗器械占 39%、信息通信技术类占 31%、清洁技术占 14%、生物技
术和制药公司占 12%、电子工业占 4%。到 2015 年年底，以色列已有 32 个
技术孵化器。同年，以色列国家技术创新局又计划在格兰高地、阿卡和海法
建立三个新的孵化器并招标。截至 2021 年，加入以色列先进技术联盟的孵
化器数量已达 46 个。④ 1991～2012 年，孵化器项目已为 1700 多家初创企业
提供了 6500 万美元的资助，其中 1500 余家企业孵化成功。⑤ 仅 2015 年，以
色列就新增了 1400 家科技初创企业，这在很大程度上归功于孵化器的巨
大作用，反映了国家强大的创新能力。2018 年 9 月，以色列国家技术创
新局对外招标，计划在北部地区建立新的食品技术孵化器以支持相关初创
企业的建立。该孵化器在 8 年内投资超过 1 亿新谢克尔，每个项目每年可
获得 60 万新谢克尔的运营补贴，初创企业将获得 500 万新谢克尔的资助。
以色列国家技术创新局高级官员安雅·艾登（Anya Eldan）表示："技术
孵化器是以色列学术界和工业界创造价值的关键平台，它们是各个领域创

---

① Daniel Shefer and Amnon Frenkel, *An Evaluation of the Israeli Technological Incubators Program and Its Projects Final Report*, The Samuel Neaman Institute for advanced studies in Science and Technology &Technion, 2002.

② 王泽华、路娜编著《以色列科技概论与云以科技合作透视》，第 83～84 页。

③ 〔以〕顾克文、〔以〕丹尼尔·罗雅区、〔中〕王辉耀：《以色列谷：科技之盾炼就创新的国度》，肖晓梦译，第 92 页。

④ 参见以色列先进技术联盟官方网站，http://www.iati.co.il/category/30/1/incubators，访问日期：2021 年 4 月 22 日。

⑤ "Technological Incubators Program," Office of the Chief Scientist, http://www.incubators.org.il/article.aspx? id = 1703, accessed November 20, 2020.

新的关键平台。"①

值得一提的是，2002 年建立的 NGT（Next Generation Technology）孵化器具有特殊的意义，这是以色列第一家犹太－阿拉伯孵化器，主要关注医疗、制药和生物技术方面的创新，宗旨是协助尖端医疗技术和初创公司开发并创造价值、为其合作伙伴和投资者提供高回报、推动包容和多元文化合作的社会议程。② 该孵化器建立在远离特拉维夫、海法等以色列经济科研中心的拿撒勒（Nazareth）③ 地区，在这里建立孵化器的想法最初来自犹太阿拉伯经济发展中心的科研人员，他们看好阿拉伯创业者在高科技领域的潜力。④ 该孵化器除了支持初创企业，还致力于推动上述欠发达的阿拉伯人聚居区的发展，帮助阿拉伯学者融入市场，建立阿拉伯研究人员和科学家的科研技术支持体系，树立阿拉伯群体的企业家榜样，进而为阿拉伯族裔的融入服务，并宣传犹太人和阿拉伯人共处的观念。该孵化器还开创性地与三家阿拉伯研究中心合作。NGT 享有国家 2000 万美元的预算，能向每家在孵企业提供高达 60 万美元的起步资金。此外孵化器还为每个项目提供 40~80 平方米的办公室，并为其支付日常开支（包括水电、保洁、保险、食堂设备、装备齐全的会议室、秘书服务、法律和会计服务、办公用品、复印机等支出）。⑤

加速器（Accelerators）是 21 世纪后才兴起的一种新型的企业资助模式，也是以色列推进科技研发、鼓励创业的重要手段之一。加速器可以理解为孵化器的延伸和扩展。与孵化器不同，加速器通常由私人或公共机构资助，并

---

① "The Israel Innovation Authority Launches Tender to Establish New Food Tech Incubator in Northern Israel," Israel Innovation Authority, Septermber 5, 2018, https: //innovationisrael. org. il/en/news/israel - innovation - authority - launches - tender - establish - new - foodtech - incubator - northern - israel, accessed March 22, 2021.

② 可参见 NGT 孵化器官方网站，http: //www. ngt3vc. com/about - us/our - story/，访问日期：2021 年 4 月 27 日。

③ 拿撒勒是以色列最大的阿拉伯城市，不仅居民受教育程度低，而且还面临较严重的贫困问题。

④ 〔以〕顾克文、〔以〕丹尼尔·罗雅区、〔中〕王辉耀：《以色列谷：科技之盾炼就创新的国度》，肖晓梦译，第 97 页。

⑤ 〔以〕顾克文、〔以〕丹尼尔·罗雅区、〔中〕王辉耀：《以色列谷：科技之盾炼就创新的国度》，肖晓梦译，第 99 页。

非只关注生物科技、医疗等高精尖行业，还专注于更为广泛的领域，任何人都可申请。加速器旨在从企业的切实需求出发，提供定位清晰、方向明确的企业加速服务，其服务对象主要是经过初步孵化并度过初创期、在发展实践中具有独创性的科技型中小企业，为它们提供更大的研发和生产空间、更加完善的技术创新和商务服务体系，加速中小企业的发展。以色列的加速器提供涵盖面更广更个性化的资助服务，其投资主体和投资模式也更加多元化，与孵化器一起保障和推动初创企业的成长。

二　风险投资行业

早在 20 世纪 60 年代初，以色列就零星出现过私营企业投资科技研发领域的实例。1985 年，时任空军参谋长丹·托尔科斯基（Dan Tolkowsky）少将创立了以色列第一家本土风投基金——雅典娜创投（Athena Venture Partners）。20 世纪 90 年代是以色列乃至全球经济的变革时期，当时虽然有大批的流散犹太人不计回报地向以色列国家捐献大量钱款，但多数人认为慈善和投资是两码事，愿意进行行业投资的情况并不普遍。伴随着经济全球化和全民的创业热潮，以色列发现仅靠政府财政和传统的融资渠道已经无法满足越来越大的初创企业资金缺口，于是政府有意建立可持续发展的本土风投产业，首席科学家办公室在 1993 年启动了亚泽马（Yozma，希伯来语意为"创始和创业"）风险投资基金项目，即由政府出资 1 亿美元，在 3 年内通过亚泽马将资金投向10 个新的大型风险投资基金项目（见表 5－9），每个项目投资 800 万美元，另外 2000 万美元直接投向了高科技企业。每个基金项目必须由三方代表组成：以色列风投资本家、国外的风投公司和以色列投资公司或银行。起初该项目要求合作方至少先募集 1200 万美元的资金，政府跟进投资 800 万美元，后来准入标准提高至 1600 万美元。这 10 个风投资金合作方都不受现有金融机构的控制，且由以色列知名投资人和本地的管理团队负责运营，国外企业担任有限合伙人。政府仅占 40% 的股权，如果投资成功，合伙人可以优先以低价购买政府股份。到 1997 年，10 个基金项目就已全部完成了私有化。1998 年，在来自美国、欧洲和以色列的投资者的努力下，亚泽马 2 期风险投资基金项目启

动，2002 年亚泽马 3 期风险投资基金项目启动，共对 50 余家公司进行了直接
投资。亚泽马投资企业发展的过程中，重点聚焦于创业早期投资，关注了与
通信、信息技术和医疗技术领域相关的公司。投资的企业最好是具有技术深
度的实体，要求具有多重产品流，而且主要目标市场是以色列之外。最初的
投资通常在 100 万美元至 600 万美元，额外的资金留作后续投资。亚泽马可以
给企业提供商业战略制定、合作伙伴推介、联系银行投资、协助招聘高层管
理人员、协助开设国际办事处等帮助。一旦确定了潜在的投资目标，亚泽马
会对其进行审查和分析。如果具有较大技术优势和市场潜力，随即进入调查
阶段，涉及对管理、市场、商业、技术和竞争的广泛分析，亚泽马还会利用
其运营的其他公司、顾问委员会成员和技术专家来评估业务的某些方面。亚
泽马主要根据以下方面对其投资企业进行评估：（1）目标市场是否广阔，其
业务是否具备达到领先市场地位所必需的要素；（2）企业管理层是否有能力
执行其商业计划，相关负责人是否具备创业者和管理者的双重品质；（3）技
术是否具有广泛的实用性和独创性，不容易被竞争对手超越。[①]

表 5-9　亚泽马首期私有化的 10 个风险投资基金项目

名称	年份	项目初始规模（万美元）	外国有限合伙人	合伙人所属国家
Gemini	1993	2000	亚帝文	美国
Inventech	1993	2500	万·里尔集团	荷兰
JVP	1993	2000	奥克斯顿	美国
Polaris（Pitango）	1993	2000	CMS	美国
Star	1993	2000	TVM，新加坡电信	德国、新加坡
Walden	1993	2500	华登国际	美国
Eurofund	1994	2000	戴姆勒-奔驰，DEG	德国
Nitzanim	1994	2000	AVX，Kyocra	美国、日本
Medica	1995	2000	MVP	美国
Vertex	1996	2000	Vertex International	新加坡

注：项目初始规模指该项目的总体规模，其中包括亚泽马投入的每项 800 万美元。

资料来源：〔以〕莱昂内尔·弗里德费尔德、〔以〕马飞聂：《以色列与中国：从丝绸之路到创
新高速》，彭德智译，第 104 页。

---

① 可参见亚泽马官方网站，http://www.yozma.com/home/，访问日期：2020 年 12 月 5 日。

仅 1992 ~ 1993 年度，以色列的风险投资资金就激增至 1.62 亿美元，[①]到 1997 年，亚泽马在政府的资助下筹集了 2 亿多美元的资金。[②] 亚泽马项目促进了以色列政府的风险投资计划，改变了国内私募股权的投资格局，且通过政府与投资方共担风险的方式，引领和奠定了以色列风投行业的发展。到 20 世纪末 21 世纪初，以色列的风投基金数量和规模都实现了跨越式增长，风投产业也已达到世界先进水平。以色列将民间研发摆在了重要地位，为投资者营造了非常有利的环境，因此风险投资大多集中于高科技行业，且高度依赖国外的资本投入，2004 ~ 2013 年，以色列高科技行业吸引的国外风险投资占比从 55% 上升至 76%，总额也不断上升，除 2009 年和 2010 年因为受全球经济危机影响而大幅下降外，其他年份均保持增长趋势（见图 5 - 13）。2013 年之后，以色列高科技公司每年的资本筹集金额持续上升，其中大部分为国外风险投资，以色列本土的风险投资占比为 13% ~ 24%。到 2017 年，通过 620 笔交易，融资金额高达 5.24 亿美元，其中本土风险投资

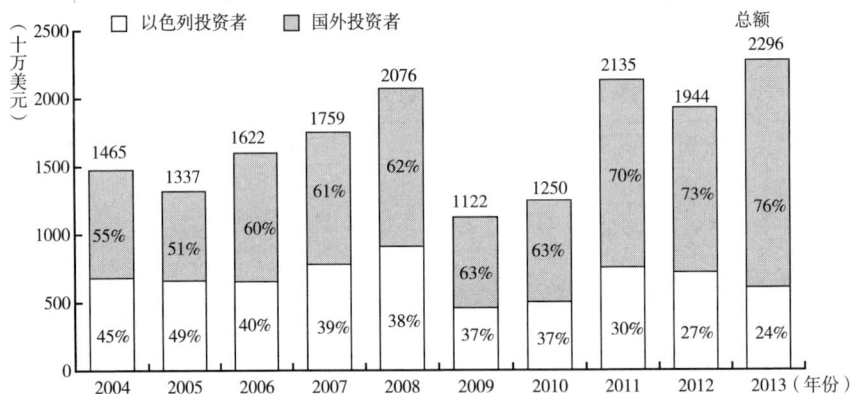

图 5 - 13　以色列投资者和国外投资者对高科技产业的
风险投资占比（2004 ~ 2013 年）

资料来源：IVC Research Center, *IVC 2014 Yearbook*, p. 405。

---

① 〔以〕莱昂内尔·弗里德费尔德等：《以色列与中国：从丝绸之路到创新高速》，彭德智译，第 103 页。

② 参见亚泽马官方网站，http://www.yozma.com/investment/，访问日期：2018 年 1 月 4 日。

占16%，2016年这一数据为13%（见图5-14）。受限于以色列狭小的市场和消费能力，以色列的创业公司多数将目标放在国外，投资者也多对创业的前端进行投资，一旦项目研发成熟，企业随即就被收购，而创业人员则进行下一轮的创业研发，这种"采樱桃"模式也是以色列风投行业的主要特点。以色列每年有几十上百家企业被国际企业收购，当然以色列的大企业也会收购心仪的国际企业（见表5-10）。

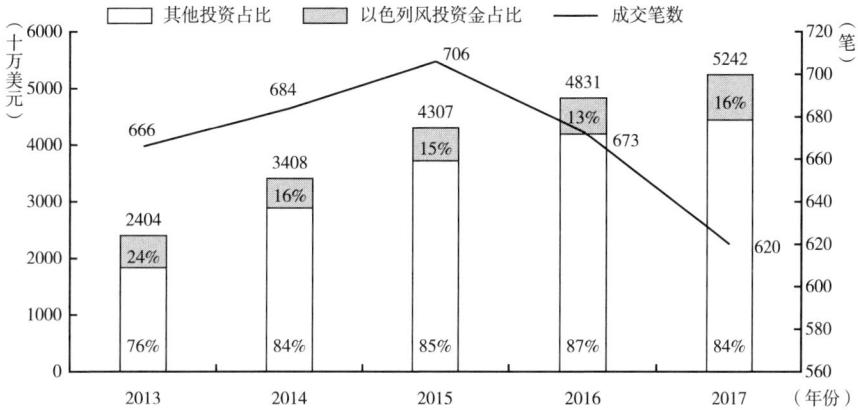

图5-14 以色列高科技公司资本筹集总量（2013~2017年）

资料来源：IVC, *Summary of Israeli High-Tech Company Capital Raising - 2017*, 2017, http：//www. ivc - online. com/Portals/0/RC/Survey/IVC _ Q4 - 17% 20Capital% 20Raising _ Survey - Final. pdf，访问日期：2021年4月22日。

表5-10 国际企业与以色列企业之间的兼并收购活动（1999~2013年）

单位：亿美元

国际企业收购以色列企业				以色列企业收购国际企业			
买方	卖方	金额	年份	买方	卖方	金额	年份
American Online	Mirabilis	4.25	1999	Eden Springs	European Mineral	1.1	2002
Intel	DSPC	16	1999	Elco	Brandt	2.25	2002
Lucent	Chromatics Networks	45	2000	Checkpoint	Zone Labs	2.05	2003
HP	Indigo	8.8	2001	Keter	Allibert	0.2	2003
Kodak	Orex	0.63	2004	Orco	Ofer Brothers	1	2005
Cisco	P-Cube	2	2004	Teva	Ivax	74	2005
BNP PARIBAS	Europe Israel(Zisser)	9.25	2004	Hardstone	Rosbud & CIH	17.3	2006
Fagor	Eloc Brandt	2	2005	Citrix	XenSource	5	2007

续表

国际企业收购以色列企业				以色列企业收购国际企业			
买方	卖方	金额	年份	买方	卖方	金额	年份
HP	Scitex	2.3	2005	Nice Systems	Actimize Ltd.	2.8	2007
eBay	Shopping. com	6.5	2005	Teva	Bentley	3.6	2008
SanDisk	M Systems	15.5	2006	Teva	Ratiopharm	50	2010
Berkshire Hathaway Cooperation	Iscar	40	2006	Teva	Theramex	3.72	2010
HP	Mercury Corporate	45	2006	Zoran	Microtune	1.66	2010
Johnson & Johnson	Omrix	4.38	2008	Teva	Taiyo	9.34	2011
PayPal	Fraud Sciences	1.69	2008				
Siemens	Solel Solar System	4.18	2009				
Sanofi	Merial(50%)	40	2009				
Essilor	Shamir Opitcal	1.3	2010				
Broadcom Corporation	Provigent	3.4	2011				
Apple	Pnobit	3.9	2012				
Broadcom Corporation	Broadlight	2.3	2012				
Covidien	Ordion System	3.46	2012				
Stratasys	Objet	6.34	2012				
Access Industries	Clal Industries	3.5	2012				
EMC	XtremlO	4.3	2012				
Cisco	Intucell	4.75	2013				

资料来源：IVC Research Center, *IVC 2012 Year Book*, 2012, https://www.yumpu.com/en/document/view/49065548/ivc-2012-yearbook-sample-only-ivc-online, 访问日期：2021年3月22日。

2006年以前，以色列的风险投资退出额一直低于投资额，2006年一举扭转颓势，当年完成退出交易57桩，金额达28亿美元（投入16亿美元）。之后的2007年和2008年风险投资退出额出现回落，低于当年风险投资额。2009~2013年的风险投资退出额稳步上升，均超过当年风险投资额（见图

5－15）。2015 年，以色列高科技行业完成退出交易 52 桩，金额高达 49.8
亿美元，① 每桩平均交易额近 9600 万美元，较过去 10 年平均值高 47%。②
2017 年退出交易 112 桩，总价值 230 亿美元。③ 纵观近 20 年以色列风险投
资情况，除去几次规模特别巨大的收购之外，风险投资基金的平均退出交易
数量和交易额逐年降低，完成退出交易的平均时间也在不断延长，在 2015
年退出时间达到 9.5 年。特别到 2017 年，战略并购和私募股权的收购交易
量都出现了不同程度的下降，④ 但每桩交易的平均价值和股本回报率反而一路
攀升。说明以色列的风投行业的发展更为理性，投资人不再急于回收资金，而
是愿意耐心等待投资的企业发展，直到成熟期足以完成更大规模的退出交易。

　　2011 年，以色列议会批准了关于个人所得税条例的修正案——《天使
法》，规定凡在 2011 年 1 月 1 日到 2015 年 12 月 31 日期间向"目标公司"⑤
进行投资的个人（非公司），都将在"受益期"（投资当年和之后的 2 年）
免除相当于投资额的应缴税款，免除的税款上限为每家公司 500 万新谢克
尔。投资者在收益期内必须持有公司的股份。⑥ 由于以色列的资本收益税率
通常为 20%～25%，有的部分甚至高达 44%，所以这一规定能为投资者减

---

①　*Geektime Annual Report*，2016，第 20 页。

②　《报告：以色列科技企业退出收益逼近最高纪录》，《以色列时报》2016 年 1 月 13 日，
http：//cn. timesofisrael. com/报告：以色列科技企业退出收益逼近最高纪录/，访问日期：2018 年 1
月 4 日。

③　2017 年退出总金额激增是因为两个超大的项目。Bobileye 被英特尔公司以 153 亿美元收购，
Nruroderm 被 Mitsubish Tanabe Pharma 公司以 11 亿美元收购。整个 2017 年的高科技领域发生兼并收
购 322 次，总计金额 210.7 亿美元。可参见 IVC Research Center，*IVC-Meitar 2017 High-Tech Exit
Report*，https：//www. ivc－online. com/Portals/0/RC/Survey/IVC_ Q4－17% 20Capital% 20Raising_
Survey－Final. pdf，访问日期：2021 年 3 月 29 日。

④　IVC Research Center，*IVC-Meitar 2017 High-Tech Exit Report*，https：//www. ivc－online. com/
Portals/0/RC/Survey/IVC_ Q4－17% 20Capital% 20Raising_ Survey－Final. pdf，accessed March 29，
2021.

⑤　《天使法》关于目标公司的规定是：①受益期至少 75% 的投资资金必须用于研发；②直到
满足上述条件前，公司总费用的 70% 必须用于研发；③受益期 75% 的研发费用必须在以色列使用；
④在投资和后续纳税年度中，公司的收入不能超过研发费用的 50%。

⑥　See Steve Kronengold，David C. Zuckerbrot and Asaf Naymark，"Israel's 'Angels Law'，"
Kronerngold Law Office，https：//www. kronengold. com/israels－angels－law/，accessed March 29，
2021.

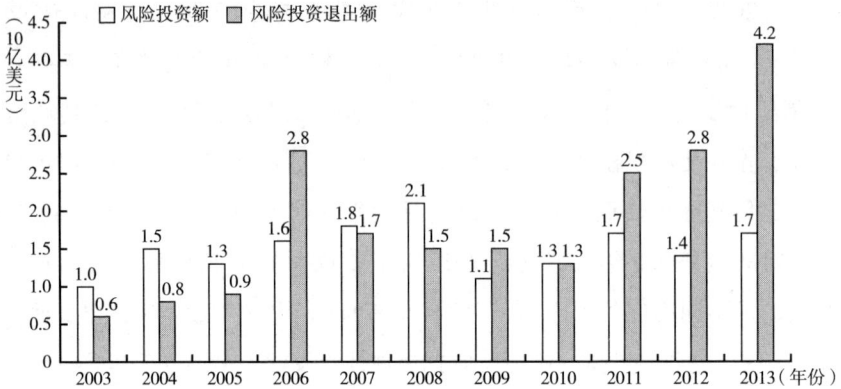

图 5 - 15　以色列风险投资额和风险投资退出额（2006～2013 年）

资料来源：IVC Center, *IVC 2014 Yearbook*, p. 402。

免不小数额的税款，进一步打消了投资者担心投资风险的顾虑，促进了以色列风投行业对企业的投资。2019 年 1 月至 2020 年 3 月，以色列共募集资金 90 亿美元，高新技术产品出口额高达 458 亿美元，高科技员工比例也首次超过总劳动力人口的 9%。①

以色列政府认准世界发展的潮流，积极引导以色列的风险投资行业，在行业形成的前期脆弱阶段积极介入，充当风险的承担者，分担私人投资者的顾虑和压力。在行业形成之际，适时退出并推进其私有化，扩大资金来源。同时大力提倡和吸引国外的投资，保障了以色列企业的国际化发展，以色列也成为全球最大的风险资本交易场所之一。以色列孵化器计划的确立和政府主导的风险投资行业的兴盛，极大地加速了以色列社会消化高科技移民并将其转化为技术优势的过程，在以色列的产业发展中扮演了重要的角色，之后对风险资本的免税和建立加速器则进一步助推了科技研发的积极性。孵化器与风险投资以培育企业为导向，不仅是投资者与创业公司之间的桥梁，而且是科研成果与市场之间的纽带。孵化器与风险投资提供的大量资金促进了科

① Israel Innovation Authority, "Innovation Report 2019," 2020, https：//innovationisrael. org. il/en/reportchapter/innovation - report - 2019, accessed May 5, 2021.

研工作的深化与完善，而且孵化器的成功运作与初创公司的出现激活了知识转移市场，也激发了科研人员的热情。因此，如果说技术转移公司是产学研之间的一个链条，那么孵化器与风险投资则是"产业链"的前端承接口，共同成为保障科技研发实用性、激发科学研究活力、为私营部门和风险投资家创造投资机会、促进少数族裔和欠发达地区研发和营造社会良好创业环境的重要手段。

第五节　科技创新的文化基因

随着以色列作为创新型国家的声誉不断提升，学术界探讨其创新文化的著述也不断出现。毫无疑问，一个社会的科技进步、创新能力深深扎根于一定的文化土壤，而这种文化特质在很大程度上是独特的，甚至是不可复制的。那么犹太文化中到底有哪些因素潜移默化地塑造了犹太人的精神品质并成为世代传承的文化基因呢？这确实是一个值得探讨的话题。

第一，坎坷的民族遭遇使犹太人形成了独特的世界观。犹太民族是一个多灾多难的民族，根深蒂固的反犹主义导致了一波又一波的反犹浪潮，被赶出巴勒斯坦的犹太人不得不散居世界各地。漫长的大流散经历造就了犹太人对周围环境的敏感意识以及对新事物的快速接受能力，也造就了他们独特的认识世界的方式。在犹太人看来，不甘现状、勇于进取的精神不仅可以改变自己的生活，而且能够改变自己所赖以生存的世界。犹太人的经典《希伯来圣经》与《塔木德》塑造了"做犹太人"的使命感与责任感，强调无论面对什么样的环境，犹太人都会承蒙上帝的恩典，成为"让上帝荣耀"的子民。以色列学者也认为："不可否认的是，这个国家里有非凡的创新者，他们不是被宗教、金钱或名望绑定在一起，而是因为渴望拯救生命、让世界变得更美好。"[1]

---

① 〔以〕阿维·尤利诗：《第二硅谷：以色列的创新力量》，张伦明译，上海交通大学出版社，2018，前言。

在犹太传统中"修复世界"（Tikkun Olam）是一个重要的思想理念，影响了一代又一代的犹太人。"Tikkun Olam"一词的宗教学词义是"恢复上帝对世界的终极统治权"①，这是圣经时代犹太人所形成的神权历史观的典型呈现。它的产生可以追溯到古老的圣经时代，《创世纪》中上帝向亚伯拉罕许诺："我必叫你成为大国。我必赐福给你，叫你的名为大，你也要叫别人得福。为你祝福的，我必赐福与他。那咒诅你的，我必咒诅他。地上的万族都要因你得福。"② 这一理念还体现在《以赛亚书》中的"我还要使你作外邦人的光，叫你施行我的救恩，直到极地"③。这些古老的经文被后世的拉比们进行了综合阐释，形成了"修复世界"的理念，强调作为犹太人的责任就是要通过集体的努力来改变这个世界，让未来更加美好。生活在8世纪的犹太先知弥迦（Micah）曾生动地描述："雅各余剩的人必在多国的民中，如从耶和华那里降下的露水，又如甘霖降在草上。不仗赖人力，也不等候世人之功。雅各余剩的人必在多国多民中，如林间百兽中的狮子，又如少壮狮子在羊群中。"④

到了18世纪，"修复世界"的概念被扩展为"犹太社团内外改善人类普遍状况的行动和价值观"⑤。20世纪上半叶，德国著名的犹太哲学家赫尔曼·科恩（Hermann Cohen）进一步阐释了《弥迦书》的观点："我们自豪地意识到这样一个事实：我们必须在列国中作为神圣的露水继续生活；我们希望留在他们中间，成为他们的一种创造力量。"⑥ 后来，在美国民权运动

---

① Jonathan Sacks, "Tikkun Olam: Orthodoxy's Responsibility to Perfect God's World," Orthodox Union Advocacy Center, December 13, 1997, https://rabbisacks.org/tikkun-olam-orthodoxys-responsibility-to-perfect-gods-world/, accessed April 29, 2021.

② 《圣经·创世纪》12: 2-3。以下引用的《圣经》经文均来自《圣经》（和合本）。

③ 《圣经·以赛亚书》49: 6。

④ 《圣经·弥迦书》5: 7-8.

⑤ Jonathan Sacks, "Tikkun Olam: Orthodoxy's Responsibility to Perfect God's World," Orthodox Union Advocacy Center, December 13, 1997, https://rabbisacks.org/tikkun-olam-orthodoxys-responsibility-to-perfect-gods-world/, accessed April 29, 2021.

⑥ 〔以〕埃里克·J. 弗里德曼：《七个中国式提问·七种犹太式回答》，王苗、刘南阳、蒋然译，南京出版社，2010，第87页。

以及南非的"反种族隔离运动"中"修复世界"被作为民众动员、道德诉求与提倡志愿服务的历史资源。对于不同的社团来说，"修复世界"被赋予不同的内涵，但有一点是共同的：强调世界的可塑性，宗教传统对当下生活的指导性，以及虔敬上帝与模范社会的关联性。①

众所周知，自19世纪以来，犹太人在科学、哲学、经济学、社会学、法律以及其他与人类社会进步相关的前沿领域里有着突出的表现，在犹太学者们看来这不是偶然的巧合，而是"修复世界"的古老理念在犹太精神中留下的印记。长期以来，它激励着犹太人在现实世界中勇于承担责任，建立公平、道德、法律完善的模范社团。有学者强调，也许正是在这一理念的影响下，许多犹太人选择"修复性"的职业，如医学、心理学、法律、教育等，并热衷于制定社会规则、商业规范、动物保护以及对公众思想的塑造等。

在以色列建国之前，流放和散居是犹太人的宿命，用乔纳森·萨克斯（Jonathan Sacks）拉比的话来说，处于"永恒的他者状态"。然而，散居也为原本封闭的文明打开了一扇窗户，使之直接面对形态各异的主体文化，不得不积极或消极地应对希腊罗马的哲学、伊斯兰教、基督教、文艺复兴、启蒙运动、现代哲学与科学，以及商业与经济的变幻莫测和朝不保夕的流浪生涯。犹太人独特的经历塑造了具有特色的犹太文化，形成了许多与众不同的思想；而犹太文化又孕育了犹太人的创新思维，对现代以色列国科技创新的理念与实践产生了深远影响。近年来不少学者试图从文化传统中寻找犹太人的创新密码，犹太人弗里德曼曾写道：

---

① 犹太人传统认为：上帝虽无形无实，却可以通过完善自我、完善家庭、完善社团、完善社会来体现"藏匿"的上帝。也就是说，个人对待其配偶、子女、父母、兄弟姐妹、邻居、雇员、社团、社会、自然环境的方式，不仅反映了他的敬虔，还有助于呈现上帝于尘间的存在。对律法与道德的追求、善行的积累、社团机制的修缮、模范社会的建构既是虔敬上帝的途径，也是在实现上帝对整个人类的期许。参见 Jonathan Sacks，"Yitro（5768）-A Holy Nation，" Orthodox Union Adrocacy Center，January 26，2008，https：//rabbisacks.org/covenant－conversation－5768－yitro－a－holy－nation/，accessed January 23，2021。

在过去的 3000 年里，犹太民族一直持续不断地对世界文明做出了令人印象深刻的文化和社会经济贡献。这与他们相对较少的人口极不相称。犹太人的贡献来源于其原创性的信仰，即犹太民族从上帝那里接受成为'外邦人的光'和改善世界的责任。古代犹太文化侧重在对《托拉》和神圣文本的研究上，这使犹太民族高度重视教育、智力和道德行为的提高。在西方启蒙运动以及延续至今思想的推动下，思想和信息的自由交流与犹太核心信仰和价值携手合作，共同造就了一代有教养、有能力、有伦理的犹太大众。今天，一个充满生机与活力的犹太民族通过对教育、奉献、和平这些古老犹太思想的践行继续着改善全人类生存条件的努力。[①]

第二，尊重教育、崇尚技术的优良传统塑造了犹太人的精神品质。教育子女是犹太人人生的一大任务，教育的内容不仅仅是学知识、明白与上帝的"立约"，还要掌握"可以立地、可以顶天"的智慧。在犹太人看来智慧是上帝与造物之间的中介。《便西拉智训》（Wisdom of ben Sirach）这样教导孩子：

> 儿呀，你在年轻的时候要学会珍惜智慧，那么当你年老的时候，便仍然能够找到她。要像农民耕种田地那样努力寻求智慧，而后你才能指望丰收。你得先工作一段时间，不过你很快就会享受到劳动成果……把智慧的锁链缠到你的脚上，把她的项圈套在你的脖子上。把她扛在你的肩膀上，不要怨恨她的羁绊。追随智慧，全心全意跟她走。[②]

这是一段关于教育的圣训，从中可以看出早期希伯来人的崇智观念。那么什么是智慧？在他们看来，像所罗门王能明白神意、决断秋毫是智慧；约

---

① 〔以〕埃里克·J. 弗里德曼：《七个中国式提问·七种犹太式回答》，王苗、刘南阳、蒋然译，第 86 页。

② 《圣经后典·便西拉智训》，张文宣译，商务印书馆，1987，第 138 页。

瑟夫精于释梦、缜密思考是智慧；大卫王出其不意、克敌制胜是智慧；而普通人的"建筑与航海术""设计能力""娴熟的手艺""灵巧的技能"也同样是智慧。《希伯来圣经》中有大量的内容涉及"百工百物""技能之术"，"社会的各行各业有木工、石匠、铜铁匠、陶工、雕刻工、硝皮匠、漂布者、纺织、纺线、绣像、酿酒、金银匠等。至于生活用品和器物、劳动的工具、交通的车船、提供原料的矿产，涉及就更为丰富了。从碗、杯、盆、桌、柜、扫帚、肥皂，一直到象牙、宝石、珍珠、翡翠，从船、锚、车、轿，一直到金、银、铜、铁、石灰、沥青，多得无从计算"。[①] 希伯来人要求儿童无论贫富贵贱、等级高低，到成年时都必须掌握技能："人有义务教会儿子一门手艺，不教儿子手艺就等于教他去做贼。有手艺的人就像有围墙的葡萄园，牲口、野兽进不来，行人也吃不到。"[②] 那些既掌握技能又学会知识的人才能走上"荣耀与赞誉的道路"。

在大流散时期，犹太人不仅追逐商业利润，而且热衷于各类技能实业，在很多方面表现出"信仰与务实的交融"。德国杰出的经济学家、社会学家维尔纳·桑巴特（Werner Sombart）在他的名著《犹太人与现代资本主义》（*Die Juden and das Wirtschaft sleben*）中也认为，犹太伦理的价值取向如虔诚与遵守、热情与率真、克制与节俭、纯洁与持重、自制与谨慎、勤奋工作与追求技术等都是对理性化人格的塑造，而这一切也正是资本主义精神的基本品质。[③] 丽莎·凯斯特（Lisa A. Keister）在《信仰与金钱：宗教如何促成财富与贫穷》（*Faith and Money：How Religion Contributes to Wealth and Poverty*）中也反复强调：犹太传统赋予了犹太个体某些特点，比如强烈的自信心、对于学习的热爱、对于神的敬畏、强烈的社群归属感等，正是这些特点造就了犹太民族不安于现状、获得竞争优势的天然禀赋。[④]

---

① 陈超南：《犹太的技艺》，上海三联书店，1996，第4页。

② 〔美〕亚伯拉罕·柯恩：《大众塔木德》，盖逊译，山东大学出版社，1998，第221页。

③ 参见李晔梦《探寻资本主义精神的犹太渊源——对桑巴特〈犹太人与现代资本主义〉的解读》，《世界历史》2017年第3期。

④ Lisa A. Keister, *Faith and Money：How Religion Contributes to Wealth and Poverty*, Cambridge Shire：Cambridge University Press，2011.

以色列科研体系的演变

重视科学与技术教育一直是以色列基础教育的一个特色。长期以来，以色列把科学技术教育作为国民教育的基本内容，从小学阶段就开设科学与技术课程，科学教育的目的主要是向孩子传授科学的概念、基本的科学原理、物质世界及大自然的构成，培养学生发现问题、解决问题的思维方式；技术教育主要是发现、培养孩子的兴趣，鼓励孩子有自己的爱好，锻炼其动手能力。到了初中阶段，科学与技术教育的内容在小学课程的基础上进一步扩展为八大主题：物质世界的构成、能量的来源及相互作用、技术与产品、信息知识、地球与宇宙、生物现象、生态循环、科学与技术系统。上述内容分为核心课程（必修）与选修课程，形成了覆盖面很广的结构性课程板块。中学高年级的劳动教育分农业技术教育与工业技术教育两种，学生根据自己的兴趣必须学习一门技艺。20 世纪 50 年代末在以色列兴起了科学课程改革运动，强调实践教学环节。总之，对教育、科学的推崇在以色列早已形成一种风尚，并产生了巨大的社会效益，培育科学精神、追求科技前沿成了以色列人的一贯追求，正如佩雷斯所说的：

> 科技代表着我们共同的未来。尽管自然资源匮乏，以色列丰富的人力资源，通过他们的创新、远见、创造和勇气，使我们在新的科学时代站在了全球的前沿。今天播种的这些种子，明天将成为伟大的发现，把世界变得更加美好。[①]

第三，标新立异、挑战常规的文化传统影响了犹太人的思维方式。犹太人思维方式最大的特点是其求异性，它作为犹太教的基本精神和追求蕴含在教义、律法与行为规范之中。《希伯来圣经》中最能体现求异性的是"选民观"，相信上帝把犹太人从万民中挑选出来，使之成为一个神圣的民族。犹太教的"选民观"突出表达了这个民族的与众不同，也使求异性成为犹太

[①] 〔以〕阿姆农·弗伦克尔、〔以〕什洛莫·迈特尔、〔以〕伊拉娜·德巴尔：《创新的基石：从以色列理工学院到创新之国》，庄士超译，扉页。

文化的底色。①

犹太经典《塔木德》中包含大量教导犹太人敢于打破常规的内容。自古以来，犹太文化就鼓励人们勇于"挑战被接受的观念"。正如犹太格言所说的"一切都太正确时，一定有什么不正常"，"自己不去思考和判断，就是把自己的脑袋交给了别人去看管"。《塔木德》也以大量的案例告诉人们，谁也不敢妄称自己发现了上帝的声音，世界上没有终极真理的存在，因此当摩西恳求上帝将教义和律法中每个问题的终极真理赐给人们时，上帝的回答是：教义和律法中没有先期存在的终极真理。《塔木德》的最大特征就是一本"开放的智慧书"，其中常常罗列各种不同的观点，让人们去争论、去探讨，去发表自己的观点。当人们争执不下请求上帝做出判断的时候，上帝的反应是哈哈大笑，他没有答案，只是说"孩子们胜了我"。这样一位开心明知、鼓励争论的上帝就是智慧的化身，也正是这样一种来自圣典的传统养成了犹太人能够打破常规、乐于求新求异的禀赋，从而形成了"十个犹太人有十二种观点"的文化现象。《塔木德》作为几百年以来拉比之间关于犹太律法公开讨论的集大成之作，也是犹太智慧、犹太思想的集中呈现，它不仅影响了犹太人的宗教信仰，也塑造了以色列这个国家的民族精神。②

鼓励争论、反对盲从是犹太传统的又一体现。在犹太人心目中上帝用基于完全平等的观念来塑造和要求"人"，人与人之间虽然存在着智力、职位、出身、遗传、财产、品质、贫富等差异，但在本体上都是平等的生灵，任何人不得凌驾于他人之上，用一位拉比的话来说："谁也不准凌驾于法律之上——不管他堪配托拉之冠、祭司之冠或国王之冠，因为所有的人都是平等的，都平等地受到律法制约，上帝是根据'法度'缔造了世界，上帝本身不也受到法度制约吗？"③ 在今天，以色列人没有严格的等级观念，人们可以随意发表自己的观点。在高科技企业的头脑风暴会上，每个人都会声嘶力竭地捍卫自己的观点，旁观者无法分辨出谁是首席执行官，谁是基层管理

①　参见傅有德《论犹太人的尚异性》，《世界宗教文化》2010 年第 2 期。

②　参见张倩红、艾仁贵《犹太文化》，人民出版社，2013，绪论第 13 页。

③　转引自林太、张毛毛编译《犹太人与世界文化》，上海三联书店，1993，第 274 页。

者。以色列教育也不是一味鼓励"乖孩子"，而是要培养有想法、能思考、会辩论的孩子。以色列作家阿莫斯·奥兹（Amos Oz）也指出，犹太文化始终是"一种怀疑和争辩的文化，一种解释、反解释、重新解释、反对性解释的开放式自由问答游戏。从犹太文明开始存在的那一刻起，它就是一种善辩的充满争论的文明"①。

第四，犹太复国主义者"以质量胜数量"的历史遗产主导了社会的精神潮流，也催生了科学精神。犹太复国主义运动由少数知识分子的济世之道成为主流的民族理想，从早期移民荒野垦殖到沙漠绿洲的出现，从《贝尔福宣言》的发表到联合国分治决议的通过，一个个历史奇迹的出现使犹太人越来越相信人的能动性可以改变历史。正如本－古里安所说的："上帝降临于犹太民族的悲剧堪称无可比拟，但我们的胜利与辉煌也超过了世代梦想，如果让我用最简单的语言描述犹太历史的基本内容，我就用这几个字：'以质量胜过数量'。"佩雷斯也曾说：

> 我们唯一能够自由支配的资本就是人。这片不毛之地，不会折服于金融发展，而只会折服于索求甚少、勇于开拓的人们，他们创造了新的生活方式：基布兹、莫沙夫，建立了城镇和定居点。他们开凿挖掘，辛勤劳动，对自身的要求近于苛刻；但是，他们也憧憬着、开创着……这是一个有理想、有知识的民族，然而，他们宁愿用自己的双手耕耘这片土地。当发现土地贫瘠、水源不足时，他们转向了科技与创造……以色列唯一的选择就是创造性地追求质量。②

以色列建国后，犹太复国主义成为主流意识形态，民族理想、集体主义、艰苦奋斗成为以色列的主导性精神潮流，在建设国家的热潮中，尊重教

---

① 〔美〕丹·赛诺、〔以〕索尔·辛格：《创业的国度：以色列经济奇迹的启示》，王跃红、韩君宜译，第 52 页。

② 〔美〕丹·赛诺、〔以〕索尔·辛格：《创业的国度：以色列经济奇迹的启示》，王跃红、韩君宜译，序言第 4～5 页。

育、崇尚科学成为全社会的共识，也为科教事业的长足发展提供了重要条件。以色列学者莱昂内尔·弗里德费尔德就此写道：

> 这种勇于拼搏、在逆境中求生存的精神，铸造了以色列人民的思维方式。今天以色列的创新能力和技术如此发达，根源在于建国初期的艰苦奋斗。那时候，国家的成败取决于能否找到创新方式以尽可能低的代价解决问题。"ein Breira"成为全国性口号——"我们必须成功，别无选择"。无论国家和人民都没有丰富的财政资源。以色列就像一个大熔炉，不论思想、背景、语言和教育水平，将所有人都融合其中，孕育出一个歌颂企业家精神，信奉"创业才有活路"的新社会。这种思维方式使以色列人民能够依靠自己的创新思想和企业家改变世界。
>
> 在今天的科技创新的舞台上，以色列之所以取得举世瞩目的突出成就，靠的是以色列人永不放弃的精神。打破常规并不是以色列人的口头禅，而是铭刻在他们脑海中的信念。他们相信，只有打破常规，才能找到处理问题的创新方法，得到最具成本效益的结果。[①]

第五，忧患意识与生存压力成为科技事业的内生动力。在漫长的流散年代中所遭遇的无尽苦难强化了犹太人的危机感。纳粹屠犹是人类历史上惨绝人寰的一幕，成为犹太人世世代代不能忘怀的反面教材。这些惨痛经历在犹太民族心理上留下了难以抹去的阴影，并使犹太人产生了对外部的极大的不信任感。一部犹太民族史，也是一部犹太民族遭受围困、攻击并进行抗击、防卫的历史。被包围的恐惧感、对威胁的高度敏感及未雨绸缪的防范心理构成了犹太人以创新超越对手、维护安全的心智模式。"除了发展别无选择"，"要么创造奇迹，要么走向地狱"成了犹太人的生存逻辑。[②] 1948 年建国的以色列被称作"从大屠杀的灰烬中锤炼而出的金凤凰"。对于犹太人来说，

---

① 〔以〕莱昂内尔·弗里德费尔德、〔以〕马飞聂：《以色列与中国：从丝绸之路到创新高速》，彭德智译，第 110 页。

② 潘光、汪舒明编著《以色列：一个国家的创新成功之路》，上海交通大学出版社，2018，第 4 页。

短暂的欣喜过后是生死存亡的压力考验。十分恶劣的自然条件、复杂的地缘环境与来自阿拉伯世界的敌对情绪，使以色列确定了"先发制人"的军事战略。第一次中东战争的事实使他们更加明确了技术对于军队之重要、军队对于国家生存之重要。因此技术研发、科技进步不是锦上添花，更不是花拳绣腿，而是一个民族的生存战略、一个国家的生存之道。以色列军人自入伍之日起，就要不断接受民族苦难史教育，通过马萨达宣誓、哭墙行礼、参观大屠杀纪念馆及以色列建国以来重要战役的遗址等活动体会以色列所承受的生存压力，充分认识以色列的"绝对劣势"，激发以质取胜的国家安全意识。

第六，以色列社会的多元化为科研事业的发展营造了良好的文化环境。以色列把犹太复国主义、平等主义奉为建国的基本原则，把西方的三权分立作为民族国家的基点。建国以来，随着政治体制的逐步确立，国家治理体系日益完善，个性独立、人人平等、团结互助、兼容并存、不拘小节等品质成为主要的文化导向。以色列社会崇尚人际交往的简单化、社会模式的扁平化，而且鼓励尝试、支持创新、宽容失败。在这个多元化的社会里，改变与创新成为常态，失败的经历往往被看作更加接近成功的磨炼与考验。① 以色列驻沪前总领事安迈凯（Amikam Levy）在一次接受中国记者的采访中说道："失败并不可怕，接受失败是成功的开始，你会发觉世界上成功的案例其实非常少，失败的案例会比较多，你能够从失败中学到很多新的东西。我每天也会犯很多错误，没有一个人是完美的，我要做的就是不重复相同的错误。我每天花很多时间思考如何避免相同的错误。"② 一些学者在对世界范围内的创新经济体进行比较与分析的过程中，认为以色列与冰岛是"最包容失败的国家"。贯穿于犹太文化传统中的上述理念对以色列民族精神的塑造起到了不可忽视的作用。

第七，创新型理念的塑造贯穿于以色列人才培养的全过程。学校教育是培

---

① 犹太人有一句古老的谚语："一个义人失败七次，他还会重新开始。"
② 赵墨、赵磊：《犹太人是如何思考的》，九州出版社，2019，第 113 页。

育社会文化的主阵地，以色列的各级各类学校秉持了追求变革、鼓励求新的教育理念。在基础教育环节，以色列人把崇尚个性、鼓励创造作为基本的教育理念，从小就要求孩子学会提问与表达、善于逆向思考、展示自己的创造力，并培养孩子延后享受的观念。通过各种方式培养孩子的个性，激发他们的成功动机。对于那些有特殊天分的儿童要纳入英才教育体系，以鼓励其特殊发展，这种制度在以色列被称作天才儿童培养制度（Education for Gifted Children）①。

以色列的英才教育开始于 20 世纪 50 年代末，第一个天才儿童培养项目始于 1958 年，由一些大学教授提出，目的是对儿童进行有选择的个性化培养。这种教育方式在起步阶段也遭到了方方面面的批评，被认为有悖于教育公平，但还是坚持了下来。1971 年，以色列教育文化部部长就教育预算问题给内阁的陈述中提出教育公平与个性化教育并未悖逆，教育部的职责就是"为每一个孩子提供适合他自己的教育内容"。1973 年以色列教育文化部设立了专门的"天才儿童教育局"，并建立了第一个"天才儿童培养学校"，在全国推行英才教育计划。到 1985 年，英才教育已遍及以色列的大小城镇。在以色列，创新创业教育在中学阶段已经开展，"年轻企业家"已成为中学的一门课程，要求学生独立设计一套自主创业的思路与方案，其目的就是培养孩子的行业观念与企业家精神。

在高等教育阶段，以色列的开放大学、地区学院及技术学院全面推进创新创业教育，强化对各类通用技术的培训，同时不断更新有关高科技内容的普及教育。以色列的高科技行业每年新增 7000 ~ 8000 个工作岗位，很多学院类毕业生进入这些新岗位，也有很多人直接创业。以色列的研究型大学为了适应社会需求与国家发展趋势，不断增加实践性教学环境，强化创新创业教育，每所大学都有特色的创业课程与创业体验，对于有意向创业的学生，学校提供资金支持与成果孵化。以色列的大学教育在注重基础科学教育和科研的基础上，尤其提倡跨学科、跨领域合作，重视培养学生的开创性思维与实践方法。以色列的教育行政部门还出资设立各种学生项目，鼓励来自不同

---

①　在班里名列前茅的3%天才儿童通过资格考试之后可参加全日制专业学校或校外学习班的深造课程（Enrichment Programs）学习。天才儿童课堂的特色表现在学习水平高，学习内容深，课堂教学不仅侧重于传授知识和理解，而且还强调学生要把掌握的概念应用于其他学科。

学校的学生组成临时团队，从事各类实践教学。如植物观察、环境保护、企业走访、技术创新实验等。2018 年，以色列高等教育委员会推出"新大学愿景"（New Campus Vision）项目，预计投入 2770 万美元在 10 所大学推进创新创业教育五年计划，旨在打破所有学科之间以及学生与教工之间的壁垒，使来自各个学科的教师和学生能够领略创新创业的最新领域，并促进学生和研究人员之间的跨学科头脑风暴及实际性协作。[1]

以色列主要大学都着力打造自己的创新创业特色项目。以以色列理工学院为例，学校组织在校学生参与各种科技类项目（参与项目的时间甚至大于基础课程学习的时间），接触各领域最尖端的技术，引导学生思考并从事进一步的科学研究，开发学生选题和分析问题的能力。同时学校与企业联合进行项目实践，让学生提前了解创业的全过程，鼓励学生将所学知识运用到实践中去，鼓励创业。以色列理工学院针对不同阶段创业者的培训课程见表5－11。

表 5－11　以色列理工学院针对不同阶段创业者的培训课程

	预备阶段	初学阶段	调研阶段	创立企业
学术课程	·嘉宾讲座(必修课程) ·为第四个年度项目提供建议	·17 门学术课程 ·StarUP MBA ·零起点倡议	·创业辅修	·顶点课程
课外活动	·梦工厂 ·职业生涯管理:新一代工程师	·eClub 与公开活动, ·3DS, ·主题研讨 ·内容体系	·BizTEC ·咨询会议 ·卡普兰奖	·通向生态系统的桥梁,即与网络和专业的 TFL 联结,开展研讨

资料来源：Rafi Nave, "The Technion Entrepreneurship Center," Bronica Entrepreneurship Center, April 2015, http://liee.ntua.gr/wp - content/uploads/2015/05/The - Entrepreneurship - Center_visits.pdf；转引艾仁贵、闫涛《以色列一流大学的创新创业教育》，载张倩红主编《以色列蓝皮书：以色列发展报告（2020）》，第 291 页。

---

[1]　"Startup Nation to Revitalize Entrepreneurship, Innovation on University Campuses," *Jewish News Syndicate*, July 16, 2019, https://www.jns.org/startup - nation - to - revitalize - entrepreneurship - innovation - on - university - campuses/, accessed May 1, 2021.

以色列理工学院还设有"Technion-for-Life"非营利加速器，协助学生进行科学研究，提升学生的创业精神和社会责任感。希伯来大学要求创新创业教育的全覆盖，学校设置了40多门创新创业课程，如以色列技术、跨文化创新、创业融资、组织中的创造力和创新等。针对不同群体，还开设线上线下课程。开放性企业创意工作室项目（Open Venture Creative Studio）是希伯来大学的创业加速项目，给学生提供不同阶段的创业指导，包括市场调研、商业模式规划、产品开发、营销流程、融资、管理和展示等。同时，工作室组织研讨会，聘请业界专家对学生进行实践指导，分享企业经验，并向业界推广学生创业项目。希伯来大学创新创业中心还开设跨学科创新项目（The Trans-disciplinary Innovation Program），该项目为期四周，利用暑期招收国际学生，推广希伯来大学创新创业项目，分享其创新创业课程。[①] 特拉维夫创新创业中心 StarTAU 成立于2009年，旨在激发学生的创业热情，并在学校与实业之间搭建桥梁。每年5月学校都会举行隆重的"创新日"活动，邀请国际知名的创业成功人士分享经验、创业竞赛及项目路演，成为以色列创新创业界的一项盛会。

以色列大学坚持不懈地开展创新创业教育，取得了丰硕的成果。2013年麻省理工学院进行的关于高校创新创业的调查显示，以色列理工学院在世界高校创新创业方面排第6名，第1名和第2名分别是麻省理工学院和斯坦福大学；就国别而言，以色列在创新创业领域排第3名，仅次于美国和英国。[②] 根据创投数据库 Pitchbook 公布的2020年全球培养企业家和创业者的顶尖大学排行榜，特拉维夫大学连续3年排第8名，有创始人807人、创始公司673家；以色列理工学院排第12名，有创始人602名、创始公司509

---

① 参见希伯来大学创新创业中心官方网站，https：//www.hujiinnovate.org/programs，访问日期：2021年1月8日。

② Danielle Ziri，"Technion Named 6th in World for Entrepreneurship，Innovation，" *The Times of Israel*，April 7，2013，https：//www.jpost.com/national－news/technion－ranks－6th－in－entrepreneurship－innovation－308992，accessed February 2，2021.

家；希伯来大学排第 32 名，有创始人 401 名、创始公司 353 家。① 以色列总统鲁文·里夫林（Reuven Rivlin）曾说：

> 犹太人民能够在数世纪的流离失所和苦难中得以生存，是植根于对年轻一代教育的坚定承诺，它确保了我们的文化传承。这一点，再加上在不断变化的、困难的环境中生存的必要技能的发展，赋予了我们以创造和创新的方法，从而让以色列成为了众所周知的"创新之国"。②

第八，军队成为塑造创新文化的摇篮。谈到以色列的创新人才培养还有一个不可忽略的方面是军营生活。对这个全民皆兵的国家来说，以色列国防军的构成有其特别之处：在常备军以外，还保留预备役制度，后者作为前者的附属，必要时紧急动员，补充常备军（有学者认为以色列很有可能是当今世界唯一保持大规模预备役的国家）。以色列的预备役制度还是国家创新的催化剂。兵役制度对以色列社会最大的影响有两点。第一，打破了固化的社会层级，以能力与素养来区分军官与士兵，在预备役部队时常出现公司职员指挥董事会成员、大学生指挥教授的现象。第二，国防军的编制特点是高级军官数量少，基层作战部队被赋予了更多的权力。所流行的"任务式指挥"即高级军官随时下达作战任务，但具体的作战策略交由基层部队负责，即便是典型的"冒险性战术"也常常被付诸实施。军事历史学家爱德华·勒特韦克（Edward Luttwak）是研究世界军队人员结构的专家，他的调查发现以色列军队金字塔最上面一层非常窄，高级别长官屈指可数，而副官或者助理人员的数量却很多。美国军队中高级军官占整个作战部队的比例为1/5，

---

① Shoshanna Solomon, "4 Israeli Universities Named among Top 50 Producers of Entrepreneurs," *The Times of Israel*, September 29, 2020, https://www.timesofisrael.com/4 – israeli – universities – named – among – top – 50 – producers – of – entrepreneurs/, accessed January 1, 2021.

② 〔以〕丹·拉维夫、〔以〕尼西姆·米沙尔：《打破常规的犹太人》，安小艺、施冬健编译，清华大学出版社，2020，"以色列总统致辞"。

而这个比例在以色列国防军中仅为 1/9。① 由于等级模糊、职责分立的传统，下级军官对上级军官可以直呼其名，平等对话，以"擅长的领域"作为区分士官的最重要的标准，优秀的年轻人往往会被挑选至以色列国防军的精英部门，接受最具挑战性的工作，以色列军队在组织结构上体现出了明显的权力下放观念。正如丹·塞诺和索尔·辛格所说：

> 以色列国防军中无等级之分的做法渗透并现实地影响着普通人的生活，这种影响甚至会打破普通民众中的等级概念。教授会尊重自己的学生，老板会敬重自己的高级文员……每个以色列人都有几个来自"预备役"的朋友，他们或许在正常的社会交往中不会有任何联系，但他们曾经一同睡在露天的木屋或者帐篷里，一起吃过无味的军队食物，常常几天不洗澡，一群社会背景各不相同的人平等地聚在一起。以色列还是阶级差异最小的国家，在这方面预备役制度功不可没。②

综上所述，"当一种文化与高能量的教育、努力工作、慈善捐赠和志愿服务相结合时，就无法阻止人类所能企及的无穷力量"③。犹太民族是一个具有文化传统的民族，文化基因是以色列创新品质的精神源泉。"以色列人随着外部环境不断迁徙而获得的反应和适应能力是非同寻常的……以色列对东西方两种文化的传承使得民族的集体潜意识中形成了有助于经济成功的性格特征、思维和组织方式。"④ 正如阿维·尤利诗所描述的那样：

> 以色列是一个拥有犹太教灵魂的国家，一个犹太先知的传统——无论有意识还是无意识地——创造了一种卓越文化的创新文化，在很大程

---

① 〔美〕丹·赛诺、〔以〕索尔·辛格：《以色列军队的反权威创新》，《领导文萃》2011 年第 7 期。

② 〔美〕丹·赛诺、〔以〕索尔·辛格：《创业的国度：以色列经济奇迹的启示》，王跃红、韩君宜译，第 52 页。

③ 〔以〕阿维·尤利诗：《第二硅谷：以色列的创新力量》，张伦明译，第 206 页。

④ 〔以〕顾克文、〔以〕丹尼尔·罗雅区、〔中〕王辉耀：《以色列谷：科技之盾炼就创新的国度》，肖晓梦译，第 41～42 页。

度上引导着这个国家的人去解决一些世界上最棘手的问题。

……

以色列的创新成功源自多种因素，其中之一是它创造了一种文化——鼓励其国民挑战权威，提出新的问题，以及蔑视成规。诸如胆大妄为、义务兵役制、知名学府、充满智慧的大政府、自然资源匮乏及多元化等因素汇聚而成的民族特性，可以解释以色列这样一个弹丸之国，是如何成为科技强国的。[①]

---

① 〔以〕阿维·尤利诗：《第二硅谷：以色列的创新力量》，张伦明译，前言，第5页。

第六章　科研事业与民族国家建构

技术是衡量经济效率的重要指标和要素之一，其进步是建立在强大科学能力上的，两者相辅相成。科研体系不仅是一个国家科技活动的组成部分，更是技术水平高低的重要外在表现。国际经验表明，研发投入与产出、研发收益与外溢效应直接影响着科技水平与经济发展。国际学术界对于研发活动的研究始于 20 世纪上半叶美籍奥地利政治经济学家约瑟夫·熊彼特（Joseph Alois Schumpeter），后来被当代美国经济学家保罗·罗默（Paul M. Romer）等人进一步发展，罗默重点研究了研发与经济增长理论的融合性。学者们认为，研发活动贡献于经济增长的基本逻辑是：研发活动按照一定的步骤不断地进行，逐渐地积累知识。随着这一过程的发展，知识逐渐被物化到物理设备和人力资本之中，然后内化到经济系统要素之中，形成了新的技术元素。这些新的技术元素随着经济发展被不断地调整和改进，从而推动技术进步，进而促进了经济的持续发展。企业的研发活动一方面直接导致新知识的出现，另一方面增强了企业对外界已有知识存量和技术的吸收与模仿能力。

20 世纪中叶以前，世界经济和技术的中心一直在欧洲和美国。第一次工业革命使英国成为当时的世界中心，美国在 18 世纪中后期紧随其后，德国建立起世界上最早的现代研究型大学体系。20 世纪中后期以来，日本、韩国、瑞典等国也势头迅猛，各领风骚。纵观这些发达国家的科技发展轨迹，其基本模式有许多共通之处，以大学和政府实验室为主导的科学力量在技术进步中扮演极其重要的角色，由政府提供大量的资金支持，大学偏重于发展基础学科，而实验室则更专注于较细化的应用研究，共同激励和促进了技术进步。这一点在美国和欧洲国家体现得极为明显，这些国家的大学和实验室不管从数量上还是质量上都领先世界，同时还得益于它们在经济体量、国土、资源和市场等方面的优势，共同促进了科技力量的发展。后来居上的日本、韩国、瑞典等国虽重视科研，但受制于规模、市场等缺陷，只好以出口为导向，将发展密集型技术产业作为切入点，充分推进技术的成熟度和稳定性。不仅如此，军事工业几乎是所有国家最关心的重点领域，技术由军工领域大量惠及民用，推动民用技术的腾飞。以色列与上述国家一样，就其科技发展的路径与模式而言，有很多相通之处，900多万人口的小国却拥有多所高水平大学和大量科研机构，长期坚持以出口为导向的发展策略，同时军工研发得到高度重视，对民用领域的外溢效应尤为明显。

与其他国家相比，"以色列模式"确实具有独特之处。首先，特殊的民族境遇使科技研发被赋予浓厚的意识形态色彩，犹太人把科学技术的进步赋予了承载民族国家建设的特殊使命。在这一理念影响之下，一方面以色列政府不仅从政策和资金上保障和推动科学研究，更是直接参与研发全程，并且勇于为企业分担风险，鼓励新成果的转化与新企业的成长。另一方面，其科研管理机构随着经济社会形势的变化而适时调整。从这个角度来说，以色列科研体系的演变不仅是以色列国家科学技术发展史的重要组成部分，也是经济社会发展的重要表象，可以从不同的视角和独特的观测点来回放以色列民族国家建构历程中一幕幕不同寻常的历史场景。

其次，首席科学家制度在发达国家，甚至一些发展中国家并不少见，但像以色列这样从体制建立、制度引导、资金拨付到成果转移全程充分体现国家意志与政府导向的并不多见。而且以色列的首席科学家制度由熟悉专业领域的学者参与管理，避免了"外行管内行"情况的出现，在很大程度上保障了投入资金的利用率和科技研发的自主性。

最后，在整个科研体系中，军工研发的持续主导地位也是以色列的特点之一。大多数发达国家同时亦具备强劲的军事实力，先进的技术也得益于军事需求，但随着第二次世界大战结束后世界局势逐渐平稳，很多国家的研发重心开始从军用往民用转移。"分析美国的经验表明：军事研发项目是开发一种完全新的共性技术，而不是像以前那样绝对地集中于采购军方想要的特定的优质硬件设备时，就可以让民用技术受益，美国的军事努力已逐渐地从前者向后者转化。"① 日本在第二次世界大战结束后很长一段时间内不被允许发展军事，使其集中所有力量发展民用技术，获得了举世瞩目的成就。但以色列自建国后始终处于复杂的地缘政治之中，五次中东战争使以色列更加意识到军事水平是其生存之本，因此军工研发一直是以色列科研体系以及国际合作的重点。在美苏冷战的大背景下，受美国支持的以色列的军事工业及其表现力也成为美苏角逐的焦点。21 世纪以来，以色列的周边环境依然复杂多变，叙利亚战争、伊核危机都对以色列形成很大的压力。因此，其军民融合的趋势虽然明显，但军工研发的主导地位短期内不会改变。

　　总之，以色列的科研体系在 70 多年间的形成与演变，不仅反映了国家科学技术的基本脉络，也折射出国家产业政策与宏观经济发展的波浪式前行轨迹。以色列的研发活动无疑助推了科技事业的发展，提升了经济发展中的科技贡献率，实现了研发活动与产业布局的融合进步，在很大程度上塑造了国家的创新竞争力。探讨研发体系的"以色列模式"可以为包括中国在内的正在实施创新驱动战略的发展中国家提供借鉴，其中不乏成功的经验，当然也有不足之处。

第一节　科技事业承载国家意志

　　犹太人移民巴勒斯坦是在一种特定的历史条件下发生的，很多人是迫于反犹主义的压力，又受到犹太复国主义者的号召，从世界各地来到巴勒

① 〔美〕理查德·R. 尼尔森编著《国家（地区）创新体系：比较分析》，曾国屏、刘小玲、王程韡、李红林等译，第 646 页。

斯坦。但是巴勒斯坦的现实状况使他们感受到了理想与现实之间的矛盾，尤其是那些来自欧洲国家的犹太知识分子，一方面希望传承欧洲的学术标准，以科学的态度推进巴勒斯坦的学术事业，但另一方面又迫切需要塑造一种新的话语体系与民族认同，因而产生了学术理性与民族情感的交集与交锋，而且后者往往占据上风。犹太学者高度强调民族与土地的联系，否定流散生活，刻意在古代的犹太民族国家与现代民族复兴之间树立起一种联系的象征，从而形成了"巴勒斯坦中心"（Palestino-centric）史观。① 对于自然科学研究者而言，虽然没有像人文学科那样在过去与现在之间形成巨大的张力，但建立民族国家的强烈愿望使科学研究也承载了浓厚的意识形态色彩。

伊休夫的科研工作没有国家政权的强力推动，但在犹太复国主义领导者们的思想观念中，犹太人的科研活动被看作征服自然的斗争、与阿拉伯人的生存博弈，学术常常被赋予民族特征与政治化色彩。② 他们把科学理念融合于自己的建国理想之中，把技术进步看作实现民族梦想的保障与工具，坚信"科学能够在民族家园的建设中起到至关重要的作用，使巴勒斯坦的土地再次肥沃多产"③。伊休夫的科学研究实际上是围绕两个核心而开展：一是以现实中的"土地"为核心，如土壤、水资源、气候、动植物生命、地理及地质、灾害与疾病；二是以建构观念中的"圣地"为核心，涉及《圣经》考古、人类学探源、希伯来语复活、犹太历史研究等。整体看来，"以色列科研创新体系的特点在很大程度上源于以色列所处的周边环境，以及影响20世纪前10年犹太人向巴勒斯坦移民的各种力量。特别是犹太人的学术传统、建立一个现代化国家的决心以及犹太复国主义意识形态作为主要的驱动力，为现代科学研究、技术发展、新一代科学家的培养奠定了功能化和建制

---

① Yael Zerubavel, "Transhistorical Encounters in the Land of Israel: On Symbolic Bridges, National Memory, and the Literary Imagination," *Jewish Social Studies*, Vol. 11, No. 3, 2005, pp. 115 – 140.

② 犹太复国主义者的这些观点即便在以色列社会、在犹太世界也遭到了一些人的批评与驳斥，他们强调过度的民族主义情节必然会导致人为的学术政治化，从而影响学术理性与学术公正。

③ Eran Leck, Guillermo A. Lemarchand and April Tash, eds., *Mapping Research and Innovation in the State of Israel*, p. 4.

化的基础"①。

一方面,科研体系的发展为经济发展提供必要的技术基础;另一方面,而国家的发展又对科研工作提出新需求,并提供条件支撑。从建国初期到20世纪60年代末,在国内经济十分困难的情况下,以色列的科技事业开始布局,民用研发方面基本延续了伊休夫时期的态势,以农业、土壤、水资源为核心延伸到整个农业工程、植物保护、动物保护、环境控制等,在以色列大学里进一步完善基础研究布局。这一阶段以色列经历了三次战争:1948年独立战争、1956年的苏伊士运河战争及1967年的"六日战争"。国家的安全需求以及中东舞台上愈演愈烈的军备竞赛激发了军工研究,也催发了军工产业的发展。整体来看,在工党执政的建国初期,以国家为主导建立起来的科研制度,适合于以色列当时的混合式产业结构模式,科技手段成为政府配置资源、干预经济的重要途径。国家的政策措施、科研导向,甚至到成果的呈现,都充分体现出以色列经济的内向型特征,与这一特征相对应的是以政府计划为导向、以内在需求为牵引、以自我研发为主流的科技发展之路。

20世纪60年代末首席科学家制度的建立体现了以色列研发政策的调整,由政府统一下达转向多部委分头管理、齐步推进。从20世纪60年代末到90年代初的20多年是以色列科技事业发展的重要阶段,特别是《产业研发促进法》的颁布为国家的研发事业奠定了根本性的法律保障,政府和公共机构、科研院所以及军用、民用企业的科技工作蓬勃而兴。这一时期以色列的国家实力有了很大的积累,政府投入有了更多的保障,高等教育的普及、科技文化事业的全面发展与公民整体知识水平的提高,都为科研事业的开展奠定了必不可少的资源与社会条件。这一时期以色列科研事业的发展态势是全面开花、整体提升,布局遍及更大的区域,研发水平长足进步,从科研导向的调整到科研实体的结构性变化无不体现出国家经济社会发展的外向型特征。

1977年是以色列历史风云变幻的一个关键点,执政近30年的以色列工

---

① Yael Zerubavel, "Transhistorical Encounters in the Land of Israel: On Symbolic Bridges, National Memory, and the Literary Imagination," *Jewish Social Studies*, Vol. 11, No. 3, 2005, pp. 115 – 140.

党一败涂地，被称为"以色列之王"的贝京赢得了选举，也掀起了"利库德革命"（Likud Revolution）的高潮。这一年以色列政府推出了第三个新经济政策，如果说 1952 年的第一个新经济政策和 1962 年的第二个新经济政策是在极力推进混合经济体制，保持公有制经济与私营经济的共同发展、传承着犹太历史上的社会主义传统与计划经济的话，那么利库德政府的第三个经济政策的导向则是大刀阔斧地推进私有化进程，确立市场经济模式，到 20 世纪 80 年代初期，以色列私营经济规模已经占到 50% 以上，国营企业及总工会企业各占 20% ~ 25% 的比重。①

随着私有化的发展和产业结构的调整，以色列的科技事业表现出两个显著的特征：一是针对国有企业私有化的发展与改造、工业产业升级的研发急剧上升，一些大型企业集团的科研投入不断加大；二是国际合作全面铺开，一系列国际合作成果的推出，不仅增强了以色列科学技术在世界舞台上的显示度，而且推进了以色列经济的世界一体化进程，尤其是以色列与美国的全面合作，包括美国跨国公司进入以色列、外来资本的注入和双方联合研发的推进都是以色列经济全球化和现代化发展的重要因素，也是高科技产业发展的核心推力。

20 世纪 90 年代以后，大批高科技移民的涌入，不仅改变了以色列社会的人口结构，而且在短期内造成了以色列人力资本的比较优势。全球范围内科学技术的爆发式增长与知识经济的兴起带来了全新的国际环境，以色列抓住这一机遇，全面推进技术进步，实施创新发展战略，建构创新型国家，国家需求与经济趋势也为科技事业开辟了前所未有的空间，集"科学、工程、技术、创新"于一体的政策运行模式成为以色列创新经济链条中的重要一环。由此可见，以色列科研体系的发展脉络与产业结构调整如影随形，通过对其梳理与研究，可以呈现以色列建国以来 70 多年政策体系演变、结构调整及发展态势，而科学技术史又是国家历史的重要组成部分。因此，以色列科研体系的发展不仅仅是以色列科技进步的重要推力、经济发展的风向标，也是以色列民族国家建构历程的一个生动的缩影。

---

① Paul Rivlin, *The Israeli Economy*, p. 60.

第二节　科技发展塑造国家创新竞争力

20 世纪 90 年代以来，在联合国的倡导下，国际社会在衡量一个国家的发展程度时，不仅观测经济指标，而且注重社会指标。科研投入强度、增长速度及效率提升是国家科技实力与创新竞争力的重要体现。以色列由于其科学、教育事业的发展而在一系列国际排名中名列前茅。根据联合国发布的《人类发展指数报告（2020）》（*Human Development Report 2020*），在全球 189 个国家和地区中，以色列的人类发展指数为 0.919，排在第 19 名。预期寿命为 83 岁，预期受教育年限为 16.2 年。[1]

在各种各样的国际创新竞争力排名榜[2]中，以色列的人力资源水平、科研发展程度、科技贡献率、风险资本投资等指标的排名一直很靠前。2020 年《洛桑国际管理发展学院世界数字竞争力排名》（*IMD World Digital Competitiveness Ranking 2020*）[3] 中，以色列总排名为第 19 名，虽然相较于 2016～2019 年（分别排在第 13、13、12、16 名）有所下滑，但其中教育和培训的科学研究指数和创新能力排第 1 名，风险资本投资及创新能力仅次于美国，排第 2 名，领先于瑞士、德国、新加坡、瑞典、日本等国家。[4] 2020 年《洛桑国际管理发展学院世界人才排名》（*IMD World Talent Ranking 2020*）

---

[1]　人类发展指数（HDI-Human Development Index）是由联合国开发计划署（UNDP）发布的有关各国发展指标的权威评估，该指数的计算有四项衡量指标，分别为预期人均寿命（Life expectancyat birth）、预期受教育年限（Expected yearsof schooling）、平均受教育年限（Mean years of schooling）、人均国民收入（Gross national incomeper capita）。联合国开发计划署自 1990 年开始发布《人类发展指数报告》。根据 2020 年的最新报告，排在前 10 的国家和地区分别是挪威、爱尔兰、瑞士、中国香港、冰岛、德国、瑞典、澳大利亚、荷兰和丹麦，中国排名第 85 位。参见 Pedro Conceição，*Digital Competitiveness Ranking*，2020，UNDP，2020。

[2]　《全球创新指数》《彭博创新指数》已在前文阐明，这里不再赘述。

[3]　《洛桑国际管理发展学院世界数字竞争力排名》由瑞士洛桑国际管理发展学院（International Institute for Management Development，简称 IMD）发布，旨在衡量 63 个经济体采纳和探索通过数字技术推动企业、政府和更广泛社会经济转型的能力和准备程度。

[4]　The IMD World Competitiveness Center，*IMD World Digital Competitiveness Ranking 2020*，2020，pp. 96 - 97。

中，以色列排第 22 名，其中"教育占公共开支比例"高达 7.1%，排第 3 名，"女性劳动力"占比 47.88%，排第 11 名。此外，"熟练工人"排第 8 名，"学徒制"排第 16 名，"每位学生接受教育开支"排第 17 名，"中学教育师生比例"排第 17 名，"劳动力增长"排第 18 名，"国际经验"排第 20 名。①

《全球竞争力报告 2019》在 2019 年对指标进行了调整，采用全球竞争力指数 4.0（GCI 4.0），对 12 个主要因素（制度、基础设施、信息通信技术采用、宏观经济环境、健康、教育和技能、产品市场、劳动力市场、金融体系、市场规模、商业活力、创新活力）和 103 个次级指标进行排名。以色列总排名为第 20 名，其中"宏观经济环境"②排全球第 1 名，"商业活力"排全球第 4 名，"健康"排全球第 9 名。次级指标方面，"信贷缺口""通货膨胀""债务动态""创业文化""对创业风险态度""创新型企业成长""公司对颠覆性想法接受度""多方利益相关者合作度""研发开支"均排全球第 1 名，"电力供应""寻找熟练工人容易度""风险投资可用性"排全球第 2 名，"参加经济活动人口数字技能"排全球第 6 名。③

以色列的科研事业给这个国家带来了很高的美誉度，诺贝尔奖获得者的高比例就是一个明显的例子。自 1966 年以来，以色列共有 12 人获得诺贝尔奖，涵盖化学奖、经济学奖、和平奖、文学奖。④ 总之，以研发为龙头的科技事业的全面发展、高科技产业的长足进步有力地推进了以色列的现代化进程，也成为当代以色列经济的鲜明特征。以 2016 年为例，以色列的高科技企业融资总额高达 48 亿美元，比 2015 年增长 11%，平均每轮融资额达 720 万美元，同比增长 19%。其中 2000 万美元以上大额交易总金额达 26.8 亿美元，增长了 22%；风投基金对高科技企业投资总额达到了 6.34 亿美元，增

---

① The IMD World Competitiveness Center, *IMD World Talent Ranking 2020*, 2020, p. 67.

② 依据往年的《全球竞争力报告》，以色列的"宏观经济环境"指数一直表现不佳。2019 年度该指数采用了 2 个全新的次级指标"通货膨胀"（Inflation）和"债务动态"（Debt Dynamics），因此以色列排在全球第 1 名。

③ Klaus Schwab, World Economic Forum, *The Global Competitiveness Report 2019*, 2019, pp. 294 – 297.

④ Evelyn Rubenstein Jewish Community Center of Houston, https://www.erjcchouston.org/israel – content/isramail – israeli – nobel – laureates/, accessed April 22, 2021.

长了 700 万美元。其中软件企业以 17 亿美元融资额领跑科技企业，同比增长了 3 亿美元。[①] 在这样的背景下，如何长期保持研发活动的"外溢"效应、最大化地保持高科技产业的比较优势一直是以色列政府高度关注的问题。为此，以色列创新局发布的《以色列创新局 2017 年报告》（*Israel Innovation Authority Report 2017*）针对如何提高跨国公司研发中心的经济效率问题提出了具体要求。报告指出，目前在以色列有 307 家跨国研发中心，其中有很大一部分是以色列高科技公司收购后成立的，"这些研发中心是以色列创新生态系统的重要组成部分，创造了重要的技术价值——占研发投资的 50% 左右"。不仅如此，这些研发中心"在工资待遇及生产率方面对经济产生了积极的影响，研发中心的成员在他们的从业生涯中会流动于不同的高科技行业之间，从而带来了技术水平与管理技能的'外溢'现象"。但是也必须看到，跨国研发中心 70% 的岗位是从事研发工作的专业人员，主要是工程师和程序员，而且这些人员也是以色列其他经济部门最紧缺的人才。由此可见，"跨国研发中心对整个国家就业市场的影响是有限的，因此，为了增强其对经济的影响，应鼓励跨国研发中心将其在以色列的活动扩展到研发活动之外，在全球产业链中包括制造业、市场、设计等领域占据一席之地。这样，这些跨国公司才可以在现有研发岗位之外雇用更多的员工"[②]。

第三节　联合国教科文组织对以色列科研体系的评价

以色列的科研体系因为政府角色的到位、投入机制的保障、人力资本的支撑、责任分担与受益机制的明晰、基础研究的根本性保障、社会文化环境的形成等而得以良性运转，从而达到了预期的发展效益。以政府推动为主导、以经济需求为方向、以国际市场为目标、以产业创新为落脚点的"以

---

① 《2016 年以色列高科技行业共融资 48 亿美元　创历史新高》，《以色列时报》2017 年 1 月 17 日，http://cn.timesofisrael.com/2016 年以色列高科技行业共融资 48 亿美元 – 创历史新高/，访问日期：2019 年 3 月 5 日。

② Israel Innovation Authority, *Israel Innovation Authority Report 2017*, 2017.

色列模式"积累了很多成熟的经验。但众所周知的是"成功的研发并不一定导致经济的成功。政策与计划必须贯穿于整个价值链，研发与生产的结合度也比以往更加重要，研发必须紧跟最新的生产技术，进而为整个劳动力群体提供就业机会，而不仅仅局限于这个价值链中的研发部门"①。与国际上其他的创新驱动型国家相比，以色列的科研体系有其特色与成功之处，但也有其明显的不足之处，有发展的机遇，也有严峻的挑战。2011年经合组织曾对其成员国的科学与创新状况进行对比评估，以色列的科学基础与创新表现力整体来看居于前位，尤其是研发支出、高等教育水平、科研产出、人均风投等方面非常出色，但受市场、环境、观念等因素影响，"创业容易指数"、国际合作专利等方面远远低于经合组织的平均数（见图6-1）。联合国教科文组织长期与以色列专家合作，就其研发系统进行跟踪调查与研究，及时采集了

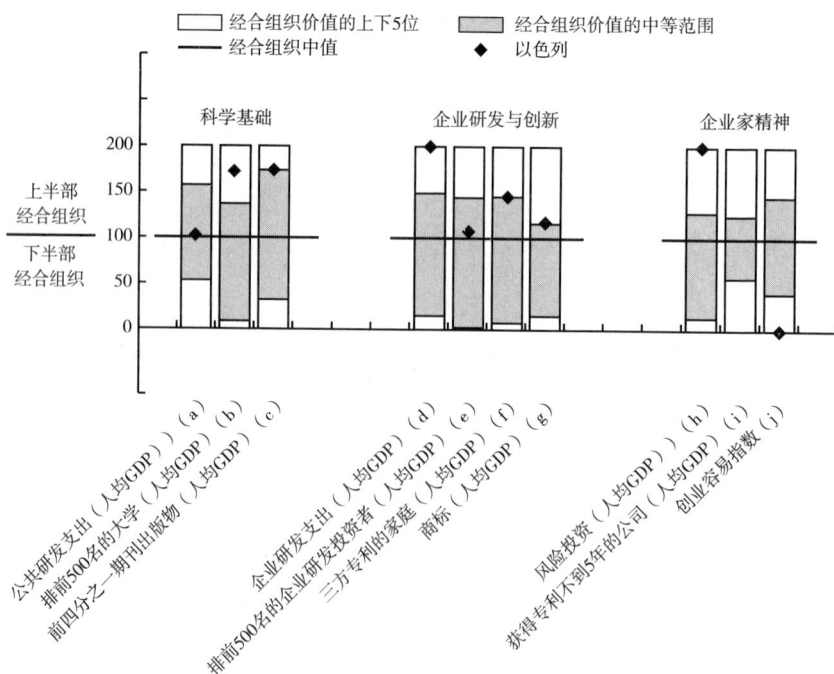

---

① Gilead Fortuna, *Innovation 2012：An Active Industrial Policy for Leveraging Science and Technology and Israel's Unique Culture of Innovation*, p. 3.

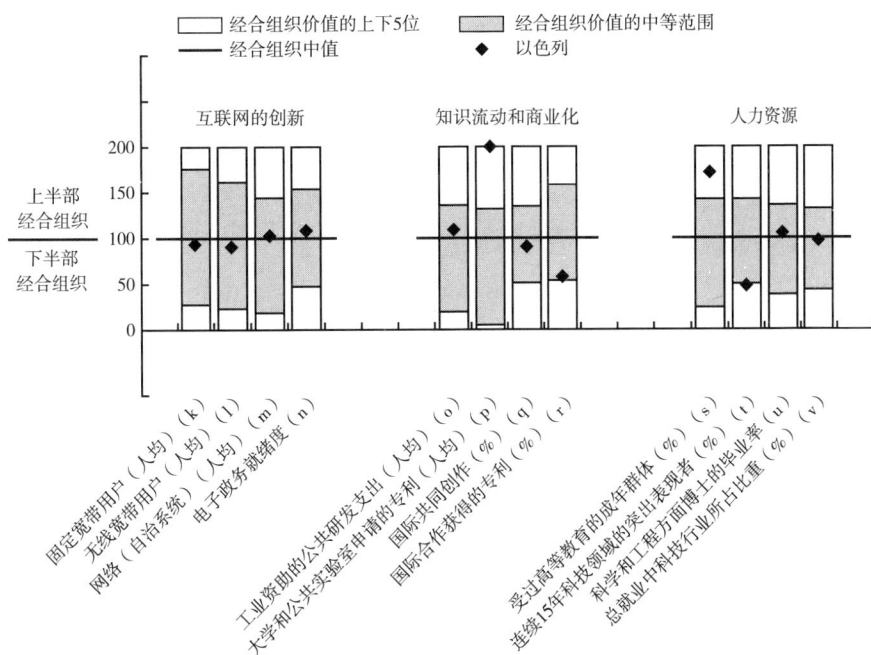

图 6 - 1 经合组织创新体系比较绩效 (2011 年)

资料来源：OECD，*OECD Science*，*Technology and Industry Outlook 2012*，Washington：Brookings Institution Press，2012，p. 134。

有价值的信息并形成数据库。早在 1970 年联合国教科文组织就发布了名为《以色列的国家科学政策和研究机构》（*The National Science Policy and Organization of Research in Israel*）的研究报告。20 世纪 80 年代以后，以色列有多位专家包括前国家研究与发展委员会的主席、计划与拨款委员会的高层参与了联合国教科文组织的研发体系调研工作。2012 年，在以色列科学与人文科学院院长鲁斯·阿尔农（Ruth Arnon）的动议下，联合国教科文组织与以色列塞缪尔·尼尔曼国家政策研究所合作，组成庞大的研究团队，经过两年多的跟踪调查和分析研究，最终于 2016 年 1 月发布了后续性研究报告《描绘以色列的研究与创新》（*Mapping Research and Innovation in the State of Israel*）。这份研究报告全面采集了相关数据，对以色列的 SETI 体系及其运作程序进行了系统的分解研究，充分肯定了该体系的优点与效率，也分析了该体系的不足以及所面临的挑战（见表 6 - 1）。

表 6 - 1　以色列研究与创新系统的 SWOT 分析

优点	缺点
· 人类发展指标积极的、长远的趋势 · 高等教育和学术研究的卓越表现 · 杰出的劳动力和创业文化 · 坚实的创新生态系统 · 政府对研发的支持 · 蓬勃发展的风险资本市场 · 专业技术人才的战略集群 · SETI 的全球化和不断增加的国际合作	· 选定的治理指标的负值 · 高技术创新与(整体)经济的脱节 · 经商环境的障碍性因素 · 研究型大学终身职位数的零增长 · 科学生产力下降 · 缺乏战略、规范的 SETI 目标 · 缺乏协调 SETI 的政策的政府机构 · 妇女在科学与工程方面的缺口 · 缺乏可靠的研发人员统计数字
机遇	挑战
· 超越信息和通信技术的多样化创新 · 应对 21 世纪的更好的基础设施 · 新兴技术和跨学科领域的发展 · 动员和加强绿色技术产业 · 科学促进和平	· 贫困水平不断上升 · 劳动生产率低 · 滞后的教育体制 · 素质人力资本的缺乏 · 对信息和通信技术过度依赖 · 对私人和外国研发融资的过度依赖 · 全球竞争的兴起 · 以色列境内的跨国公司和国外研发中心知识产权保护的缺失 · 人才流失

注：SWOT 是优点（strengths）、缺点（weaknesses）、机遇（opportunities）、挑战（threats）四个指标的缩写。

资料来源：Eran Leck, Guillermo A. Lemarchand and April Tash, eds. , *Mapping Research and Innovation in the State of Israel*, p. 302.

联合国教科文组织课题组还根据世界经济论坛、欧洲工商管理学院等部门基于统计部门及公众调查所获取的信息，对于制约以色列研发事业、创新能力及竞争优势的制约因素进行了归纳排列，排在前位的依次为：政治官僚主义、税率、政策不稳定、基础设施供应不足、融资环境、腐败、税收法规、限制性的劳动法规、劳动力职业道德不良、劳动力受教育程度不足等（见图 6-2）。联合国教科文组织课题组是一个国际化的研究团队，对以色列研发体系的跟踪研究比较客观到位，其研究成果对我们评价以色列的研发系统、理解其科技发展趋势有很大的启发作用。显然，以色列的科研体系中确实存在着一些制约发展的因素，其中有些因素是系统本身的要素配置或结构性问题，有些是系统之外的来自政府、社会及国家环境方面的负面效应。

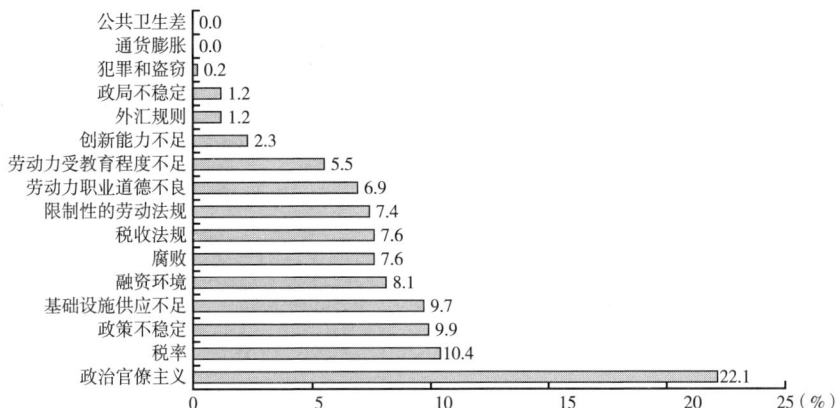

图6-2　以色列研发事业、创新能力及竞争优势的制约因素

公共卫生差　0.0
通货膨胀　0.0
犯罪和盗窃　0.2
政局不稳定　1.2
外汇规则　1.2
创新能力不足　2.3
劳动力受教育程度不足　5.5
劳动力职业道德不良　6.9
限制性的劳动法规　7.4
税收法规　7.6
腐败　7.6
融资环境　8.1
基础设施供应不足　9.7
政策不稳定　9.9
税率　10.4
政治官僚主义　22.1

图6-2　以色列研发事业、创新能力及竞争优势的制约因素

资料来源：Eran Leck，Guillermo A. Lemarchand and April Tash，eds.，*Mapping Research and Innovation in the State of Israel*，p. 26.

第四节　制约以色列科研体系的主要因素

对于一个国家而言，科研体系既是一个政策制度体系，又是一个从研究到开发的创意实施过程，影响其效应的也是一个多量变的指标体系，既包括政策条件、投入强度、经济基础与结构、资源配置状况，也包括研发人员的素质、国民受教育程度、社会文化活动等。从实际效果看，这些因素既给以色列的研发活动及整个科技事业带来了优势，也在一定程度上制约了其发展。尽管以色列的科技发展取得了很大的成就，也引起了世界的关注，但在经济全球化背景下，世界经济大势变幻莫测，以色列也面临着一系列的挑战，不得不认真应对。笔者认为，制约以色列科研体系的主要因素可归纳如下。

以色列科研体系的演变

第一，高端人才的流失和后继乏力。尽管以色列政府在引进人才方面采取了一系列特别措施，但受高等教育的体量小、国家安全形势不稳定等因素的影响，高层次人才的不足依然是严重的问题，尤其是科学、技术、工程和数学人才资源的短缺成为阻碍研发与高科技企业发展的主要因素。2016年以色列先进技术产业组织首席执行官卡琳·鲁宾斯坦（Karin Rubinstein）和以色列国家技术创新局负责人阿维·哈森都曾公开表示，以色列保守估计将面临近万名工程师缺口，但与此同时却又有许多以色列工程师在欧美发达国家寻找就业机会。此外，时任教育部部长纳夫塔利·本内特（Naftali Bennett）也指出，"高科技产业的最大问题是工程师的严重紧缺，科学与数学专业人员的不足对未来以色列而言是一个真正威胁"[1]。同年，联合国教科文组织的研究报告也强调："高素质人力资本的可用性下降，在未来的几年里将成为以色列 SETI 生态系统的一个主要障碍。工程师的技术人员已供不应求。"[2]

第二，科技研发对社会和地区经济的带动力不足。国家大力发展科技事业的目的在于增强国力和竞争力，而国家的强大终归是要给民众带来福祉，科技研发和创新应当起到拉动经济社会整体发展的"火车头"作用。但事实上，以色列的科技创新对经济的整体牵引力与推动效应整体呈下滑趋势。创业成本不断增加，国民创业活跃度有所下降，而且以色列国土有限、市场有限，极度依赖国际市场，给年轻人的创业带来了更多不确定因素。受各种因素的影响，很多人实际上无法参与到经济发展的洪流中去。不仅如此，以色列不少行业的产业结构存在严重的不均衡，这一现象在企业集群中尤为明显。理想的企业集群发展应当是多样性和可持续性的，应当涵盖整个生产链的所有方面，才能形成完整体系，带动地区经济全面发

---

[1] Gwen Ackerman, "Israel High Tech Industry Growth Slowing amid Manpower Shortage," Bloomberg, February 17, 2016, https://www.bloomberg.com/news/articles/2016 - 02 - 17/israel - high - tech - industry - growth - slowing - amid - manpower - shortage, accessed April 25, 2021.

[2] Eran Leck, Guillermo A. Lemarchand and April Tash, eds., *Mapping Research and Innovation in the State of Israel*, p. 301.

展。以色列的企业集群虽然种类模式多元化，但其定位却较为单一，几乎都集中于基础研究和研发生产链的前中端，虽有技术转移机构帮助转移，但从事营销和销售等生产链后端的企业比例严重不足，相关的专业人才也非常缺乏。以以色列高度发达的生命科学产业为例，其接近 7 成的企业集中于研发过程而非生产和市场化环节，科研成果一旦完成往往随即进行出售或专利授权，工作人员则开始进行下一轮的研发。从理论上讲，一个领域（或区域）的经济效率应当与企业所拥有的专利数相关联，[①] 但生命科学领域的专利大部分被国际企业收购，以色列公司仅拥有 35% 的专利数量，[②] 这就导致了虽然专利数量增长很快，企业数量不减，但企业与研发的融合度不高，研发对于本领域（或本区域）的技术发展、就业和相关服务业的带动作用并不明显。

高科技产业对就业的带动程度是衡量社会贡献度的重要观测点，20世纪的最后 10 年正值以色列高科技产业的腾飞阶段，但以色列的失业率自 1991 年起基本保持在 10% 左右（1994～1996 年例外，失业率在 8% 左右），21 世纪的头 5 年更上升至 11%～13%，直到 2010 年前后才有所回落。[③] 以色列创新局的《2019 年创新报告》指出，"高科技产出和高科技出口的分析表明，尽管软件和研发领域有所增长，但 10 个大宗商品部门的出口和产出均有所下降，大宗商品在出口和高科技产品中所占份额的下降令人担忧"[④]。

第三，政府局势不稳定影响政策的延续性。政府体制与基础环境决定着人力资本与金融资本的聚集程度，科技研发与高科技产业的发展程度直接或

---

① Manuel Trajtenberg, "Innovation in Israel 1968 - 1997: A Comparative Analysis Using Patent Data," *Research Policy*, Vol. 30, No. 3, 2001, pp. 363 - 389.

② 一般认为，生命科学研究通常需要的资金投入大，研究周期长，因此吸引风险投资的难度也有所增加，以色列生命科学领域的资金只有 28% 来自于风险投资。参见 Shiri M. Breznitz, "Cluster Sustainability: TheIsraeli Life Sciences Industry," *Economic Development Quarterly*, Vol. 27, Issue1, 2013, pp. 29 - 39。

③ 根据以色列中央统计局和以色列银行相关数据整理。

④ Israel Innovation Authority, *Innovation Report 2019*, 2020, https://innovationisrael.org.il/en/reportchapter/innovation - report - 2019, accessed May 5, 2021.

间接受制于国家环境、研发政策、税金政策、社会管理水平、信息通信技术普及率等诸多要素。以色列的创新政策与基础环境在《全球竞争力报告》中被评定为中高级（Upper-Mid Tier）水平，其中高技术移民政策指数被评定为高级，技术研发、知识产权、信息通信技术普及率、政府采购等指数被评定为中高级，但贸易与国内市场竞争指数仅处在中低级别。[①] 在近几年的《全球创新指数》报告中，以色列的基础设施质量与政府监管质量一直排在全球第 20 名上下；其法治环境与总体税率水平排全球第 40 名上下，但政治稳定性和安全度一直排在全球倒数 20 名上下。政局的动荡不安必然加大政策变更的风险。也有学者强调"官僚制度的本质与特性"，与之相对应"决策过程中过多的政治干预"，[②] 以及普遍流行的高层腐败现象等都成为影响科技发展的"毒瘤"。

　　第四，军工发展对民用研发空间的挤压。以色列国土狭长，加上与周边国家的对立关系，军费开支一直是沉重的负担。莫里斯·托伊贝尔（Morris Teubal）认为，军事工业对民用工业在人才方面的竞争是解释"以色列悖论"的关键性因素。他以 1984 年的数据为依据，研究了军事工业对民用工业的挤压态势。军工体系中高技术人才（科学家与工程师）占比已达到工业领域总人数的 63%、91%，大大挤压了其他工业经济部门的发展空间，加大了人才缺口。[③] 世界银行《1991 年人文发展报告》指出，1986 年发展中国家国防开支占 GDP 的平均比重为 5.5%，而中东国家的平均比重为 14.2%，以色列为 19.2%（见表 6-2）。

---

　　① Robert D. Atkinson, Stephen J. Ezell and Luke A. Stewart, *The Global Innovation Policy Index 2012*, Information Technology and Innovation Foundation and the Kauffman Foundation, 2012, p. 11.

　　② 〔以〕莫里斯·托伊贝尔：《以色列创新体系：状况、绩效及突出的问题》，〔美〕理查德·R. 尼尔森编著《国家（地区）创新体系：比较分析》，曾国屏、刘小玲、王程铧、李红林等译，第 624 页。

　　③ 〔以〕莫里斯·托伊贝尔：《以色列创新体系：状况、绩效及突出的问题》，〔美〕理查德·R. 尼尔森编著《国家（地区）创新体系：比较分析》，曾国屏、刘小玲、王程铧、李红林等译，第 610 页。

表 6 - 2　1986 年中东国家用于卫生、教育和国防的支出占 GDP 比重

单位：%

国家	卫生	教育	国防
伊朗	1.4	5.5	20.0
约旦	2.7	6.5	13.8
以色列	3.2	7.1	19.2
科威特	2.7	5.1	5.8
利比亚	3.0	10.1	12.0
埃及	1.1	5.4	8.9
叙利亚	0.4	2.9	14.7
沙特阿拉伯	4.0	10.6	22.7
伊拉克	0.8	3.7	32.2
阿曼	2.3	5.3	27.6
也门	1.2	5.6	9.1
中东国家平均*	2.0	5.8	14.2
发展中国家平均	1.4	3.7	5.5

注：*伊拉克和伊朗由于两国间的战争而支出的巨额国防费用未计算在地区平均数内。

资料来源：世界银行：《1991 年人文发展报告》。转引自〔以〕西蒙·佩里斯《新中东》，辛华译，新华出版社，1994，第 78 ~ 79 页。

以色列的军工产业不仅最大限度地满足了自我需求，而且还保持世界军火商的地位，尤其是以色列航空公司、拉斐尔先进防卫系统有限公司、艾尔比特系统公司和以色列军事工业集团四大公司跻身于世界军火商 100强。根据 2015 年的数据，以色列军火商在全球的市场份额约为 5.3%，排在全球第 5 名（见图 6 - 3）。近年来，以色列的军事工业一直都把"跻身国际市场"作为基本战略目标，除满足自身需求外，以色列 70% 以上的武器装备、军事技术及军工服务面对国外出口，国防出口占以色列总出口额的 10% 以上，客户遍布全球 130 多个国家和地区。[①] 据报道，2015 ~2019 年，以色列防务出口相较前 5 年增长了 77%，占全球出口总额的

<hr>

① Yoad Shefi and Asher Tishler, "The Effects of the World Defense Industry and US Military Aid to Israel on the Israeli Defense Industry：A Differentiated Products Model," *Defence and Peace Economics*, Vol. 16, No. 6, 2005, pp. 427 - 448.

3%，成为世界第 8 大武器出口国。① 亚洲则成为以色列武器购买的最大市场，印度是最大的客户，其次是阿塞拜疆和越南。2019 年以色列的国防出口交易总额为 72 亿美元，雷达和电子产品取代无人机，成为以色列国防出口的重点，出口额占国防总出口额的 17%，紧跟其后的是导弹（15%）、光学元件（12%），贸易伙伴遍及全球 120 多家国防公司。② 军工产业的发展无疑是国家实力的重要体现，但由此造成的经济负担、技术压力与人力资源争夺趋势又会影响民用事业的发展，以色列一直是这种矛盾与悖论的典型个案。

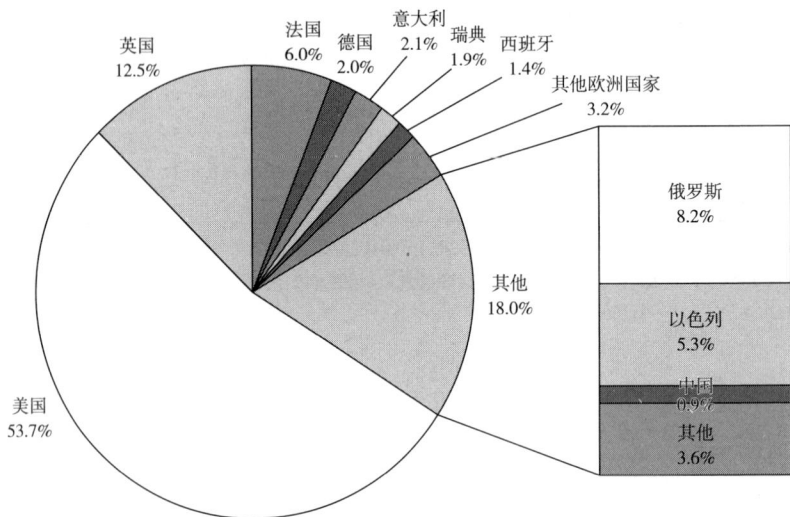

图 6 - 3　全球主要军火出口商市场份额估计（2011～2015 年）

资料来源：〔以〕顾克文、〔以〕丹尼尔·罗雅区、〔中〕王辉耀：《以色列谷》，肖晓梦译，第 60 页。

① "Israeli Arms Exports Up 77 Percent, Saudi Arabia Is World's Biggest Importer, Report Shows," *Haaretz*, May 9, 2020, https://www.haaretz.com/israel - news/report - israeli - arms - exports - up - 77 - percent - saudi - arabia - is - world - s - biggest - importer - 1.8657539, accessed April 22, 2021.

② Seth J. Frantzman, "Israel's Defense Export Contracts Were Worth $ 7.2B in 2019," *Defense News*, June 22, 2020, https://www.defensenews.com/global/europe/2020/06/22/israels - defense - export - contracts - were - worth - 72 - billion - in - 2019/, accesed April 22, 2021.

第五，科技研发的国民参与率较低。以色列一直是劳动力参与率较低的国家，2007 年劳动力参与率仅为 56%，明显低于美国、英国、日本等发达国家。主要原因一方面是 15~24 岁年龄的人口几乎都在服兵役，同时极端正统派和阿拉伯人口的劳动参与度不高。① 根据 2008 年的数据，以色列的极端正统派占总人口的 9%，阿拉伯群体占 20%，但他们的人口增长率是其他族群的 2~3 倍（见表 6-3），其劳动力参与率仅 40% 左右。也就是说，以色列有近 1/3 的人口属于经济上的弱势群体，其生活水平、受教育年限远远低于社会平均水平。

表 6-3　以色列不同族群的人口状况（2008 年）

	总计	多数派	极端正统派	阿拉伯人
人口（千人）	7296	5143	687	1466
占总数的百分比（%）	100	70	9	20
人口增长率（%）	1.7	1.2	3.9	2.4
出生率（%）	2.7	2.1	6.0	3.6
预期寿命（岁）	80.1	81.0	81.0	76.7
0~14 岁人口（%）	28.2	21.9	51.9	39.3
家庭（千户）	2088	1669	132	286
家庭规模（人）	3.3	3.0	5.2	4.9

资料来源：Eli Hurvitz and David Brodet, eds, *Israel 2028：Vision and Strategy for Economy and Society in a Global World*, p. 267。

在科研领域，以色列的阿拉伯人及正统派犹太人参与率更低。根据以色列中央统计局的数据，截至 2021 年，以色列总人口约 932.7 万人，其中犹太人占 73.9%（689.4 万人），阿拉伯人占 21.1%（196.6 万人），其他族裔占 5%（46.7 万人）。② 但阿拉伯人在 2016 年从事高科技行业的比例低至 5.7%，尤其是研发部门仅有 2700 人，占 2%。以色列仅有 20% 的阿拉伯毕

---

① Eli Hurvitz and David Brodet, eds., *Israel 2028：Vision and Strategy for Economy and Society in a Global World*, p. 268。

② "Vital Statistics：Latest Population Statistics for Israel," Jewish Virtual Library, https://www. jewishvirtuallibrary. org/latest - population - statistics - for - israel, accessed May 1, 2021.

业生能在科技领域找到合适的岗位，远远低于阿拉伯人在总人口中的比例。[①] 影响阿拉伯人与极端正统派犹太人参与科技研发的原因主要有以下几点。首先，以色列的阿拉伯人是无须服兵役的，建国初长期与周边阿拉伯世界的敌对注定他们无法更多地参与以色列国防军，也没有充分融入以色列的高科技产业。据以色列经济与产业部的统计，以色列 2005～2015 年新增的 7000 家公司中，阿拉伯人创建的公司只有 30 家。其次，极端正统派犹太人与主流社会脱离。以色列极端正统派犹太人大多主张多子多福，是以色列犹太人中增长最快的群体，预计到 2028 年将占以色列总人口的 15%。[②] 他们认为要严格遵守传统律法，每天在家学习犹太经典，依靠政府津贴和其他家庭成员的收入度日，拒绝接受现代知识与科学，大部分人也不服兵役，因而他们与以色列主流社会格格不入。最后，族群矛盾和歧视导致教育和贫富差距不断拉大。持续紧张的巴以局势加剧了以色列阿拉伯人的离心倾向，其他少数民族虽然社会权利高于以色列阿拉伯人，但与犹太人相比仍有明显差距。少数民族聚居区的经济水平、生活条件和基础设施建设都相对落后，阿拉伯人受教育程度也远远低于犹太人，受高等教育的比例更低，自然谈不上对科技事业的参与。

第六，科技水平地区差别大。虽然以色列政府出台了许多政策弥合不同地区经济发展的差距，但其核心区域和不发达的北部（加利利）、南部（内盖夫）周边的差距仍然很大。随着高科技产业的兴起，以色列成为中东地区的创新中心，但高科技部门多集中于特拉维夫、海法等大城市，大部分劳动力还是在传统行业领域就业，城乡二元结构导致区域发展不平衡现象加剧，劳动力收入差异很大，社会分裂成"富有的少数"与"相对贫困的多数"，[③] 基尼系数居于发达国家中的高位。《以色列创新局 2018～2019 年度

---

① Israel Innovation Authority, *Innovation in Israel Overview 2016*, 2016, http：//innovationisrael-en. mag. calltext. co. il/？article＝0, accessed December 5, 2020.

② Uzi Rebhun and Gilad Malach, "Demography, Social Prosperity, and the Future of Sovereign Israel," *Israel Affairs*, Vol. 18, Issue 2, 2012, pp. 177 - 200.

③ Boris A. Portnov, "Interregional Disparities in Israel：Patterns and Trends," Daniel Felsenstein and Boris A. Portnov, eds., *Regional Disparities in Small Countries*, Berlin：Springer - Verlag, 2005, p. 188.

报告》中指出，以色列 75% 的高科技产业主要集中在中部，欠发达地区平均工资比中部地区低 30%。^① 不仅如此，以色列在高科技和出口行业持续高投入，对传统工业和非贸易等领域重视不足，其劳动生产率较经合组织国家平均值低 14 个百分点。从事这些行业的公民受教育程度低、工资福利水平低，以色列阿拉伯人和极端正统派犹太人的低就业率也扩大了这一影响。另外，企业的集群吸引中小企业向集群核心区聚集，一定程度上加深了区域经济的发展鸿沟。

第七，全球竞争态势下比较优势的弱化。《联合国教科文组织科学报告：面向 2030》（*UNESCO Science Report：Towards 2030*）指出：以色列的研发强度仍居于世界顶尖地位，但是，2008 年以来以色列的研发强度有某种下降的趋势，以研发支出为例，以色列 2014 年研发总支出占 GDP 的比重为 4.1%，低于韩国的 4.3%，首次在该指数评估中失去世界第一的位置，^② 2016 年以色列再次低于韩国（4.3%），这也足以说明以色列研发支出的绝对优势已渐趋缩小。以色列教育的支出份额在经合组织国家中一直居于高位，但 2002 ~ 2011 年由于政府预算的缩减，教育总支出占 GDP 的比重呈下降的趋向，高等教育支出占 GDP 的比重由 2003 年的 1.25% 下降到 2005 年1.02%，2009 年为 0.96%，2011 年为 0.91%（见图 6 - 4）。

由此可见，以色列虽然高度重视科学研究与创新事业，有世界领先的高科技行业、高等教育和学术研究的卓越表现以及蓬勃发展的风险投资行业，但随着创新驱动发展成为全球潮流，国际范围内的竞争态势日趋剧烈，以色列因先发制人、抢抓机遇而形成的比较优势渐趋弱化。在这种情况下，以色列政府需要紧跟世界潮流，及时调整经济政策，通过政策引导与资金投入，促进研发成果的市场化发展，注重产业链中后端的生产销售，完善整体产业

---

① Isarel Innovation Authority, *Israel Innovation Authority 2018 - 19 Report*, January 14, 2019, https://innovationisrael. org. il/en/news/israel - innovation - authority - 2018 - 19 - report, accessed March 22, 2021.

② Inbal Orpaz, "Is Startup Nation Fraying at the Edges," *Haaretz*, February 12, 2016, http://www. haaretz. com/israel - news/business/. premium - 1. 702863, accessed May 1, 2021.

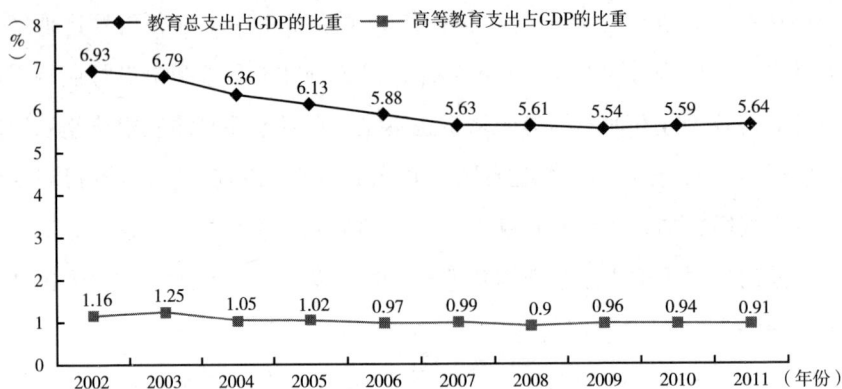

图 6 - 4　以色列教育支出占 GDP 的比重（2002～2011 年）

资料来源：UNESCO，*UNESCO Science Report：Towards 2030*，p. 417。

体系，提升科技研发事业对整个国民社会的带动作用；要把科技研发普惠于普通百姓，大力提升高新技术对服务业、交通业、食品业等领域的带动作用，加大对落后地区投入力度，支持对边远地区企业的技术更新与补贴优惠。总之，以色列政府必须审时度势，扬长避短，尽力克服发展瓶颈，才能进一步优化研发体系、释放创新活力、提高国家竞争力，从而保持其全球科技中心的优势地位。

参考文献

外文文献

政策、 文件、 研究报告

《产业研发促进法》 (*The Encouragement of Industrial Research and Development Law*, 5744 – 1984)

《创新2012: 借力科技与以色列独特创新文化的积极产业政策——对〈以色列2028: 全球化世界中的经济与社会愿景和战略〉的跟踪研究》 (*Innovation 2012: An Active Industrial Policy for Leveraging Science and Technology and Israel's Unique Culture of Innovation, A Follow – up Study to "Israel 2028 – Vision and Strategy for Economy and Society in a Global World"*)

《德国 – 以色列科学研究与开发基金法》 (*German – Israel Foundation for Scientific – Research and Development Law*)

《高等教育改革五年规划 (2010/2011学年至2015/2016学年)》 [*The Higher Education Multi – year Reform Plan (2010/11 – 2015/16)*]

《高等教育委员会法》 (*The Council for Higher Education Law*, 5718 – 1958)

《国籍法》（*Nationality Law*, 5712 – 1952）

《国家教育法》（*State Education Law*, 5713 – 1952）

《国家民用研究与发展委员会法》（*The National Council for Civilian R&D Law*）

《和平利用原子能双边合作协议》（*Bilateral Agreements for Cooperation in the Peaceful Uses of Atomic Energy*）

《回归法》（*The Law of Return*, 5710 – 1950）

《联合国教科文组织技术援助项目报告》（*UNESCO Technical Assistance Programme*）

《联合国教科文组织科学报告：面向 2030》（*UNESCO Science Report：Towards 2030*）

《洛桑国际管理发展学院世界数字竞争力排名》（*IMD World Digital Competitiveness Ranking*）

《洛桑国际管理发展学院世界人才报告》（*IMD World Talent Report 2015*）

《美国 – 以色列双边科学基金法》［*The United States – Israel Binational Science Foundation（BSF）Law*］

《描绘以色列的研究与创新》（*Mapping Research and Innovation in the State of Israel*）

《欧盟第七框架计划报告》（*Seventh FP7 Monitoring Report*）

《彭博创新指数》（*Bloomberg Innovation Index*）

《全球创新指数》（*The Global Innovation Index*）

《全球风投和私人股本国家吸引力指数》（*The Global Venture Capital and Private Equity Country Attractiveness Index*）

《全球竞争力报告》（*The Global Competitiveness Report*）

《全球信息技术报告》（*The Global Information Technology Report*）

《人类发展指数报告》（*Human Development Report*）

《世界五大知识产权局统计报告》（*Key IP5 Statistical Data*）

《水法》（*Water Law*, 5719 – 1959）

《特殊教育法》（Special Education Law）

《天使法》（The Angel Law）

《学校督导法》（School Inspection Law）

《延长教学时间法》（Long School Day and Enrichment Studies Law）

《以色列2028：全球化世界中的经济社会愿景与战略》（Israel 2028：Vision and Strategy for Economy and Society in a Global World）

《以色列创新概览》（Innovation in Israel Overview）

《以色列创新局年度报告》（Israel Innovation Authority Report）

《以色列的创业公司和风投年度报告》（Annual Report：Startups and Venture Capital in Israel）

《以色列的国家科学政策和研究机构》（The National Science Policy and Organization of Research in Israel）

《以色列风险投资研究中心年鉴》（IVC Yearbook）

《以色列风险投资中心高科技退出报告》（IVC – Meitar High – Tech Exit Report）

《以色列国家技术创新报告》（Israel National Technological Innovation Report）

《以色列国家民用研发支出报告》（National Expenditure on Civilian R&D）

《以色列国家引智计划》（Israel National Brain Gain Program）

《以色列科学与人文科学院法》（Israel Academy of Sciences and Humanities Law，5721 – 1961）

《以色列—美国双边工业研究与开发法》［Israel – USA Binational Industrial Research and Development（BIRD）Law］

《以色列—美国双边农业研究与开发基金法》［The United States – Israel Binational Agricultural Research and Development Fund（BARD）Law］

《义务教育法》（Compulsory Education Act，5709 – 1949）

《以色列专利局年度报告》（Israel Patent Office Annual Report）

《专利法》（Patent Law，5727 – 1967）

《资本投资鼓励法》（*Encouragement of Capital Investments Law*, 5719 – 1959）

英文著作

Aaronsohn, Ran, *Rothschild and Early Jewish Colonization in Palestine*, Maryland: Rowman & Littlefield Publishers, 2000.

Adamsky, Dima, *The Culture of Military Innovation: The Impact of Cultural Factors on the Revolution in Military Affairs in Russia, the US, and Israel*, California: Stanford University Press, 2010.

Aharoni, Yair, ed. , *The Israeli Economy: Dreams and Realities*, London: Routledge, 1991.

Arora, Ashish and ALfonso Gambardella, eds. , *From Underdogs to Tigers: The Rise and Growth of the Software Industry in Brazil, China, India, Ireland, and Israel*, Oxford: Oxford University Press, 2005.

Ben-Porach, Yoram, *Israeli Economy: Maturing through Crises*, Cambridge: Harvard University, 1986.

Bentwich, Norman, *The Hebrew University of Jerusalem*, London: Weidenfeld & Nicolson, 1961.

Braunerhjelm, Pontus and Maryann P. Feldman, *Cluster Genesis: Technology Based Industrial Development*, Oxford: Oxford University Press, 2006.

Breznitz, Dan, *Innovation and the State: Political Choice and Strategies for Growth in Israel, Taiwan, and Ireland*, New Haven and London: Yale University Press, 2007.

Butler, John Sibley and David V. Gibson, *Global Perspectives on Technology Transfer and Commercialization: Building Innovative Ecosystems*, Northampton: Edward Elgar Publishing, 2011.

Cohen, Avner, *Israel and Nomb*, New York: Columbia University Press, 1998.

Davids, Helen and Davids Douglas, *Israel in the World: Changing Lives through Innovation*, London: Weidenfeld & Nicolson, 2004.

Felsenstein, Daniel and Boris A. Portnov, eds., *Regional Disparities in Small Countries*, Berlin: Springer-Verlag, 2005.

Fiegenbaum, Avi, *The Take-off of Israeli High-Tech Entrepreneurship during the 1990s: A Strategic Management Research Perspective*, London: Emerald Group Publishing Limited, 2007.

Filc, Dani, *Circles of Exclusion: The Politics of Health Care in Israel*, Ithaca: Cornell University Press, 2009.

Goldscheider, Calvin, *Israel's Changing Society: Population, Ethnicity & Development*, Taylor & Francis Ebooks, 2020.

Greenwald, Norman and Shlomo Herskovic, eds., *Scientific Research in Israel*, Jerusalem: Graph Press, 1989.

Hertzberg, Arthur, *The Zionist Idea: A Historical Analysis and Reader*, New York: Macmillan Publishing Company, 1959.

Herzl, Theodor, *Old-New Land*, New York: Bloch Publishing Co., 1960.

Herzl, Theodor, *The Jewish State: An Attempt at A Modern Solution of Jewish Question*, New York: Dover Publications Inc., 1945.

Israel Information Center, *Fact about Israel (1992)*, Jerusalem: Ahva Press, 1992.

Israel Information Center, *Fact about Israel (1997)*, Jerusalem: Ahva Press, 1997.

Israel Information Center, *Fact about Israel (2002)*, Jerusalem: Ahva Press, 2002.

Israel Information Center, *Fact about Israel (2003)*, Jerusalem: Ahva Press, 2003.

Israel Pocket Library, *Education and Science*, Jerusalem: Keter Publishing House Ltd., 1973.

Khanin（Ze'ev）Vladimir, Alek D. Epstein and Iris Geva-May, eds.,
Immigrant Scientists in Israel: Achievements and Challenges of Integration in Comparative Context, Jerusalem: Ministry of Immigrants Absorption-International Comparative Policy Analysis Forum, 2010

Koslowski, Rey, *International Migration and Globalization of Domestic Politics*, London: Routledge, 2005.

Lavie, Arie and Robert Lawrence Kuhn, *Industrial Research & Development in Israel*, Westport: Praeger, 1988.

Levin, Nora, *The Jews in the Soviet Union: Since 1917 to the Present*, New York: New York University Press, 1990.

Medding, Y. Peter, *The Founding of Israeli Democracy 1948 – 1967*, Oxford: Oxford University Press, 1990.

OCS, *The Intellectual Capital of the Israel*, Jerusalem: OCS, 2007.

Penslar, J. Derek, *Zionism and Technocracy: The Engineering of Jewish Settlement in Palestine, 1870 – 1918*, Bloomington: Indiana University Press, 1991.

Peslar, J. Derek, *Israel in History: The Jewish State in Comparative Perspective*, New York: Routledge, 2007

Reinharz, Jehuda, *Chaim Weizmann: The Making of a Statesman*, Oxford: Oxford University, 1993.

Remennick, Larissa, *Russian Jews Three Continents: Identity, Integration and Conflict*, New Brunswick: Transaction Publisher, 2007.

Rivlin, Paul, *The Israeli Economy*, Boulder: Westview Press, 1992.

Samuelson, M. Norbert, *Jewish Faith and Modern Science: On the Death and Rebirth of Jewish Philosophy*, Lanham: Rowman & Littlefield Publishers, 2008.

Segev, Tom, *One Palestine, Complete: Jews and Arabs under the British Mandate*, New York: Henry Holt & Company, 1999.

Shapira, Anita, *David Ben-Gurion: Father of Modern Israel*, New Haven and London: Yale University Press, 2014.

Shimoni, Gideon and Rober Wistrich, *Theodor Herzl: Visionary of Jewish State*, Jerusalem: The Hebrew University Magnes Press, 1999.

Shuval, T. Judith and Jodith H. Bernstein, *Immigrant Physicians: Former Soviet Doctors in Israel, Canada and the United State*, Westport: Praeger, 1997.

Shvarts, Shifra, *Health and Zionism: The Israeli Health Care System, 1948 – 1960*, New York: University of Rochester Press, 2008.

UNESCO, *UNESCO Statistical Yearbook 1995*, Paris: UNESCO, 1995.

UNESCO, *World Directory of National Science Policy Making Bodies, Vol. 2, Asia and Oceania*, Paris: UNESCO, 1968.

英文论文

Arad, Ran, "The Israeli Innovation Landscape and the role of the OCS," *EEN Spain Annual Conference*, June 26, 2015.

Barell, Ari, "The Failure to Formulate a National Science Policy: Isracl's Scientific Council, 1948 – 1959," *Journal of Israeli History: Politics, Society, Culture*, Vol. 33, No. 1, 2014, pp. 85 – 107.

Ben-David, Joseph, "Universities in Israel: Dilemmas of Growth, Diversification and Administration," *Studies in Higher Education*, Vol. 11, No. 2, 1986, pp. 105 – 130.

Breznitz, M. Shiri, "Cluster Sustainability: The Israeli Life Sciences Industry," *Economic Development Quarterly*, Vol. 27, Issue 1, 2013, pp. 29 – 39.

Cohen, Erez, Joseph Gabbay and Daniel Schiffman, "The Office of the Chief Scientist and the Financing of High Tech Research & Development, 2000 – 2010," *Israel Affairs*, Vol. 12, Issue 2, 2012, pp. 286 – 306.

Cohen, Nir and Dani Kranz, "State-assisted Highly Skilled Return Programmes, National Identity and the Risk (s) of Homecoming: Israel and Germany Compared," *Journal of Ethnic and Migration Studies*, Vol. 41, Issue 5,

2014, pp. 795 – 812.

Davidovitch, Nitza, Dan Soen and Yaacov Iran, "Collapse of Monopoly Privilege: From College to University," *Research in Comparative and International Education*, Vol. 3, Issue4, 2008, p. 366 – 377.

Deichmann, Ute and Anthony S. Travis, "A German Influence on Science in Mandate Palestine and Israel: Chemistry and Biochemistry," *Israel Studies*, Vol. 9, No. 2, 2004, pp. 34 – 70.

Efron, Noah, "Zionism and the Eros of Science and Technology," *Zygon*, Vol. 46, No. 2, 2011, pp. 413 – 428.

Einav, Ammon, "Solar Energy Research and Development Achievements in Israel and Their Practical Significance," *Journal of Solar Energy Engineering*, Vol. 126, No. 3, 2004, p. 921 – 928.

Felsenstein, Daniel, "Factors Affecting Regional Productivity and Innovation in Israel: Some Empirical Evidence," *Regional Studies*, Vol. 49, No. 9, 2013, pp. 1 – 12.

Gaziel, H. Haim, "Privatisation by the Back Door: The Case of the Higher Education Policy in Israel," *European Journal of Education*, Vol. 47, Issue 2, 2012, pp. 290 – 298.

Gould, D. Eric and Omer Moav, "Israel's Brain Drain," *Israel Economic Reviews*, Vol. 5, No. 1, 2007, pp. 1 – 22.

Granot, Ofer, "New Era for the OCS-Establishment of a National Authority for Technological Innovation," *Herzog Fox & Neeman Law Firm*, June 07, 2016.

Guri – Rozenblit, Sarah, "Trends of Diversification and Expansion in Israeli Higher Education," *Higher Education*, Vol. 25, No. 4, 1993, pp. 457 – 472.

Justman, Moshe and Ehud Zuscovitch, "The Economic Impact of Subsidized Industrial R&D in Israel," *R&D Management*, Vol. 32, No. 3, 2003, pp. 191 – 199.

Kheimets, G. Nin and Alek D. Epstein, "English as a Central Component of Success in the Professional and Social Integration of Scientists from the Former Soviet

Union in Israel," *Language in Society*, Vol. 30, Issue 2, 2001, pp. 187 – 215.

Lockwood, Larry, "Israel's Expanding Arms Industry," *Journal of Palestine Studies*, Vol. 1, No. 4, 1972, pp. 73 – 91.

Macleod, Roy, "Balfour's Mission to Palestine: Science, Strategy, and the Inauguration of the Hebrew University in Jerusalem," *Minerva*, Vol. 46, No. 1, 2008, pp. 53 – 76.

McElheny, K. Victor, "Israel Worries about Its Applied Research," *Science*, Vol. 147, No. 3662, May. 5, 1965, pp. 1123 – 1124 + 1129 – 1130.

Meadan, Hedda and Thomas Gumpel, "Special Education in Israel," *Teaching Exceptional Children*, Vol. 34, No. 5, 2002, pp. 16 – 20.

Messer-Yaron, Hagit, "Technology Transfer Policy in Israel-From Bottom-up to Topdown?" 6th Meeting of the European TTO Circle, January 21, 2014.

Rebhun, Uzi and Gilad Malach, "Demography, Social Prosperity, and the Future of Sovereign Israel," *Israel Affairs*, Vol. 18, Issue 2, 2012, pp. 177 – 200.

Shapira Anita, "The Zionist Labor Movement and the Hebrew University," *Judaism: A Quarterly Journal of Jewish Life and Thought*, Vol. 45, No. 2, 1996, p. 183.

Shimshoni, Daniel, "Israel Scientific Policy," *Minerva*, Vol. 3, No. 4, 1965, pp. 441 – 456.

Shvarts, Shifra and Theodore M. Brown, "Kupat Holim, Dr. Isaac Max Rubinow and the American Zionist Medical Unit's Experiment to Establish Health Care Services in Palestine, 1918 – 1923," *Bulletin of the History of Medicine*, Vol. 72, No. 1, 1998, pp. 28 – 46.

Teubal, Morris, "Neutrality in Science Policy: The Promotion of Sophisticated Industrial Technology in Israel," *Minerva*, Vol. 21, No. 2/3, 1983, pp. 172 – 197.

Teubal, Morris, "Towards An R&D Strategy for Israel Draft," *The Economic Quarterly*, Vol. 46, No. 2, 1999, pp. 359 – 383.

Trajtenberg, Manuel, "Innovation in Israel 1968 – 1997: A Comparative Analysis Using Patent Data," *Research Policy*, Vol. 30, No. 3, 2001, pp. 363 – 389.

Trajtenberg, Manuel, "R&D Policy in Israel: An Overview and Reassessment," *Innovation Policy in the Knowledge-based Economy*, 2001, pp. 409 – 454.

Zerubavel, Yael, "Transhistorical Encounters in the Land of Israel: On Symbolic Bridges, National Memory, and the Literary Imagination," *Jewish Social Studies*, Vol. 11, No. 3, 2005, pp. 115 – 140.

中文文献

专著

陈超南:《犹太的技艺》,上海三联书店,1996。

陈腾华:《为了一个民族的中兴:以色列教育概览》,华东师范大学出版社,2005。

陈宇学:《创新驱动发展战略》,新华出版社,2014。

刘向华:《希伯来大学》,湖南教育出版社,1994。

覃志豪:《以色列的农业发展》,中国农业科技出版社,1996。

肖宪:《中东国家通史:以色列卷》,商务印书馆,2001。

杨曼苏:《以色列——谜一般的国家》,世界知识出版社,1992。

虞卫东:《当代以色列社会与文化》,上海外语教育出版社,2006。

张明龙、张琼妮:《新兴四国创新信息》,知识产权出版社,2012。

张倩红:《以色列史》,人民出版社,2014。

张倩红、艾仁贵:《犹太史研究入门》,北京大学出版社,2017。

张倩红、艾仁贵:《犹太文化》,人民出版社,2013。

张倩红、胡浩、艾仁贵:《犹太史研究新维度》,人民出版社,2014。

赵墨、赵磊:《犹太人是如何思考的》,九州出版社,2019。

赵伟明：《以色列经济》，上海外语教育出版社，1998。

周承：《以色列新一代俄裔犹太移民的形成及影响》，时事出版社，2010。

译著、 编著

〔德〕维尔纳·桑巴特：《犹太人与现代资本主义》，艾仁贵译，上海三联书店，2015。

〔法〕萨洛蒙·马尔卡：《创造以色列历史的 70 天》，马秀珏译，社会科学文献出版社，2019。

〔美〕丹·塞诺、〔以〕索尔·辛格：《创业的国度：以色列经济奇迹的启示》，王跃红、韩君宜译，中信出版社，2010。

〔美〕弗雷德·杰罗姆：《爱因斯坦档案》，席玉苹译，广西师范大学出版社，2011。

〔美〕劳伦斯·迈耶：《今日以色列》，钱乃复译，新华出版社，1987。

〔美〕理查德·R. 尼尔森编著《国家（地区）创新体系：比较分析》，曾国屏、刘小玲、王程骅、李红林等译，知识产权出版社，2012。

〔美〕迈克尔·波特：《国家竞争优势》，李明轩、邱如美译，中信出版社，2012。

〔美〕迈克尔·波特： 《竞争论》，高登第、李明轩译，中信出版社，2012。

〔美〕纳达夫·萨弗兰：《以色列的历史和概况》，北京大学历史系翻译小组译，人民出版社，1973 年。

〔美〕亚伯拉罕·柯恩：《大众塔木德》，盖逊译，山东大学出版社，1998 年。

〔以〕阿里·沙维特：《我的应许之地：以色列的荣耀与悲情》，简扬译，中信出版社，2016。

〔以〕阿姆农·弗伦克尔、〔以〕什洛莫·迈特尔、〔以〕伊拉娜·德巴尔：《创新的基石：从以色列理工学院到创新之国》，庄士超译，机械工业出版社，2017。

〔以〕阿维·尤利诗：《第二硅谷：以色列的创新力量》，张伦明译，上海交通大学出版社，2018。

〔以〕埃里克·J. 弗里德曼：《七个中国式提问·七种犹太式回答》，王苗、刘南阳、蒋然译，南京出版社，2010。

〔以〕芭芭拉·沃尔夫、〔以〕泽夫·罗森克兰茨编《阿尔伯特·爱因斯坦：永远的瞬间幻觉》，北京依尼诺展览展示有限公司译，中国科学技术出版社，2010年。

〔以〕丹·拉维夫、〔以〕尼西姆·米沙尔：《打破常规的犹太人》，安小艺、施冬健编译，清华大学出版社，2020。

〔以〕丹·拉维夫、〔以〕尼西姆·米沙尔：《犹太人与诺贝尔奖》，施冬健编译，清华大学出版社，2019。

〔以〕多夫·莫兰：《机遇之门：以色列闪存盘之父的创业心路》，李红霞译，人民邮电出版社，2020。

〔以〕丹尼尔·戈迪斯：《以色列：一个民族的重生》，王戎译，浙江人民出版社，2018。

〔以〕顾克文、〔以〕丹尼尔·罗雅区、〔中〕王辉耀：《以色列谷》，肖晓梦译，机械工业出版社，2015。

〔以〕哈伊姆·格瓦蒂：《以色列移民与开发百年史（1880～1980年）》，何大明译，中国社会科学出版社，1996年。

〔以〕莱昂内尔·弗里德费尔德、〔以〕马飞聂：《以色列与中国：从丝绸之路到创新高速》，彭德智译，人民出版社，2016。

〔以〕梅厄：《梅厄夫人自传》，舒云亮译，新华出版社，1986年。

〔以〕米迦勒·巴尔：《现代以色列之父：本-古里安传》，刘瑞祥、杨兆文等译，中国社会科学出版社，1994。

〔以〕米里亚姆·亚希勒·瓦克思、〔以〕罗尼·安纳夫：《从诺尔大道到纳斯达克：一个以色列高科技初创企业的蜕变之路》，光明译，化学工业出版社，2014。

〔以〕唐娜·罗森塔尔：《以色列人：特殊国土上的普通人》，徐文晓、程伟民译，华东师范大学出版社，2009。

〔以〕雅科夫·卡茨、〔以〕阿米尔·鲍伯特：《独霸中东：以色列的军事强国密码》，王戎译，浙江人民出版社，2019。

〔以〕伊斯雷尔·德罗里、〔以〕塞缪尔·埃利斯，〔以〕祖尔·夏皮拉：《创新的族谱：以色列新兴产业的演进》，龚雅静译，上海社会科学院出版社 2017。

〔以〕乌兹·埃拉姆：《以色列国防强大的奥秘：前首席技术将军的自述》，赵习群译，中国书籍出版社，2018。

〔英〕阿伦·布雷格曼：《以色列史》，杨军译，中国出版集团 & 东方出版中心，2009。

〔英〕诺亚·卢卡斯：《以色列现代史》，杜先菊、彭艳译，商务印书馆，1997 年。

高维和主编《全球科技创新中心：现状、经验与挑战》，格致出版社和上海辞书出版社，2015。

林太、张毛毛编译《犹太人与世界文化》，上海三联书店，1993。

吕新莉编著《以色列大使马腾将军谈话录》，江苏人民出版社，2017。

潘光、汪舒明编著《以色列：一个国家的创新成功之路》，上海交通大学出版社，2018。

王仁维、吴敏竹编著《从硅谷到张江：探访全球科技创新中心》，上海辞书出版社，2016。

王泽华、路娜编著《以色列科技概论与云以科技合作透视》，中国社会科学出版社，2016。

王震主编《"一带一路"国别研究报告·以色列卷》，中国社会科学出版社，2020。

徐向群、余崇健主编《第三圣殿：以色列的崛起》，上海远东出版社，1994。

张倩红主编《以色列蓝皮书：以色列发展报告（2015）》，社会科学文献出版社，2015。

张倩红主编《以色列蓝皮书：以色列发展报告（2016）》，社会科学文献出版社，2016。

张倩红主编《以色列蓝皮书：以色列发展报告（2017）》，社会科学文献出版社，2017。

张倩红主编《以色列蓝皮书：以色列发展报告（2018）》，社会科学文献出版社，2018。

张倩红主编《以色列蓝皮书：以色列发展报告（2019）》，社会科学文献出版社，2019。

张倩红主编《以色列蓝皮书：以色列发展报告（2020）》，社会科学文献出版社，2020。

张俊华主编《以色列政治经济发展报告》，中国社会科学出版社，2017。

论文

艾仁贵：《以色列的高技术移民政策：演进、内容与效应》，《西亚非洲》2017年第3期。

艾仁贵：《以色列的网络安全问题及其治理》，《国际安全研究》2017年第2期。

艾仁贵：《以色列倒移民现象的由来、动机及应对》，《世界民族》2019年第2期。

邓妙嫦、刘艺卓：《以色列农业生产和贸易发展研究》，《世界农业》2015年第10期。

狄苏：《以色列创新创业对我国高校的启示》，《科技创业月刊》2016年第10期。

傅有德：《论犹太人的尚异性》，《世界宗教文化》2010年第2期。

耿燕：《以色列促进产业研发政策研究》，《产业与科技论坛》2016年第21期。

蒋宾：《以色列的半导体产业》，《集成电路应用》2005 年第 1 期。

李思敏、樊春良：《充分发挥政府首席科学顾问的作用，让科学更好地融入决策——"政府首席科学顾问 50 周年纪念：思考科学咨询的过去、现在与未来"会议述评》，《科技促进发展》2015 年第 3 期。

李晔梦：《以色列的首席科学家制度探析》，《学海》2017 年第 5 期。

李晔梦：《以色列人才战略的演变》，《中国科技论坛》2019 年第 8 期。

李晔梦：《犹太人的科学理念及伊休夫科技事业的发展》，《历史教学》（下半月刊），2020 年第 7 期。

李晔梦：《以色列科研管理体系的演变及其特征》，《阿拉伯世界研究》2021 年第 4 期。

刘波：《创新以色列：全球化时代下的逆境突围》，《21 世纪经济报道》2006 年 2 月 8 日，第 7 版。

刘燕华、王文涛：《以色列创新人才教育的启示》，《创新人才教育》2014 年第 2 期。

马杰、郭朝蕾：《以色列国防科技工业管理体制和运行机制》，《国防科技工业》2008 年第 3 期。

马腾：《启迪创新：以色列的成功经验》，《行政管理改革》2016 年第 9 期。

潘光、刘锦前：《以色列农业发展的成功之路》，《求是》2004 年第 24 期。

潘光、陈鹏：《以色列的创新成功之路》，《光明日报》2015 年 11 月 26 日，第 11 版。

盛立强：《首席科学家办公室在以色列农业科技管理体系中的地位与作用研究》，《世界农业》2013 年第 4 期。

宋喜斌：《以色列节水农业对中国发展生态农业的启示》，《世界农业》2014 年第 5 期。

田川：《以色列软件产业发展经验及启示》，《科技经济透视》2002 年第 11 期。

王世春：《浅析以色列大学技术转移模式》，《江苏科技信息》2015 年第 10 期。

徐峰：《欧盟研发框架计划的形成与发展研究》，《全球科技经济瞭望》2018 年第 6 期。

燕贵成、唐春根、胡永盛：《以色列农业物联网发展基本经验与启示》，《世界农业》2016 年第 9 期。

杨波：《以色列科技创新发展的经验与启示》，《上海经济》2015 年第 Z1 期。

姚蕴：《澳大利亚联邦政府的科技管理体系》，《全球科技经济瞭望》2003 年第 12 期。

张充杨：《面向 21 世纪的以色列科技发展战略》，《全球科技经济瞭望》1997 年第 10 期。

张倩红、刘洪洁：《国家创新体系：以色列经验及其对中国的启示》，《西亚非洲》2017 年第 3 期。

中国驻以色列使馆经商处：《以色列电子信息产业飞速发展》，《国际商报》2001 年 9 月 19 日，第 5 版。

张泽一、周常兰：《以色列高校创新教育对我国的启示》，《中国高校科技》2016 年第 9 期。

周华、宋卫东：《以色列国防科技工业概览》，《中国军转民》2008 年第 4 期。

朱丽：《从"以色列经济奇迹"看政府在创新驱动中的作用》，《当代经济》2016 年第 36 期。

朱艳菊：《以色列农业技术推广体系的分析和借鉴》，《世界农业》2015 年第 2 期。

主要参考网站

1. 以色列政府部门、科研机构、高等院校、企业等

以色列政府：https：//www. gov. il/（可链接至各个部委）

以色列中央统计局：http：//www. cbs. gov. il/r

以色列高等教育委员会：https：//che. org. il/

以色列国防军：https：//www. idf. il/

以色列国家技术创新局：https：//innovationisrael. org. il/

以色列议会：https：//main. knesset. gov. il/

以色列原子能委员会：http：//iaec. gov. il/

以色列海洋和湖泊研究所：http：//www. ocean. org. il/

以色列科学基金：http：//www. isf. org. il/

以色列科学与人文科学院：https：//www. academy. ac. il/

以色列驻外使馆：https：//embassies. gov. il/

以色列死海－阿拉瓦科学中心：http：//www. adssc. org/

哈达萨医疗中心：http：//hadassahinternational. org/

以色列卓越研究中心计划：www. i－core. org. il

吉瓦希姆计划：http：//gvahim. org. il/

巴－伊兰大学：https：//www. biu. ac. il/en

本 - 古里安大学：https：//in. bgu. ac. il/en/pages/default. aspx

海法大学：https：//www. haifa. ac. il/？lang = en

特拉维夫大学：https：//english. tau. ac. il/

魏兹曼科学研究院：https：//www. weizmann. ac. il/

耶路撒冷希伯来大学：https：//en. huji. ac. il/en

以色列理工学院：https：//www. technion. ac. il/en/home - 2/

以色列先进技术产业组织：http：//www. iati. co. il

以色列航空航天工业公司：http：//www. iai. co. il/

以色列航空航天工业公司：https：//www. iai. co. il/

以色列军事工业公司：http：//www. imisystems. com/

耐特菲姆公司：http：//www. netafimusa. com/

梯瓦制药公司：http：//www. tevapharm. com/

耶达研究与发展有限责任公司：https：//www. yedarnd. com/

伊萨姆技术转移公司：https：//yissum. co. il/

ECI 电信公司：https：//info. rbbn. com/eci - n

Jewish Virtual library（犹太虚拟图书馆）：https：//www. jewishvirtual-library. org/

2. 国际组织

国际货币基金组织：https：//www. imf. org/

经济合作与发展组织：https：//www. oecd. org/

联合国开发计划署：https：//www. undp. org/

联合国教科文组织：https：//en. unesco. org/

洛桑国际管理发展学院：https：//www. imd. org/

欧洲航天局：https：//www. esa. int/

欧洲联盟：https：//ec. europa. eu/info/index_ en

世界经济论坛：https：//www. weforum. org/

世界贸易组织：https：//www. wto. org/

世界银行：https：//www. worldbank. org/

世界知识产权组织：https：//www. wipo. int/portal/en/

3. 其他

以色列、美国和约旦三边工业发展基金：http：//www. tride - f. com/

以色列 - 德国科学研究与开发基金：http：//www. gif. org. il/

以色列 - 加拿大工业与研究开发基金：https：//ciirdf. ca/

以色列 - 美国双边工业研究与开发基金：https：//www. birdf. com/

以色列 - 美国双边科学基金：https：//www. bsf. org. il/

以色列 - 美国双边农业研究与开发基金：https：//www. bard - isus. com/

以色列 - 欧洲科研与创新理事会：https：//www. innovationisrael. org. il/ISERD/

以色列 - 新加坡工业研究开发基金：https：//www. siird. com/

美国劳工统计局：https：//stats. bls. gov/

美国商务部：https：//www. commerce. gov/

美国中央情报局：https：//www. cia. gov/

美国专利商标局：https：//www. uspto. gov/

中华人民共和国外交部：https：//www. fmprc. gov. cn/web/

中华人民共和国商务部：http：//www. mofcom. gov. cn/

中华人民共和国科学技术部：http：//www. most. gov. cn/index. html

中华人民共和国驻以色列大使馆：http：//il. china - embassy. org/chn/

中华人民共和国驻以色列大使馆经济商务处：http：//il. mofcom. gov. cn/

图书在版编目（CIP）数据

以色列科研体系的演变／李晔梦著． −− 北京：社
会科学文献出版社，2021.10
ISBN 978 − 7 − 5201 − 8762 − 6

Ⅰ.①以… Ⅱ.①李… Ⅲ.①科研体制 − 研究 − 以色
列 Ⅳ.①G323.82

中国版本图书馆 CIP 数据核字（2021）第 161139 号

以色列科研体系的演变

著　　者／李晔梦

出 版 人／王利民
责任编辑／郭白歌
责任印制／王京美

出　　版／社会科学文献出版社·国别区域分社 （010）59367078
　　　　　地址：北京市北三环中路甲 29 号院华龙大厦　邮编：100029
　　　　　网址：www. ssap. com. cn
发　　行／市场营销中心 （010）59367081　59367083
印　　装／三河市龙林印务有限公司

规　　格／开 本：787mm × 1092mm　1/16
　　　　　印 张：20.5　字 数：315 千字
版　　次／2021 年 10 月第 1 版　2021 年 10 月第 1 次印刷
书　　号／ISBN 978 − 7 − 5201 − 8762 − 6
定　　价／148.00 元

本书如有印装质量问题，请与读者服务中心（010 −59367028）联系